JN493766

FOOD MICROBIOLOGY

식품미생물학

유상렬 · 김정환 · 박명수 · 양지영
이인형 · 지근억 · 최상호 · 정희곤

수학사

PREFACE

식품미생물학의 범위를 정확히 한정하는 것은 불가능하나, 인류는 미생물의 존재를 알기 이전인 고대로부터 술과 빵 같은 식품의 생산과 가공에 미생물을 사용해 왔고 또한 식중독 미생물 때문에 많은 고통을 받아 왔으므로 식품미생물학의 범위는 상당히 넓다고 할 수 있다. 하지만 인류가 이러한 미생물과 식품의 상관관계를 알게 되어 식품미생물학이 발달하게 된 것은 불과 150여 년 전 파스퇴르가 미생물이 식품과 음료에서 일어나는 화학적 변화의 원인이라는 것을 증명한 이후이다. 근래 급속한 경제발전과 더불어 양보다는 질을 중시하는 식생활의 변화는 다양한 식품의 소비와 관련 식품산업의 발전을 가속화시켰고, 이에 따른 식품미생물학 분야 역시 급변하고 있는 실정이므로 한 권의 교재로 식품미생물학의 모든 분야를 다루기는 어렵다. 그러나 본 교재는 그동안 저자들이 강단에서 강의한 내용과 연구 경험을 담아 식품과 관련된 공부를 하고자 하는 학생들이 식품미생물학의 기본을 이해하여 식품생산과 가공, 식품위생, 품질관리, 급식, 식품의 배송 등에 미생물학적인 고려를 할 수 있는 기본 지식을 제공하고자 하였다.

미생물을 이해하는 데 기본적으로 필요한 미생물 구조, 기능과 생육, 그리고 유전자 발현과 조절 등의 기초 분자생물학에 대한 설명을 포함하여 일반미생물학과 생화학을 수강하지 않은 학생도 식품미생물학을 이해할 수 있도록 하였으며, 미생물이 생산하는 식품관련 물질을 일차 대사산물과 이차 대사산물, 거대분자로 나누어 종합적으로 설명하고, 식품관련 각종 미생물에 대한 개략적인 설명과 각종 발효식품에 대한 설명을 추가함으로써 되도록 광범위하게 식품미생물학 분야를 다룰 수 있도록 노력하였다.

모든 저자들이 나름대로 초판의 오류를 수정하고 식품미생물 관련 최신 지식을 소개하려고 노력하였지만 아직 부족한 부분이 많을 것이라 생각되며, 앞으로도 많은 독자들의 지속적인 지도편달을 바란다.

그동안 이 책을 출판하기 위하여 애써주신 수학사의 이영호 사장님과 직원 여러분의 노고에 감사드린다.

2014년 8월

저자 일동

CONTENTS

CHAPTER 10 거대분자

CHAPTER 11 중요 식품미생물

CHAPTER 12 발효식품

CHAPTER 13 미생물과 식품의 안전성

1 Chapter 서론

1. 식품미생물학 발전의 역사
2. 미생물 진화와 분류

1. 식품미생물학 발전의 역사

1) 미생물학의 태동

미생물학은 세균(bacteria), 진균류(fungi), 조류(algae), 원생동물(protozoa), 바이러스 등을 다루는 생물학의 한 분야이다. 이들 미생물들은 서로 관련이 적은 다양한 종류의 생명체이지만 현미경을 이용하지 않고는 볼 수 없을 정도로 작고, 세포의 구조가 단순하다는 공통적인 특징을 갖고 있다. 1677년 레벤후크(Antonie van Leeuwenhoek)가 현미경을 개발하여 미생물의 존재를 처음으로 관찰함으로써 시작된 미생물학은 전자현미경의 개발과 더불어 바이러스의 관찰이 가능해지고, 미생물과 다른 세포들의 구조의 차이를 알 수 있게 되면서 비약적인 발전을 하였다. 이러한 미생물들이 공통적으로 작다고 하지만 이들간의 크기 차이는 다양하다. 예를 들어 인간의 눈으로 겨우 볼 수 있는 크기의 아메바(500 μm)에서부터 현미경으로나 관찰 가능한 세균(1 μm), 전자현미경으로 관찰 가능한 바이러스(20 nm)까지 20,000배 이상의 크기 차이를 보인다그림 1-1.

자연계에는 워낙 다양한 종류의 미생물이 다양한 환경에서 서식하므로 실험실에서 미생물을 연구하는 전통적인 방법은 자연계에 존재하는 미생물을 순수 분리하여 무균 배지에 배양하여 각각의 특성을 연구하는 순수배양법(aseptic technique)이 근간을 이룬다. 미생물학은 다양한 측면에서 연구될 수 있는 학문 분야로 발전되었다. 여

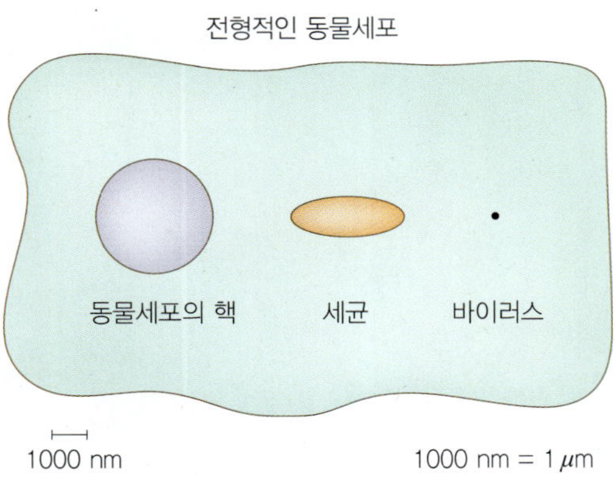

그림 1-1 세균과 동물세포, 바이러스의 상대적 크기 비교

러 생물체(organism) 간의 차이가 존재하기는 하지만 미생물은 실험실에서 통제된 환경에서 많은 수를 비교적 쉽게 기를 수 있는 장점 때문에 세포가 작동하는 기본 원리를 전반적으로 연구하는 데 중요한 수단으로 사용되어 왔다. 미생물학의 응용 분야에서는 미생물과 환경과 인간 활동과의 관계에 대한 다양한 연구를 통해 식품미생물학(food microbiology), 의학미생물학(medical microbiology), 농업미생물학(agricultural microbiology), 산업미생물학(industrial microbiology/biotechnology) 등의 학문 분야가 발전했지만 이들 분야는 서로 연관성이 높아서 어느 한 분야만 독립적으로 연구할 수는 없다. 예를 들어 식품미생물학 분야는 발효식품 생산의 경우 산업미생물학과, 식중독균 연구는 의학미생물학과 농업미생물학과 연관이 있다. 분야를 불문하고 미생물학을 연구하기 위해서는 미생물 구조 및 분류, 미생물 동정, 미생물 성장과 제어, 사멸, 분자생물학 등에 대한 기본 지식도 필요하다.

2) 식품미생물학의 기원과 발전

고대로부터 인류는 미생물을 이용하기도 하고 미생물 때문에 고통을 당하기도 하면서 살아왔다. 현대의 식품미생물학은 수천 년 동안 인류의 경험과 연구의 산물이며 계속 발전하고 있는 과학 분야라고 할 수 있으며 발전 단계는 다음 그림 1-2와 같이 요약할 수 있다.

인류가 언제부터 식품을 생산했는지 그 기원은 명확하지 않지만, 18,000년쯤 전부터 나일강 변에서 밀이 재배되었고, 8,000~10,000년 전부터 축산이 시작되었다는 기록이 있다. 5,000년 전 무렵에 수메르(지금의 이라크)인들은 농수로를 만들고 각종 작물과 가축을 키우는 농경사회를 이룩하였다. 이후로 빵과 술을 만들기 시작하고, 각종 발효식품을 만들며, 건조나 염장에 의해 고기와 생선을 보존하는 등의 안정적인 식품 공급이 가능해지면서 문명사회의 발달이 가능하게 되었다. 사람들은 그 원인을 알지는 못했지만 식품을 공기, 빛, 습기로부터 차단해야 오래 보존할 수 있다는 것을 점차 깨닫기 시작했다. 인류의 생존에 필요하고, 식품보존제로 사용되기 시작한 소금은 많은 곳에서 대량 생산이 되지 않았으므로 소금을 얻기 위한 노력이 인류의 역사 발전에 큰 영향을 미칠 정도로 중요한 역할을 하게 되었다.

또한, 수천 년 전부터 사람들은 음식에 의해 병이 전염될 수 있다는 것을 알게 되었

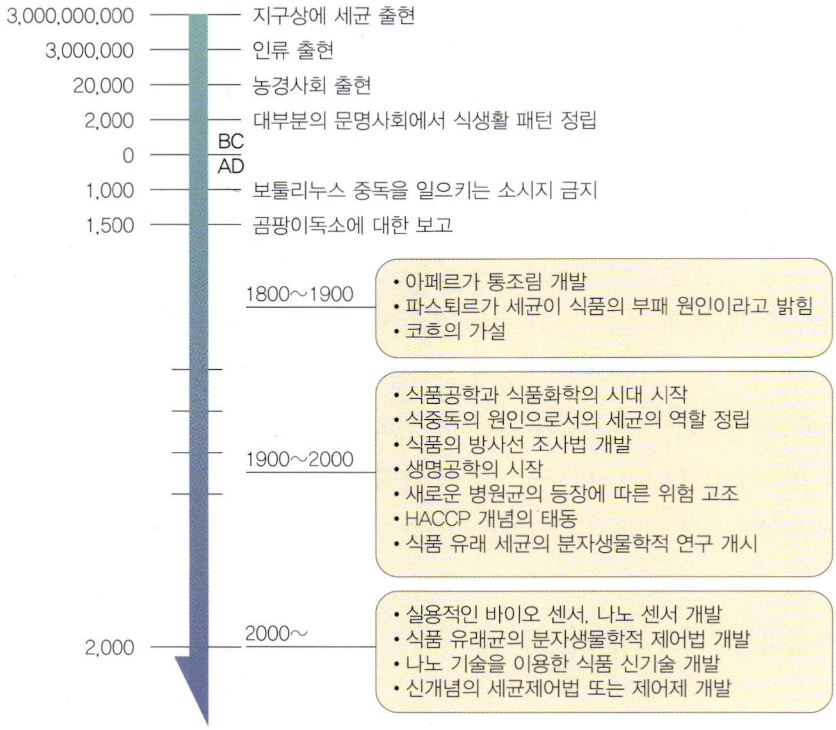

그림 1-2 식품미생물학의 발전

다. 유대인과 무슬림이 돼지고기를 금한 것은 의학적 근거를 갖는 종교적 가르침이었다. 고대로부터 전해 내려온 음식에 대한 종교적 칙령들, 즉 특정음식을 금하거나 조리법을 적시하는 종교적인 가르침들은 대부분 그 원리를 이해하지는 못했으나 식품위생에 기초한 율법이었다. 미생물에 의한 식중독에 대한 기록이 처음으로 법령에 나타난 것은 서기 900년에 비잔티움의 레오 6세가 돼지피가 들어간 소시지 제조를 금지하는 법령을 공포한 것이다. 그 당시 사람들이 보툴리누스균(*Clostridium botulinum*)이 원인이라는 사실을 알지는 못했지만 소시지가 보툴리누스 중독(botulism)과 연관이 있다는 것을 알고 금지한 것이다. 1582년에는 곡류에 오염된 곰팡이에 의해 생성되는 독소에 의한 중독이 보고되었다. 하지만 사람들이 이런 식중독의 원인이 미생물이라는 것을 알지 못했으므로 미생물에 의한 식중독은 계속 발생하였다.

1805년 프랑스의 아페르(Nicolas Appert)가 병에 식품을 담아 코르크로 밀봉하고 끓는 물에 가열하여 식품을 보존하는 방법을 개발하여 프랑스 정부가 군대의 식량보관

방법을 개선하기 위해 걸었던 상을 받았고, 1810년에 영국의 듀란드(Peter Durand)가 주석관을 이용하는 가열처리법을 개발했지만, 두 사람 모두 이렇게 열처리하고 밀봉한 식품이 상하지 않는 이유는 이해하지 못하고 있었다. 이에 관련된 미생물과 식품의 상관관계가 정립된 것은 1800년대 이후의 일로서 이때 미생물의 순수분리 배양방법이 개발되었고, 코흐(Robert Koch)에 의해 특정 세균이 특정 질병의 원인이 된다는 것이 밝혀졌다. 1857~1876년에 파스퇴르(Louis Pasteur)는 미생물이 식품과 음료에서 일어나는 화학적 변화의 원인이라는 것을 증명하여 오늘날 우리가 알고 있는 식품미생물학의 학문으로서의 발전 기초를 이룩하였다. 이러한 발견 이후 식품보존, 식품의 변패, 식중독, 발효에 있어 미생물의 역할에 대한 지식이 급속도로 발전하여 식품미생물학이 하나의 독자적인 학문으로 자리잡게 되었다. 최근에는 rRNA 유전자 염기서열 분석 결과 자연계에 존재하는 미생물 중 순수 배양하여 그 특성을 연구할 수 있는 미생물의 종류가 극히 일부라는 사실이 밝혀지게 되면서 식품에 존재하는 전체 미생물의 메타지놈(metagenome)을 연구하여 식품의 안전과 발효에 활용하고자 하는 새로운 연구가 시도되고 있다.

2. 미생물 진화와 분류

1) 미생물 명명법

미생물의 분류와 과학적인 비교연구, 정확한 정보의 전달, 미지의 미생물의 동정을 위해서는 미생물의 정확한 이름을 짓는 것이 중요하다. 모든 생물의 명명에는 18세기 분류학자인 린네(Carl Linnaeus)가 개발한 이명식(二名式) 방법이 이용되고 있다. 각각의 독특한 생물은 종(species)으로 구분하는데, 각각의 종은 두 개의 단어로 이루어진 이름을 붙인다. 첫 번째 단어인 속(genus)명은 대문자로 시작하며, 두 번째 단어는 종(species)명으로 소문자로 시작한다. 미생물 이름을 손으로 쓸 때는 밑줄을 긋고 인쇄물에서는 이탤릭체로 써서 구분해야 한다[예 *Bacillus*(막대기 모양의 균류) *cereus*(왁스 색이라는 의미), *Escherichia*(발견한 학자의 이름) *coli*(대장과 관련이 있다는 의미)].

과학 논문이나 책에서는 이름 전체가 한 번 쓰인 이후에는 속명의 약어를 사용하며, 약어의 뒤에는 마침표를 사용한다(예 *Escherichia coli* → *E. coli*, *Bacillus cereus* →

B. cereus). 미생물 분류 방법의 발전에 따라 미생물의 이름이 바뀌는 경우도 있다. 예를 들어 *Alteromonas putrefaciens*는 *Shewanella putrefaciens*로, *Streptococcus lactis*는 *Lactococcus lactis*로 이름이 변경되었다.

2) 미생물의 진화와 분석

진화론에 의하면 생물의 진화는 돌연변이와 선택의 결과이다. DNA 복제과정의 오류나 자외선과 같은 외부 요인에 의한 돌연변이는 유전자 변이를 일으키고, 환경 변화에 따른 자연도태의 결과로 생명체 진화의 원동력으로 작용한다. 수평적 유전자 이동(horizontal gene transfer) 또한 다양한 방법으로, 다양한 미생물 세포로부터 다양한 유전자를 교환하여 미생물 지놈의 변화를 초래한다. 게다가 대부분의 세균은 성장이 빠르고 개체 밀도가 높으므로 진화도 상당히 빠르다. 한 집단의 생명체에 대한 진화 이력을 계통발생(phylogeny)이라고 하며, 이를 통해 생명체들의 진화적 관계를 알 수 있다. 우리는 미생물의 진화과정을 직접 알 수 없으므로 미생물의 염기서열 분석을 통해 간접적으로 계통발생을 추론하게 된다. 즉, 진화는 유전되는 염기서열 변화과정이므로 염기서열 분석을 통해 계통발생 이력을 알 수 있다. 여러 가지 유전자가 미생물의 분자계통분석에 사용되는데, 이 중 가장 유용한 것은 16S ribosomal RNA (rRNA)(진핵세포에서는 18S rRNA)를 암호화하는 유전자이다. 이 유전자는 단백질 합성에 핵심적인 역할을 하므로 모든 세포에 존재하고, 기능이 같으며, 변이가 느리면서도 유전적 상관 관계를 볼 수 있는 적당한 크기를 갖는다는 장점이 있다.

3) 미생물 진화 분석방법

일반적으로 PCR을 이용하여 rRNA 유전자를 증폭하고, 이의 염기서열을 분석하는데, PCR에 쓰이는 적절한 프라이머를 정하는 것이 중요하다. rRNA 유전자와 같은 잘 보존된 염기서열을 갖는 유전자는 표준 프라이머가 존재하며, 컴퓨터 분석을 통해 특정 미생물의 rRNA 유전자를 특이적으로 증폭하거나 많은 종류의 rRNA 유전자를 증폭할 수 있는 프라이머를 설계할 수 있다.

염기서열을 얻은 후의 단계는 다른 생물의 유사한 염기서열과 일대일로 비교하는 것이다. 미국국립보건원(National Institutes of Health)에서 운영하는 BLAST(Basic Local

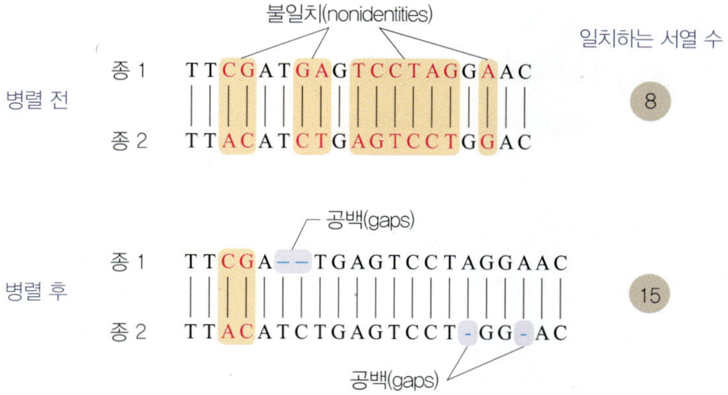

그림 1-3 DNA 염기서열 정렬

Alignment Search Tool) 알고리즘을 이용하여 전 세계의 공개된 모든 DNA 염기서열이 저장된 GenBank에 저장된 염기서열 데이터와 비교하여, 특정 염기서열과 유사한 염기서열을 갖는 유전자를 찾을 수 있다그림 1-3. 이러한 유전자들의 염기서열 비교를 통하여 공통의 원조 염기서열이 어떻게 변화해 왔는지 계통발생학적 분석이 가능하며, 이를 바탕으로 계통수(phylogenetic tree)그림 1-4를 작성하여 진화의 이력을 간단히 표

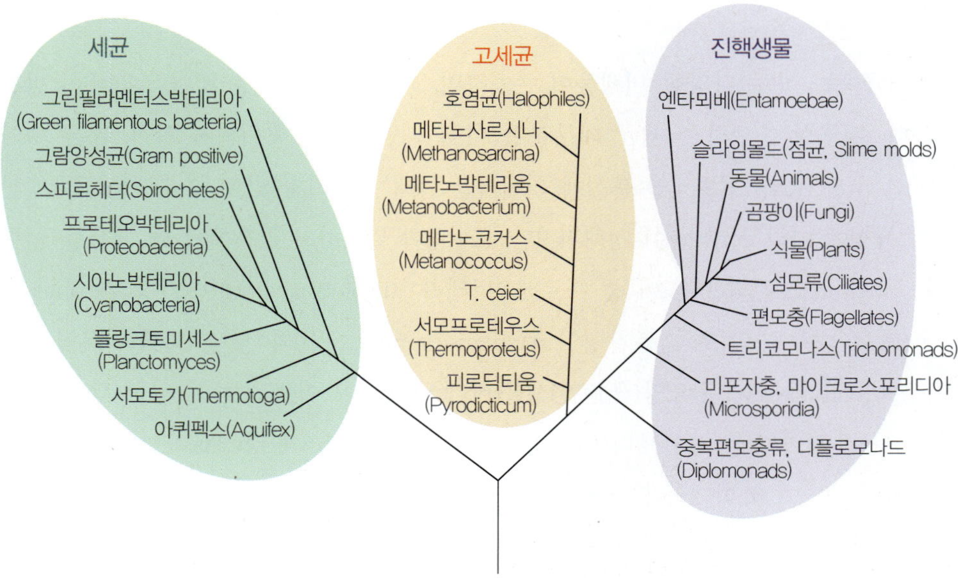

그림 1-4 생명의 계통수

시할 수 있다.

미국의 미생물학자인 칼 워즈(Carl R. Woese)가 rRNA 분석을 미생물 분류(phylogeny)에 처음 사용한 이래 세포의 진화 연구에 대한 새로운 장이 열렸다고 할 수 있다. 생물학자들은 생명체를 식물, 동물, 균류(fungi), 원생생물(protest), 세균의 다섯 가지 계(kingdom)로 분류해 왔지만, DNA 염기서열 분석에 기초한 계통분석 결과 지구상의 생명체는 동일 조상으로부터 분화된 3개의 계(domain)로 진화해 온 것으로 밝혀졌다. 이 중 세균(bacteria)과 고세균(archaea)은 원핵세포이고, 진핵생물(eukarya)은 진핵세포이다. 최근의 염기서열 분석방법의 발달과 더불어 다양한 미생물들의 rRNA 유전자 염기서열 분석이 쉽게 가능해지면서 rRNA 분석은 미생물 분류에 기본적인 방법으로 자리잡아 가고 있다. 더구나 물이나 토양에 존재하는 미생물을 실험실에서 기르지 않고도 이들이 남긴 rRNA를 분석할 수 있으므로 rRNA 분석을 통해 자연계에 존재하는 미생물의 다양성이 얼마나 큰지 알 수 있게 되었다. 또한 이를 바탕으로 미생물학자들은 우리가 실험실에서 배양할 수 있는 미생물이 지구상에 존재하는 미생물의 1%도 채 되지 않는다는 사실을 알게 되었다. 현재의 미생물 다양성은 약 40억 년 동안의 진화의 결과로서 세포의 크기, 모양, 운동성, 생리, 세포분열방법, 병원성, 발생학, 환경 적응 등의 차이를 보인다.

(1) 세균

세균에는 아주 다양한 미생물이 존재하며, 적어도 80개의 문(門, phylum)이 발견된다. 지구상 존재하는 세균 대부분은 아직 배양방법이 확립되지 않아, 많은 수의 phylum은 rRNA 염기서열 분석에 의해서만 존재가 알려져 있으며, 대부분 표현형질의 특성에 따라 phylum이 정해지지만, 표현형이 밀접하지 않은 종들이 그룹을 이루는 phylum도 존재한다. 이 중 프로테오박테리아(Proteobacteria)는 가장 큰 phylum으로서 대부분의 화학유기영양균(chemoorganotroph)와 몇몇 화학무기영양균(chemolithotroph), 광영양(光營養)생물(phototroph)이 이에 속하며, 알파(Alpha), 베타(Beta), 감마(Gamma), 델타(Delta), 입실론(Epsilon)의 5개 강(class)으로 나뉜다. 이들에 속하는 주요 박테리아는 표 1-1에 있는 바와 같다.

식품미생물학에서 중요한 또 하나의 주요 문(門, division/phylum)은 그람염색에 의해 염색이 되는 그람양성세균(Gram-positive phylum)이다. 여기에는 포자

표 1-1 Proteobacteria의 주요 미생물 속

강(Class)	속(Genera)
알파 프로테오박테리아	아세토박터(*Acetobacter*), 아그로박테리움(*Agrobacterium*), 브루셀라(*Brucella*), 글루코노박터(*Gluconobacter*), 자이모모나스(*Zymomonas*)
베타 프로테오박테리아	보디텔라(*Bordetella*), 나이세리아(*Neisseria*, 임질균), 랄스토니아(*Ralstonia*)
감마 프로테오박테리아	대장균(*Escherichia*), 무름병균(*Erwinia*), 슈도모나스(*Pseudomonas*), 살모넬라(*Salmonella*), 쉬겔라(*Shigella*), 비브리오(*Vibrio*), 산토모나스(*Xanthomonas*)
델타 프로테오박테리아	에어로모나스(*Aeromonas*), 모라셀라(*Moraxella*), 마이소코커스(*Myxococcus*)
입실론 프로테오박테리아	캠필로박터(*Campylobacter*), 헬리코박터(*Helicobacter*)

를 형성하는 ***Bacillus*, *Clostridium*, *Streptomyces***가 포함된다. 이외에 ***Micrococcus*, *Staphylococcus***, lactic acid bacteria (***Streptococcus*, *Enterococcus*, *Lactococcus*, *Leuconostoc*, *Lactobacillus***), ***Mycoplasma*, *Actinobacteria*** (***Corynebacterium*, *Propionibacterium*, *Mycobacterium***) 등이 대표적인 그람양성세균이다.

(2) 고세균

Crenarchaeota와 ***Euryarchaeota***의 두 개의 phylum 존재하며, Bacteria와 마찬가지로 rRNA 염기서열 분석으로만 알려진 phylum들이 있으며, 그 수는 점차 증가하고 있다. 대부분의 고세균은 높은 온도나 높은 염도, 극한 pH 등 극한 환경에서 생육할 수 있는 능력을 갖고 있다. 이들이 만드는 효소들 중 높은 온도나 낮은 온도, 낮은 pH 등에서 작용하는 효소는 식품산업에서 유용한 특성을 갖고 있으므로 식품산업계의 관심의 대상이다.

Euryarchaeota에는 생리적으로 완전히 다른 메탄생성세균(methanogen), 극호염성세균(extreme halophile), 호열산성세균(thermoacidophile)의 세 가지 그룹이 존재한다. 메탄생성세균은 혐기성균으로 지구상 유기물의 혐기적 분해에 중요한 역할을 해온 균으로 지구상 천연가스의 대부분은 바로 이들의 대사작용에 의해 만들어진 것이다. 극호염성세균은 메탄생성세균과 유사하지만 산소를 요구하고 고농도의 염(NaCl)이 존재해야 살 수 있다는 차이점을 갖고 있다. 호열산성세균은 ***Mycoplasma***와 같이 세포벽을 갖고 있지 않으며 60℃ 정도의 온도와 낮은 pH에서 잘 자라는 특성을 갖고 있다.

Crenarchaeota는 토양, 해수 등 지구상에 널리 분포한다. 대부분의 ***Crenarchaeota***

는 초고온균(hyperthermophile)으로서 혐기성이며, 수소가스를 에너지원으로 사용한다. 하지만 기온이 낮고 산소가 풍부한 해수면에 서식하는 *Crenarchaeota*도 존재한다.

(3) 진핵생물

진핵미생물은 원생생물(protist)이라고도 하는데 조류(algae), 곰팡이(fungi, 균류), 원생동물(protozoa), 점균(slime mold) 등이 이에 속한다. 조류는 엽록체를 갖고 있어서 광합성이 가능하며, 곰팡이는 광합성을 하지 못하며 단세포의 효모(yeast)와 균사를 만드는 사상균(mold)이 있다. 곰팡이는 자연계의 유기물을 재순환시키는 생물분해작용(biodegradation)을 수행하는 주요 미생물이다. 조류와 곰팡이(균류)는 세포벽을 갖지만 원생동물은 세포벽이 없으며 운동성을 갖는다. 자연계에는 다양한 종류의 원생동물이 분포하며 인간과 동물의 병원균도 많다. 점균(slime mold)은 원생동물과 유사하지만 자실체(fruiting body)라는 다세포 구조를 만드는 생활사(life cycle)를 갖는다는 점에서 다르다. 진핵미생물의 경우 rRNA 염기서열 분석이 세균이나 고세균만큼 정확한 진화 정보를 주지는 못하지만, 진핵생물이 세균보다는 고세균에 가깝다는 사실은 알려주고 있다.

4) 미생물 분류

분류(classification)에는 계층 시스템(hierarchical system)이 쓰이는데, 이 방법에서는 각각의 미생물이 더 큰 그룹을 이루는 요소가 된다. 미생물을 분류하는 데 쓰이는 그룹화 방법은 그림 1-5와 같으며 필요에 따라 더 세분화하는 것도 가능하다.

각각의 생물은 단계적으로 계(domain), 문(phylum), 강(class)에 속하게 되는데, 이 단계를 내려갈수록 생물들은 서로 더 비슷하게 된다. 즉, 한 속(genus) 내에 있는 종(species)들은 같은 과(family) 내의 다른 속에 있는 종들보다 더 비슷하다표 1-2. 이와 같은 생물의 그룹화는 전문적인 지식이 필요한 과정으로서, 현재 우리가 쓰고 있는 방법으로 얻은 데이터에 기초해서 이루어지기 때문에 항상 변할 수 있다. 즉, 새로운 방법을 시도하거나 현재의 방법에 의해 새로운 데이터가 얻어지면 분류가 변할 수 있는 것이다.

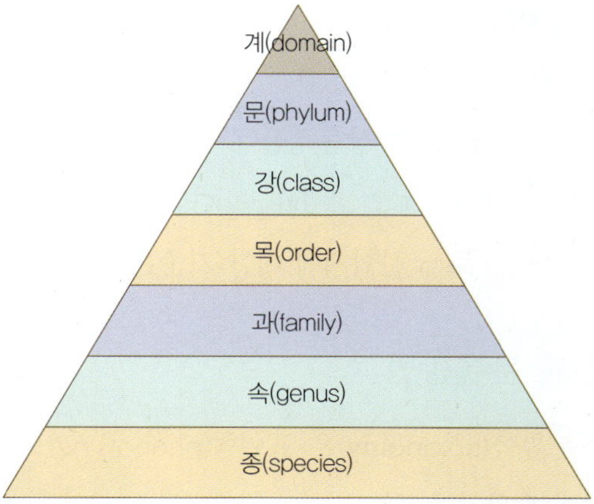

그림 1-5 미생물 분류에 쓰이는 계층 시스템에 따른 그룹

표 1-2 분류체계의 따라 정리한 몇 가지 미생물의 분류 예

계(界, domain)	세균				
문(門, phylum)	그람양성균		프로테오박테리아		
강(綱, class)	Bacilli	Clostridia	Gamma Proteobacteria		Epsilon Proteobacteria
목(目, order)	Bacillales	Clostridiales	Enterobacteriales	Pseudomonadales	Campylobacterales
과(科, family)	Bacillaceae	Clostridiaceae	Entero-bacteriaceae	Pseudomo-nadaceae	Campylo-bacteraceae
속(屬, genus)	*Bacillus*	*Clostridium*	*Escherichia*	*Pseudomonas*	*Campylobacter*
종(種, species)	*B. subtilis*	*C. perfringens*	*E. coli*	*P. aeruginosa*	*C. jejuni*

(1) 미생물의 종 개념(The species concept in Microbiology)

종(species)은 생물 다양성의 가장 기초적인 단위이기 때문에 종을 어떻게 정의하는가는 미생물 다양성을 어떻게 구분하고 분류하는가에 기본적인 영향을 미치지만, 원핵생물의 종의 정의에 대해 일률적으로 적용되는 개념은 아직 없다. 미생물 계통분류학은 표현형, 유전형, 염기서열에 기초한 데이터를 기초로 원핵생물을 동정하지만, 미생물의 종을 어떻게 나눌 것인가에 대해서는 아직도 의견이 분분하다. 원핵생물의 종은 여러 독립된 특성들이 유사한 미생물 종들의 그룹으로 정의되는데, 이에 쓰이는 가장 중요한 두 가지 유전적 특성으로는 70% 이상의 DNA-DNA 혼성화 비율과 97% 이상의

16S rRNA 염기서열 일치도이다. 이 방법으로 지금까지 7,000종 이상의 세균과 고세균이 알려지고 있다. 종 바로 위 단계의 분류군인 속을 정의하기는 더 어렵지만 일반적으로 95% 이상의 16S rRNA 염기서열 상동성을 갖는 생물들은 하나의 속을 이룬다고 정의할 수 있다. 하지만 속 위 단계들인 과(family)나 목(order) 등에 대해서는 어느 정도의 rRNA 염기서열 상동성으로 구분할지에 대한 기준은 아직 없다.

(2) 미생물 동정과 분류방법

전통적으로 세균 분류학(taxonomy)은 표현형(phenotype) 비교에 기초해서 미생물 특성을 묘사하고 동정해 왔지만, 최근 DNA 염기서열 데이터가 늘어나면서 계통발생학적 분석 결과를 같이 고려하는 경우가 늘어나고 있다. 즉, 표현형, 유전자형, 계통발생학적 분석방법을 같이 사용하고 있다. 세포의 형태, 대사, 생리, 화학적 특성을 비교하는 표현형 분석과 지놈의 특성을 분석하는 유전자형 분석에서는 세포의 상동성에 기초한 분석을 하는데, 이러한 분석 결과는 계통발생학적 분석으로 그 신뢰성을 높일 수 있다.

① 표현형 분석

세균의 관찰 가능한 여러 가지 특성은 세균의 종류를 구분하는 데 필요한 중요한 단서가 된다. 새로운 종류의 세균을 기술하거나 동정하고자 할 때, 이런 특성을 정하고

표 1-3 분류학적 항목의 몇 가지 표현형적 특징

범주	특성
형태	군집 형태; 그람 반응; 세포의 크기 및 형태; 편모의 배열; 포자의 유무; 봉입체(inclusion bodies)의 유무[예 : poly-β-hydroxybutyric acid, 글리코젠, 폴리인산염 알갱이, 기포, 마그네토솜]; 피막, S층이나 점액층; 줄기 또는 부속지; 자실체 형성
운동성	비운동형; 미끄러지는 듯한 운동성; 헤엄치는 (편모) 운동성; 기어오르는 운동성; 기포로 인한 운동성
대사	에너지 보존 메커니즘(광합성균, 유기영양균, 무기영양균); 개별적 탄소, 질소, 황화합물의 활용; 당류의 발효; 질소 고정; 성장 인자 요건
생리	성장을 위한 온도, pH, 염 농도; 산소에 대한 반응(호기성, 조건적, 혐기성); 산화효소나 과산화수소 분해효소의 유무: 세포 외 효소의 합성
세포 지질의 화학적 성질	지방산; 극성 지질; 호흡 퀴논
세포벽의 화학적 성질	펩티도글리칸 존재 유무; 가교 결합 아미노산; 가교 연결다리 존재 여부
기타 요소	색소; 발광; 항생제 감수성; 혈청형; 독특한 물질 생성[예 : 항생제]

기존의 알려진 세균의 표현형과 비교하면 많은 정보를 얻을 수 있다. 일반적으로 선택 배지에서 미생물을 분리하고 염색, 생화학적 분석, 혈청학, 파지를 이용한 분류 등을 이용하여 확인하며, 식품에 오염된 특정 식중독균의 존재를 확인하는 품질관리의 일반적인 방법으로 쓰인다. 이에는 사용 편의성이 높은 API 20E와 같은 상용 키트도 많이 이용된다. 표 1-3에는 이러한 목적으로 쓰이는 표현형 특성을 정리해 놓았다. 하지만 이런 특성들은 세균의 배양 온도, 성장단계, 배지의 종류 등에 따라 변할 수 있으므로, 표준 조건에서 배양한 세균을 비교해야 한다.

② 유전자형 분석

미생물 지놈 분석은 세균의 종을 구분하는 데 많은 특성을 제공할 수 있다.

DNA-DNA hybridization

두 개 생물의 유전자가 상동성이 높다면 그 정도에 따라 DNA 혼성화가 일어날 것이다. 그러므로 DNA-DNA 혼성화 정도를 비교하여 두 미생물의 유사도를 알 수 있다. 이 방법은 rRNA 유전자 염기서열 분석법의 보조방법으로 유용하다. 일반적으로 70% 이상 혼성화되면 같은 종이라고 판단하며, 25% 이상이면 같은 속으로 판단한다.

GC ratio

생물의 지놈 DNA의 guanine(G)과 cytosine(C)의 비율을 GC ratio라 하는데, 이 값은 세균과 고세균에서는 17%에서 80%까지 넓은 분포를 보인다. GC ratio가 5% 이상인 경우 두 미생물의 유사성은 거의 없다고 할 수 있지만, GC ratio가 같아도 같은 종류의 미생물이 아닐 수도 있기 때문에, 최근에는 GC ratio는 점차 염기서열 분석으로 대체되어 잘 쓰이지 않는 실정이다.

Ribotyping

rRNA 분석에 기초한 계통 분석을 활용한 세균 동정방법을 ribotyping이라고 한다. 이 방법에서는 세포의 DNA를 분리하여 제한효소 처리하고, 전기영동으로 분리한 후 rRNA probe을 혼성화하면, 특정 미생물의 16S rRNA 염기서열 차이에 의한 DNA 밴드 패턴(ribotype)의 차이를 볼 수 있다. 이를 통해 미생물 동정과 미생물종 간의 구별이 가능하다. 이 방법은 PCR과 염기서열 분석이 필요 없는 방법으로 임상진단이나 식품과 식수 등의 미생물 검사에 많이 이용된다.

DNA profiling methods

Ribotyping과 같이 유전자형 분석을 위해 DNA 절편 형성 패턴을 분석하는 다양한 방법이 있다. 이외 흔히 쓰이는 방법은 Repetitive extragenic palindromic PCR (rep-PCR)과 amplified fragment length polymorphism (AFLP)이 있는데, 이 방법들은 하나의 유전자를 분석하는 ribotyping과 달리 전체 지놈의 DNA 염기서열 변화를 비교하는 것이다.

Multilocus Sequence Typing (MLST)

rRNA 염기서열 분석과 ribotyping의 경우 하나의 유전자를 분석하기 때문에 미생물 종류를 구분하는 데 충분한 정보를 제공하기 어려울 수 있다. MLST는 생물의 기능에 필수적인 몇 가지 유전자의 염기서열을 같이 분석하여 이와 같은 문제를 해결할 수 있는 방법으로, 한 종 내의 미생물 종류를 구별할 수 있는 강력한 방법이다. 예를 들어 대장균 종 내에서 독성이 없는 *Escherichia coli* K-12와 맹독성의 O157:H7를 구분할 수 있는 방법이다. 하지만, 이 방법은 감도가 너무 높아서 종보다 큰 범위의 생물 분석에는 쓸 수 없다.

③ 미생물 분류와 명명(classification and nomenclature)

분류학은 과학적인 평가(judgement)의 결과이므로 미생물을 분류하는 공식적인 방법은 없다. 현재 미생물학자들이 보편적으로 인정하는 분류 시스템은 1923년부터 이용되고 있는 버지의 세균 분류학 편람(Bergey's Manual of Systematic Bacteriology)이다. 알려진 모든 원핵생물(prokaryotes)에 대한 정보가 요약되어 있다.

Chapter 2

미생물세포의 구조와 기능

1. 미생물의 관찰 : 현미경
2. 원핵세포의 구조와 기능
3. 진핵세포의 구조와 기능

1. 미생물의 관찰 : 현미경

미생물은 크기가 작기 때문에 현미경을 이용해서 측정하는데 가장 대표적으로 광학현미경과 전자현미경이 주로 사용된다. 광학현미경은 관찰 가능 최소 크기가 0.2 μm (resolution, 분해능) 이상으로 대부분의 원핵생물의 존재유무와 개략적인 형태 관찰이 가능하며, 진핵생물의 경우 크기가 크기 때문에 자세한 관찰이 가능하다. 그러나 편모 등 작은 구조물의 관찰은 불가능하다. 확대율은 대물렌즈 확대율 × 대안렌즈 확대율로 결정된다. 광학현미경은 여러 가지 방법으로 관찰효율을 증대시키는데, 위상차현미경(phase contrast microscope : 막 구조의 차이를 증대시켜 세포의 경계측정을 용이하게 함), 미분간섭현미경(differential interference contrast microscope : 세포를 3차원 구조로 관찰할 수 있게 함) 등을 이용한다. 또 다른 광학현미경 개선방법은 특정 구조의 염색 또는 구조적인 차이를 염색의 여부로 판단하는 것으로 그람염색이 대표적이다. 형광현미경(fluorescence microscope)은 광학현미경에 형광광원을 첨가하여 세포의 형광을 측정하는데, 분자생물학에서 매우 다양하게 사용하고 있다그림 2-1. 시료에 파장이 짧은 빛을 조사했을 때 시료에서 방출되는 형광을 모아 상(狀)을 형성시키는 것으로 화학적 형광물질, 형광단백질, 형광물질을 붙인 항체 등을 사용하여 핵, 또는 단백질이 발현되는 특정 내부 소기관 등의 위치를 파악하는 데 사용되고 있다. 이를 더욱 발전시킨 것인 공초점형광현미경(laser confocal fluorescence microscope)인데, 이는 빛이 통과하는 부분의 넓이를 조정하여 샘플의 특정 높이에서 발생되는 형광만 관찰하여 컴퓨터로 이미지를 합성, 투과현미경에서 필요한 샘플의 편

그람염색
그람양성균과 그람음성균을 구분하는 기법

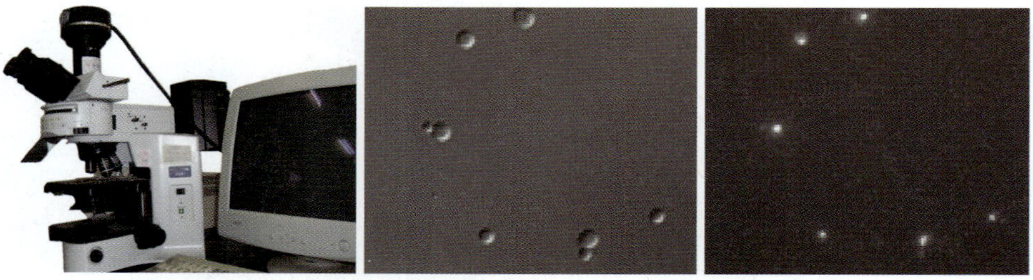

(a) 형광현미경 본체 (b) 효모 *Saccharomyces cerevisiae* DIC 이미지 (c) DAPI를 이용한 핵 염색 후 형광 이미지

그림 2-1 형광현미경(fluorescence microscope)

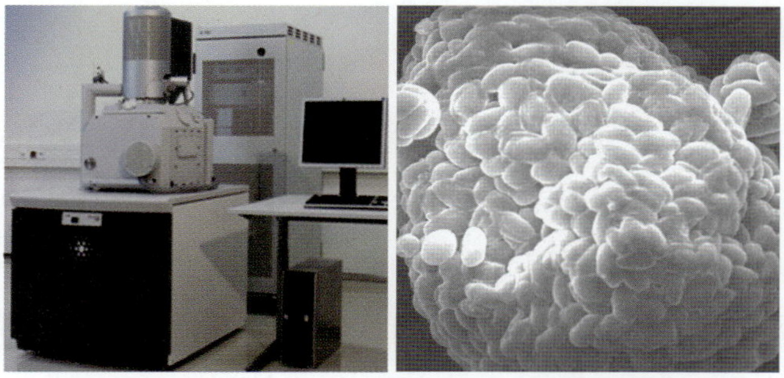

(a) 주사전자현미경 본체　　(b) 효모 *Phaffia rhodozyma*의 spray-dried된 모습(외부)

그림 2-2 주사전자현미경(SEM)

막화(sectioning) 없이도 세포의 절단 구조를 관찰할 수 있어 많이 사용되고 있다.

광학현미경의 분해능(resolution) 한계를 극복하기 위하여 전자현미경을 사용하는데 전자현미경에는 주사전자현미경(scanning electron microscope, SEM)그림 2-2과 투과전자현미경(transmission electron microscope, TEM)그림 2-3이 있다. 이들의 분해능은 0.2 nm로 광학현미경의 약 1,000배이며 세포소기관의 구조 관찰 및 일부 거대분자(DNA 등)의 관찰에 사용된다. 주사전자현미경은 미생물의 표면을 관찰할 때 사용되고, 투과전자현미경은 미생물을 고정화시키고 이를 마이크로톰(microtome)을 이용, 섹션화해서 미생물 내부구조를 관찰하는 데 주로 사용한다.

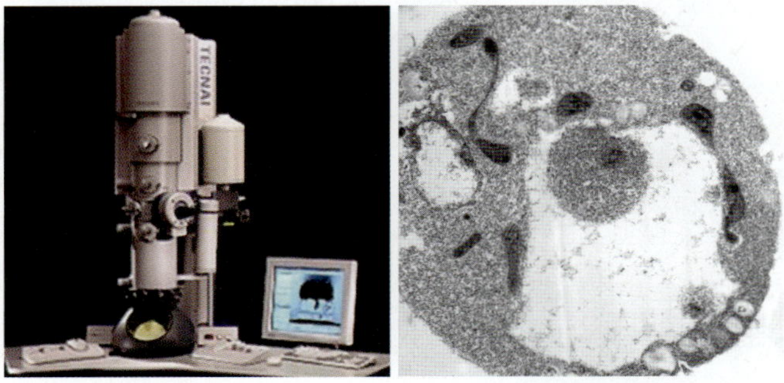

(a) 투과전자현미경 본체　　(b) 효모 *Phaffia rhodozyma*의 투과전자현미경 모습(내부)

그림 2-3 투과전자현미경(TEM)

2. 원핵세포의 구조와 기능

생물체는 크게 세포 내 소기관이 없는 원핵생물과 핵, 미토콘드리아(mitochondria) 등의 소기관을 가진 진핵생물로 나눌 수 있는데 미생물 또한 이 기준에 따른다. 원핵미생물은 archeabacteria(고미생물 : 사해, 화산 등 극단적 환경에서 발견됨)와 eubacteria(일반적으로 미생물이라고 부르는 대장균, 콜레라균 등)로 분류하며, 여기에서는 원핵미생물로는 주로 eubacteria를 설명하도록 한다.

1) 크기, 모양, 배열

원핵미생물은 주로 구균(coccus)과 간균(bacillus)의 두 가지 형태를 이루고 있는데, 이들은 붙어 있는 모양으로 나누어 이름에 첨가되기도 한다그림 2-4. 간균의 모양은 다양하여 포자의 형성 위치 등에 따라서도 다른 형태를 보인다. 이들 이외에 방선균(actinomycete), 나선균(spirillum) 등의 형태가 있으며, 다형성(pleomorphic : *Corynebacter* 같이 형태가 바뀌는) 세균도 있다.

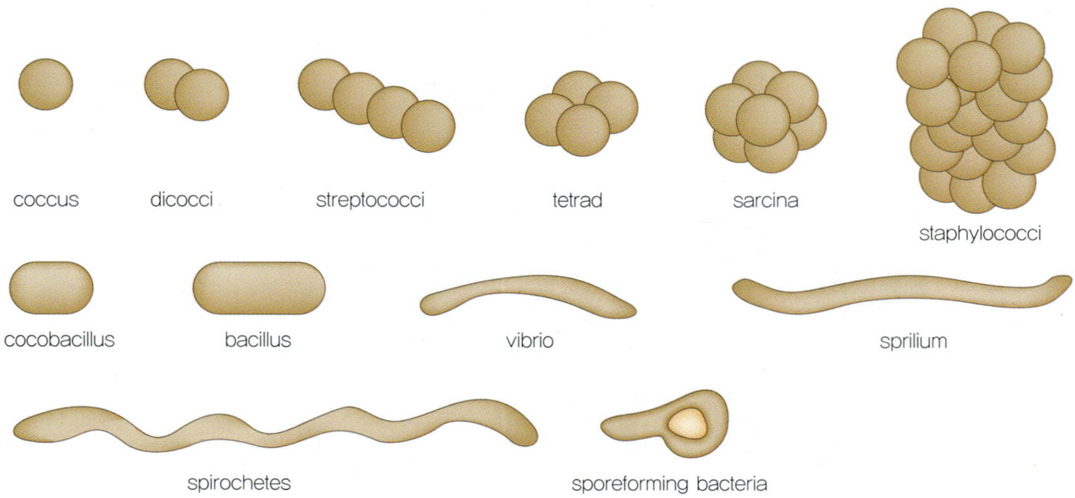

그림 2-4 원핵미생물의 형태

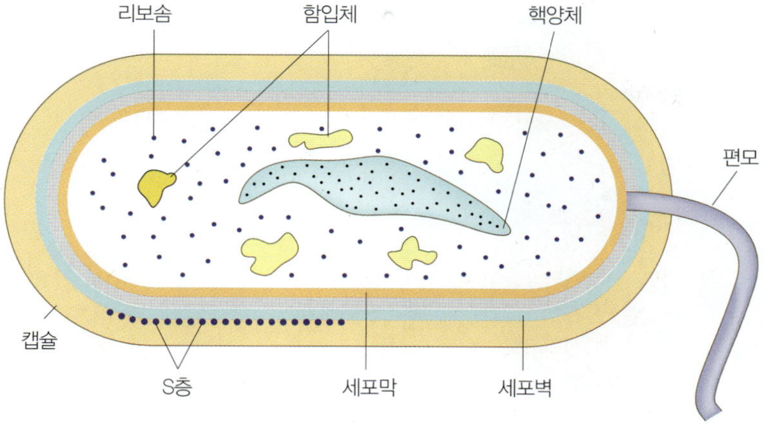

그림 2-5 원핵생물의 구조

2) 미생물세포의 구조와 기능

원핵미생물은 삼투압 등의 외부 환경으로부터 세포를 보호하는 세포벽으로 둘러싸여 있고 안쪽에 세포와 외부의 경계를 이루는 세포막이 있다. 원핵세포에는 세포막이 안으로 함입되어 내부 막 구조를 이루는 메소솜(mesosome)을 일부 형성하기도 하나 세포 내에 막으로 구분된 소기관이 존재하지 않아 진핵미생물에 비하여 단순한 구조를 갖는다그림 2-5.

(1) 세포막

모든 세포는 외부환경과 내부물질을 분리해 주는 경계점을 갖는데 세포막(cell membrane)은 이러한 역할을 수행한다. 이렇게 외부와 내부를 분리하기도 하지만 세포 내에서 발생하는 부산물 등을 외부로 보내며(선택적 배출) 외부에 있는 영양물질 등을 흡수(선택적 흡수)하는 역할도 수행한다. 즉, 세포막은 선택적 투과의 장벽으로 작용하여 특정한 이온과 분자는 들여보내거나 내보내는 반면, 다른 것들은 투과시키지 않는다. 이들의 기능 중 하나인 세포막에 존재하는 촉진 확산(facilitated diffusion)을 살펴보면 그림 2-6과 같이 외부의 물질을 선택적으로 세포 안으로 운송해 준다.

세포막의 두께는 5~10 nm 정도로 대부분 단백질과 지질로 이루어져 있다. 지질의 한쪽은 친수성(hydrophilic)의 머리 부분과 두 가닥 소수성(hydrophobic)의 꼬리로 이

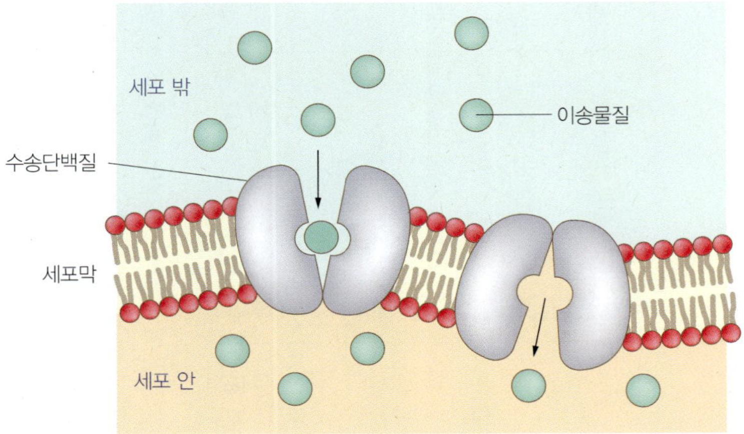

그림 2-6 촉진 확산

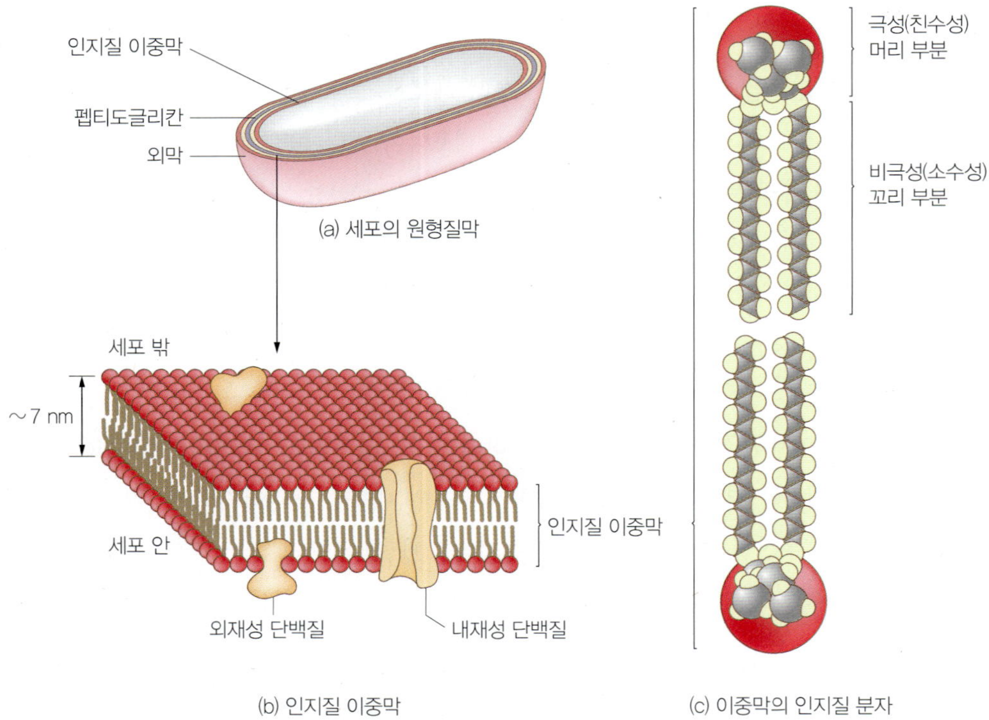

그림 2-7 세포막의 구조

루어져 소수성은 소수성끼리 친수성은 외부 물층을 향한 이중막 구조로 되어 있다그림 2-7.

지질은 세균과 진핵생물의 경우 지방산이 글리세롤과 에스터결합(ester bond, COO−)으로 연결되어 있다. 이것이 고세균의 경우에는 글리세롤과 5개의 탄소로 구성된 아이소프렌(isoprene)의 반복단위로 된 소수성 곁사슬이 에스터결합으로 연결되어 있다. 세포막은 막에 존재하는 단백질이 반유동적으로 이동하는 형태인 유동모자이크모델(fluid mosaic model)로 이루어져 있다. 여기에 있는 단백질은 세포막을 통과할 수 없는 성분을 필요한 경우 통과할 수 있도록 도와주는 수송체계, 또는 수소이온을 이용, 에너지를 발생시키는 효소의 역할을 한다. 세포막은 또한 특수한 수용체(receptor)들이 존재하여 외부의 자극에 반응하도록 하는 신호전달체계(signal transduction system)에 중요한 역할을 한다.

세균에서는 메소솜이라는 세포막이 안쪽으로 함입된 작은 주머니 또는 층상구조 등을 갖는다. 이 메소솜은 세균 염색체가 세포분열그림 2-8 중 결합되어 있는 형태를 감안하면 모세포와 딸세포에 각각의 염색체를 전달하는 데 중요한 역할을 수행하는 것으로 보인다. 세균의 세포막은 또한 진핵생물에 존재하는 미토콘드리아나 엽록체(chloroplasts) 등의 복잡한 막 구조의 소기관이 없으므로 호흡, 광합성 등의 역할도 수

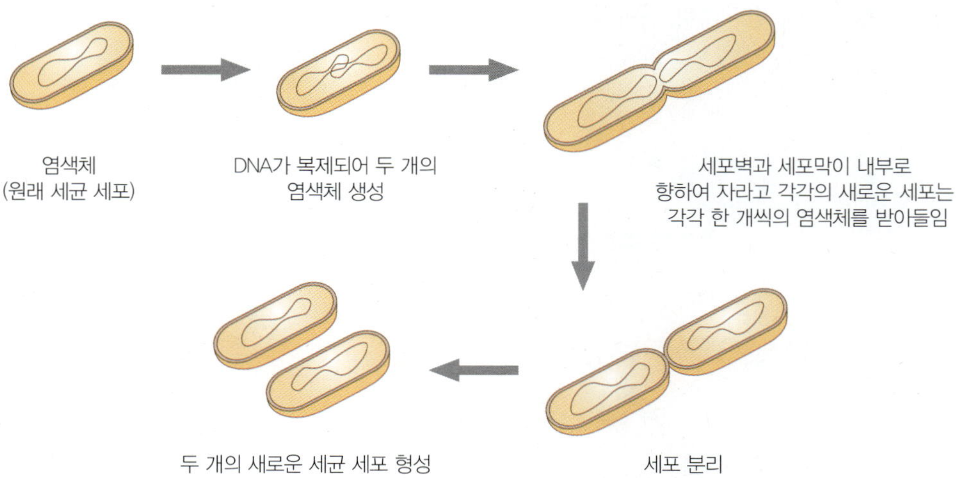

그림 2-8 **세포의 분열**

행한다. 남조류(cyanobacteria) 등 광합성 세균 및 일부 세균에는 메소솜과는 다른 표면적을 넓힌 복잡한 형태의 내막 구조를 보이기도 한다.

(2) 세포벽

인지질 이중막으로 이루어진 세포막은 물에 대하여 선택적 투과성이 없어 용질이 낮은 농도(외부 환경)에서 높은 농도(세포 내부)로 물이 이동하게 되면 세포 안에 압력이 생기게 되는데 이로부터 세포를 보호하고 세포의 형태를 유지하는 기능을 하는 것이 세포벽(cell wall)이다. ***Chlamydia***와 ***Mycoplsma***(세포벽은 없는 대신 강한 세포막을 가지지만 삼투압에 대하여는 저항성이 떨어짐), ***Plactomyces***와 ***Pireklla***(단백질 세포벽)를 제외한 모든 세균에서 펩티도글리칸(peptidoglycan)을 포함하는 세포벽을 보인다 그림 2-9. 고세균(archaea)에는 유사펩티도글리칸(pseudopeptidoglycan)이, 곰팡이 등 세포벽이 있는 진핵미생물의 경우에는 섬유소나 키틴 등으로 되어 있다.

대부분의 세균은 세포벽의 구조에 따라 그람염색법에 의해 염색여부가 결정되는데, 이에 따라 그람양성균과 그람음성균으로 나눈다.

① 그람양성균의 세포벽

그람양성(Gram-positive)균의 세포벽은 음성균에 비하여 단순하지만 튼튼한 형태를 이룬다. 세포벽이 외부에 그대로 노출되어 있어 페니실린 등의 세포벽 합성을 저해하는 항생제에 민감하다. 두껍고 균질한 여러 층의 펩티도글리칸 구조를 가지며, 세포

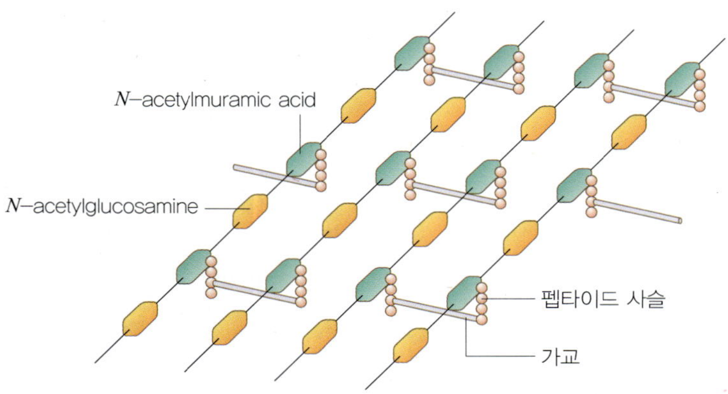

그림 2-9 세포벽의 기본 구조

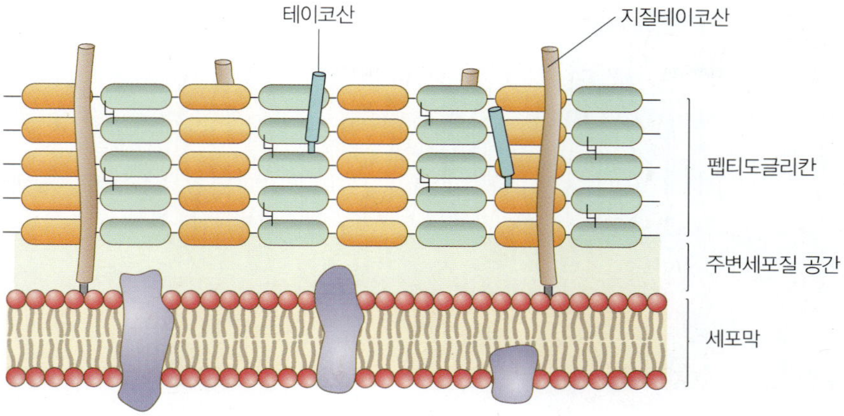

그림 2-10 그람양성균의 세포벽 구조

벽에는 대개 많은 양의 테이코산(teichoic acid)이 포함되어 있다그림 2-10. 지질테이코산(lipoteichoic acid)을 이용하여 세포벽과 세포막이 고정된다. 테이코산은 펩티도글리칸의 표면에 존재하며 음으로 하전되어 있어 양성균의 세포벽이 음전하를 띠게 된다. 음으로 하전된 테이코산은 세포의 응집을 막을 수 있을 것으로 추정되는데, 이의 기능은 잘 알려져 있지 않다.

② 그람음성균의 세포벽

그람음성(Gram-negative)균은 세포막 바깥에 또 다른 외막을 갖고 두 막 사이(periplasmic space)에 얇은 펩티도글리칸 층이 존재한다그림 2-11. 그람음성균의 외막 또한 일부 선택적 투과성이 있어 외부의 큰 분자의 유입을 막을 뿐만 아니라 두 막 사이에 페니실린 분해효소 등이 존재할 수 있어 그람양성균에 비하여 이러한 항생제에 대해 저항성이 강하다. 그람음성균의 펩티도글리칸에는 분자량이 적은 지질단백질이 공유결합하고, 이 단백질의 소수성 부위가 외막에 삽입되어 있어 강한 지지 형태를 이룬다.

(3) 핵양체

원핵세포의 핵에 막 구조가 없어 염색체가 불규칙한 모양으로 모여 있는 부분을 핵양체(nucleoid)라 한다. 진핵생물의 DNA는 압축된 염색체로서 핵 안에 선형으로 존

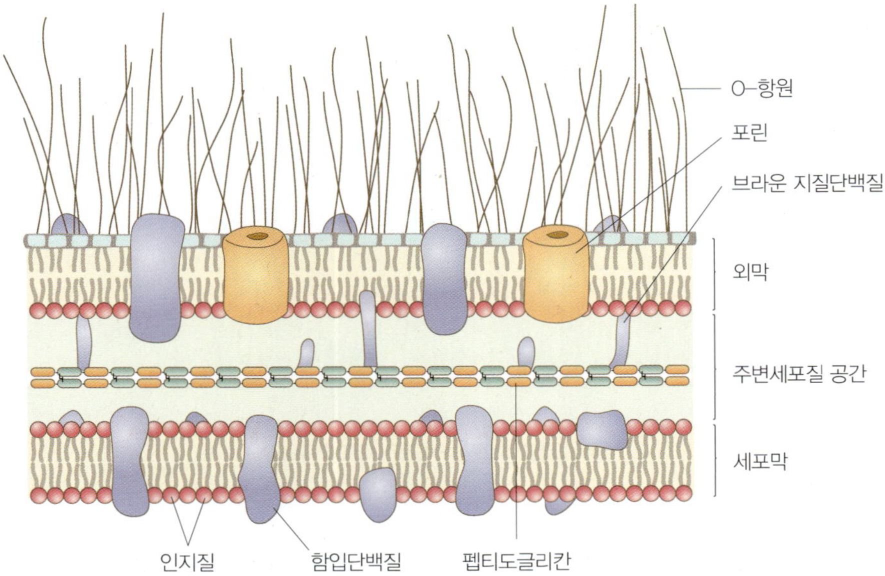

그림 2-11 그람음성균의 세포벽 구조

재하며 염색체 수는 일정하지 않다. 이에 비하여 원핵미생물의 DNA는 세균염색체(bacterial chromosome)라 부르는 하나의 이중 가닥 분자로 존재한다. 이 염색체가 응집하여 핵양체를 형성하는 것이다. 진핵생물과 원핵생물의 가장 중요한 차이점은 진핵세포는 감수분열과 유사분열을 할 수 있으나 원핵생물은 유전학적으로 반수체(haploid)의 특징을 가지며 감수분열과 유사분열을 하지 못한다.

(4) 세포질

원핵세포에서 세포질(cytoplasm)은 세포막과 핵양체 사이를 채우고 있는 물질이다. 이는 세포 내부물질들이 물에 녹아 있거나 현탁한 상태이며, 약 70%가 수분으로 이루어져 있다. 세포질에 있는 중요한 요소에는 단백질과 핵산, 작은 분자량의 유기물들, 그리고 무기이온 등이 있다.

① 리보솜

한 개의 세포는 수천 개의 리보솜(ribosome)을 보유하며 이들의 개수는 성장률과 비례한다. 리보솜은 두 개의 소단위(subunit)로 구성되어 있다. 소단위는 30S와 50S이며, 합쳐지면 70S 리보솜을 이룬다. 각 리보솜 소단위는 특이적인 리보솜 RNA(rRNA)와 리보솜 단백질들로 구성된 리보핵산단백질 복합체이다. 30S 소단위는 16S rRNA와 약 21개의 단백질을 포함하며, 50S 소단위는 5S rRNA와 23S rRNA 및 31개의 단백질을 포함한다.

② 봉입체

봉입체(inclusion body)는 세포질 안에 유기물 또는 무기물을 저장하는 기구로 탄수화물, 무기물, 에너지 등을 저장한다. 때로는 특수한 형태로 저장함으로써 삼투압을 감소시키기도 한다. 폴리인산 과립(인의 저장), 사이아노피신 과립(아르지닌과 아스파트산으로 이루어진 폴리펩타이드로 질소의 저장), 글리코젠 과립(탄소, 에너지 또는 생합성에 필요한 전구체 저장) 등은 막에 싸여 있지 않고 세포질에 과립 형태로 존재한다.

(5) 세포외부 구성요소

① 협막, 점질층 및 S-층

원핵미생물 중 세포 표면에 점질성 물질을 갖는 경우가 있는데, 이들 대부분은 다당류로 구성되어 있고 일부만이 단백질로 되어 있다. 이러한 세포 표면물질은 미생물의 종류에 따라 조성, 두께, 경도 등이 다르다. 견고한 층의 경우 단단한 것을 협막(capsule)이라고 한다. 이는 박테리오파지(bacteriophage)의 감염이나 계면활성제와 같은 소수성 독성물질의 침투를 막는다. 협막은 또한 인디아잉크 염색에 착색되지 않아 광학현미경 관찰이 쉽다. 그러나 만약 그 층이 쉽게 형태가 바뀌거나 무른 경우 염색물질에 착색되어 관찰하기 어려운데, 이를 점질층(slime layer)이라고 한다. 글리코칼릭스(glycocalix)는 세균이나 다른 세포의 표면에서 외부로 퍼져 있는 다당류의 망상 구조이다.

이러한 다당류 층은 세균에게 기능을 주는데, 숙주의 체표면에 부착하는 것을 돕거나 동물의 몸속으로 침입하는 병원성 미생물의 경우 동물조직의 표면성분에 특이적으로 결합함으로써 침입할 수 있게 한다. 많은 비병원성 세균은 자연에 존재하는 고체 표면에 결합하고 때로는 생물막(biofilm)이라고 불리는 두툼한 세포층을 형성하기도 한다. 다당류는 이러한 생물막을 형성하는 데 주요한 역할을 한다. 협막에 둘러싸인 병원성 세균의 경우 면역계의 식세포(phagocyte)가 인지해 제거하기가 더 어렵다. 또한 외부의 다당류 층은 함수능력이 뛰어나 건조에 대한 내성을 보이게 하는 것으로 여겨진다. 활주세균(myxobacteria)의 경우에는 점액질을 분비하여 이동한다. 이들 협막이나 점질층 외에도 그람양성균과 그람음성균의 표면에 규칙적인 배열을 한 S층(단백질이나 당단백질로 구성)이 있다.

② 핌브리아와 필리

그람음성균 중 편모보다 얇고 운동성과 관계없는 짧고 가는 실과 같은 부속기관을 지니는 것이 많은데, 이를 핌브리아(fimbriae)라고 한다. 핌브리아는 단백질 소단위가 나선형의 관을 형성하여(지름 3~10 nm, 길이 수 μm) 물속의 바위나 숙주의 조직 같은 고체 표면에 부착할 때 이용하기도 한다. 필리(pili)는 섹스필리(sexplili)라고도 하는데, 세포 하나에 1~10개 정도 있으며 직경이 보통 9~10 nm 정도이다. 이들 필리의 역할은 F(fertilization) factor를 가지고 있는 균에 의해 이것이 없는 균을 끌어당길 때 사용하는 것으로 알려져 있다. 이후 세균의 접합과정이 일어나 F^+ 균주에서 F^- 균주로 유전자가 이동한다.

③ 편모

편모(flagella)는 플라젤린(flagellin)이라는 한 종류의 단백질이 나선형으로 배열되어 만들어진 필라멘트로 양성자 동력(proton motive force)으로 구동되는 프로펠러 기능을 수행한다. 이를 이용하여 대부분의 세균이 이동한다. 편모는 세포막과 세포벽을 지지기반으로 하여 바깥으로 뻗어 나온 견고한 구조로 지름 20 nm, 길이 15~20 μm 정도이다그림 2-12. 편모에 관련된 유전자는 20~30개 이상이 존재한다. 편모를 이용한 이동방법은 세포 바깥에 존재하는 양성자(proton)를 안으로 넣으며 생기는 양성자 동력을 이용하여 프로펠러처럼 회전시켜 이동한다. 세균은 20~30 μm/sec의 속도로 움직일 수 있는데, 세균의 크기를 생각하면 매우 빠른 것이다.

세균은 이렇게 편모를 이용하여 화학적 유인물질, 공기, 온도, 빛, 중력 등에 반응, 원하는 방향으로 이동할 수 있다. 화학물질 방향으로 이끌려가고 배척물질이 있으면 달아나는 운동을 주화성(chemotaxis)이라 하는데, 단백질의 메틸화 또는 인산화 등의 복잡한 과정을 걸쳐 조절한다그림 2-13. 또한 주기성(aerotaxis : 산소에 대한 반응), 주광성(phototaxis : 빛에 대한 반응), 주온성(thermotaxis : 온도에 대한 반응), 주삼투압성(osmotaxis : 삼투압에 대한 반응)도 존재한다.

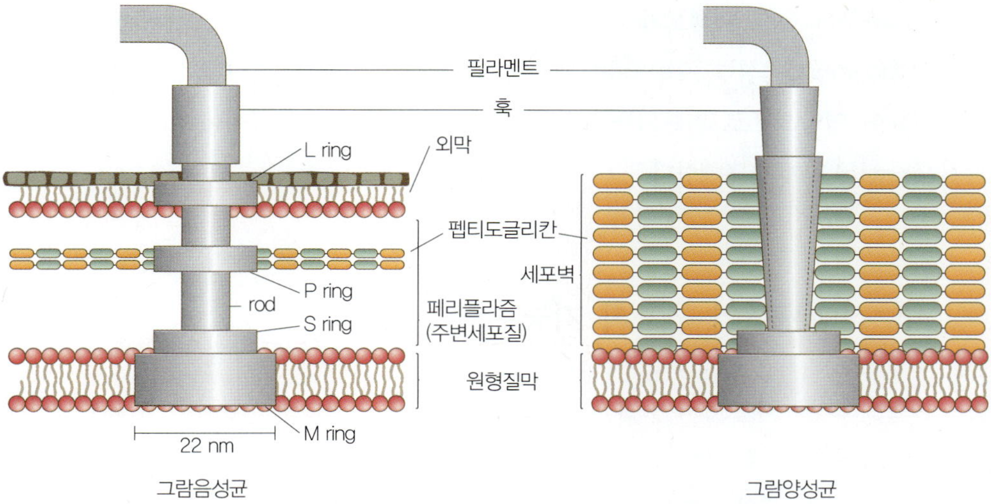

그림 2-12 원핵생물의 편모 구조

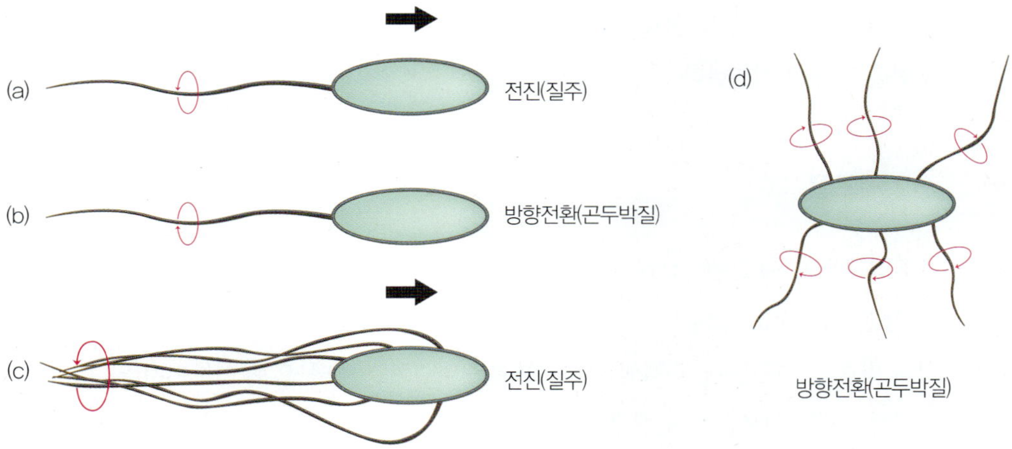

그림 2-13 편모와 세균의 운동성

(6) 내생포자

일부 세균은 내생포자(endospore)를 형성한 뒤 휴면상태로 진입하여 열, 방사선, 화학물질, 건조조건 등에 대한 저항성을 갖는다. 이러한 저항성은 DNA와 결합상태에 있는 단백질이 칼슘이온과 결합하고 있는 다이피콜린산(dipicolinic acid)과 형성하는 기능으로부터 온다. 내생포자 구조는 포자외막(exosporangium), 포자외피(spore coat), 피질(cortex), 중심벽(core wall), 핵양체 등으로 구성되어 있다. 휴면상태의 포자가 발아되어 영양세포로 전환되는 과정에는 활성화(activation), 발아(germination), 성장(growth) 단계가 존재한다.

3. 진핵세포의 구조와 기능

진핵세포는 여러 종류의 막으로 구분된 세포 내 소기관을 포함하고 있으며, 대부분의 유전물질을 핵막(핵공을 통한 물질이동 가능)으로 싸여 있는 핵에 보유하고 있다는 점에서 원핵세포와 구분된다. 이처럼 막으로 구분된 소기관은 세포질을 공간적으로 나누어 각각의 기능을 다른 공간에서 이루어지도록 하며, 막의 주름 등을 통해 표면적을 넓혀 생리적 기능을 증폭시킨다. 이들 막으로 싸인 소기관 사이에서도 물질이동이 이루어져 각각의 기능을 서로 보완하고 있다. 여기서는 주로 원핵생물과는 다른 기능에 초점을 맞추어 설명한다.

1) 세포질

진핵세포의 세포질(cytoplasm)은 세포기질(cytosol)과 세포소기관(organelle), 리보솜 등을 함유하고 있다그림 2-14. 사이토졸은 세포소기관을 제외한 부분으로 각종 생화학적 반응이 진행된다. 진핵생물의 세포질은 약 70%가 수분으로 이루어져 있다.

진핵생물의 리보솜은 원핵생물과는 달리 소단위는 60S와 40S이며, 합쳐져 80S의 리보솜을 이룬다. 기본적으로 세포질의 기능은 원핵생물에서 이미 설명한 것들과 동일하다. 세포질에서는 단백질의 합성뿐만 아니라 사용된 단백질 또는 손상된 단백질을 분해시켜 재활용하기도 한다. 이때 유비퀴틴(ubiquitin)이 단백질에 부착되는 uniquitination이 일어나고, 이를 인지하는 시스템이 존재하여 단백질을 분해한다그림 2-15.

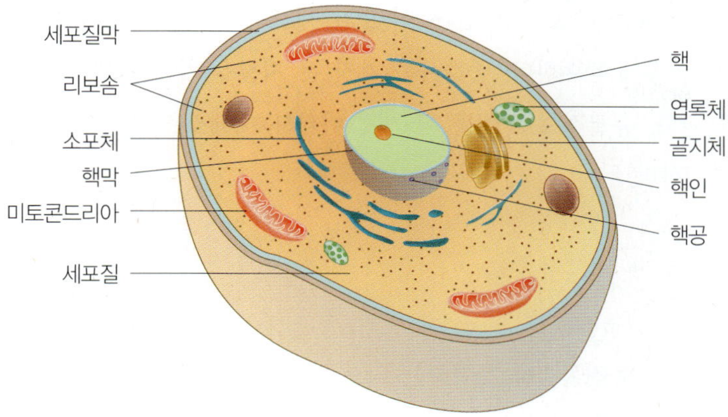

그림 2-14 진핵생물의 구조

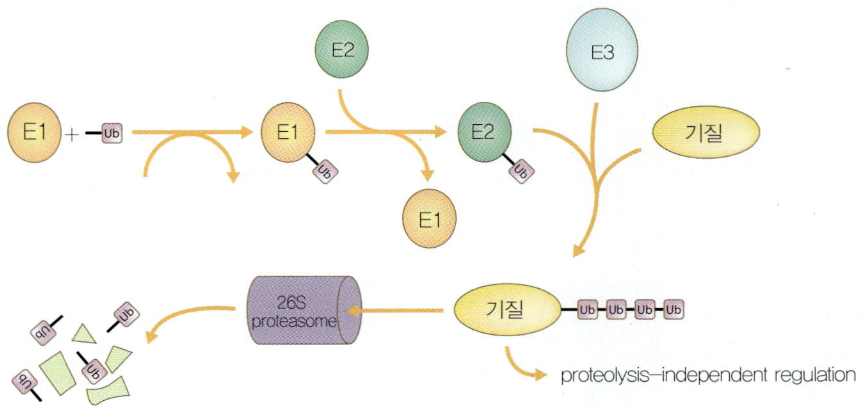

그림 2-15 Ubiquitination에 의한 단백질 분해

2) 세포 골격

진핵세포는 미세소관(microtubule : 지름 4~5 nm), 미세사(microfilament : 지름 4~7 nm), 중간사(intermediate filament : 지름 8~10 nm)로 이루어진 세포 골격(cytoskeleton)에 의해 특정한 외형을 유지한다. 미세사는 단백질사(絲, filament)로 이루어진 그물상의 구조로 이 단백질은 액틴과 매우 유사한 것으로 알려져 있어 세포 내 물질수송에 관여하는 것으로 추정된다. 미세소관은 필라멘트성 원통형 소기관으로 단

백질인 튜불린(tubulin)으로 구성된다. 이 또한 세포의 형태를 유지하고, 세포 및 물질의 이동 또는 이송에 관여한다. 중간사는 가장 큰 지름을 가지며 세포 골격에 가장 중요한 역할을 한다. 총괄적으로 이들 세 가지 미세사, 미세소관, 중간사가 서로 얽혀 세포 골격을 형성한다.

3) 핵

핵은 진핵생물의 유전물질을 포함하는 막으로 싸인 소기관으로서 핵막은 핵공이 있어 핵 안팎으로 물질을 교환할 수 있다그림 2-16. 핵막은 외부 소기관인 소포체(endoplasmic recticulum)와 연결되어 단백질 합성에 관한 정보를 전달한다. 핵막은 체세포분열 및 감수분열 시에 사라지며, 염색체는 더욱 조직화되어 분리될 수 있다. 감수분열 시에는 염색체가 이배체(diploid)에서 단배체(haploid)로 된다그림 2-17.

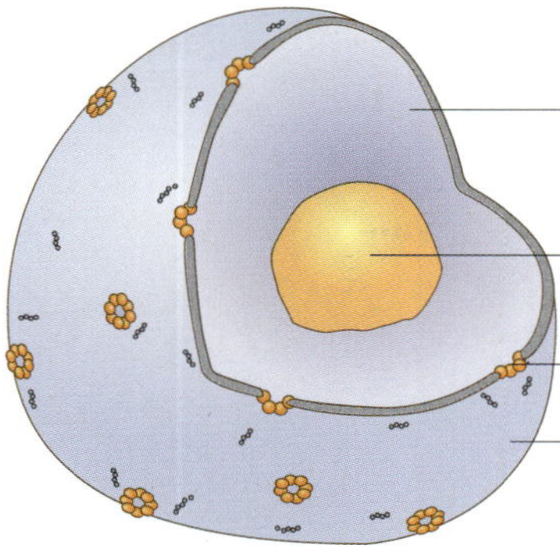

그림 2-16 핵막과 핵공

4) 소포체와 골지체, 라이소솜

(1) 소포체

소포체(endoplasmic reticulum : ER)는 물질수송 및 단백질과 지질 합성을 담당하는 핵과 연결된 소기관이다그림 2-14. 소포체는 조면(rough)소포체과 활면(smooth)소포체로 나뉘는데, 이는 리보솜이 부착되어 있을 때 거친 표면을 가지게 됨을 표현한 것이다. 리보솜은 단백질의 합성에 관여하는데 분비단백질을 많이 합성하는 경우 조면소포

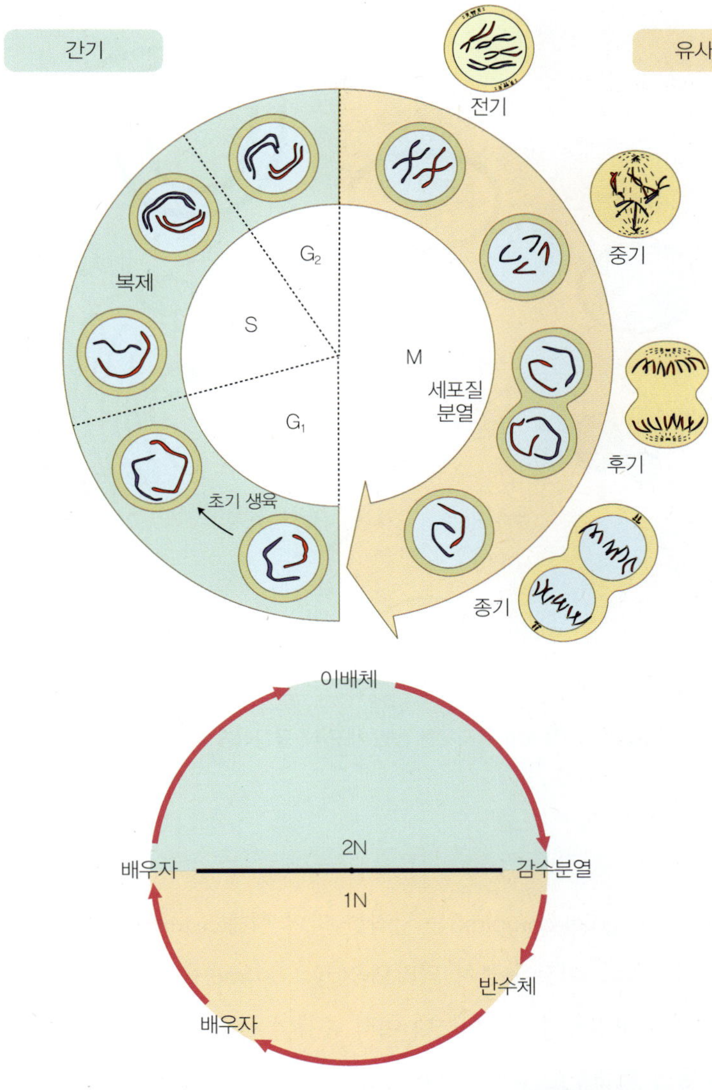

그림 2-17 **진핵생물의 생활사(체세포 분열과 감수분열에 따른 염색체의 수)**
그림의 크기와 실제 시간은 비례하지 않음

체가 발달되어 있다. 또한 새로운 막 재료를 생산하기도 한다. 활면소포체는 주로 탄수화물과 지질의 합성에 중요한 역할을 수행한다. 이들 소포체는 단백질과 지질 등 여러 종류의 물질을 세포 전체에 운반하는데 소포체에서 합성된 물질이 골지체로, 이후 세포 밖으로 배출된다그림 2-18. 이러한 막 등의 재료는 세포 전체로 전달되어 세포분열과 관련된 다양한 세포막의 확장의 기능을 담당한다.

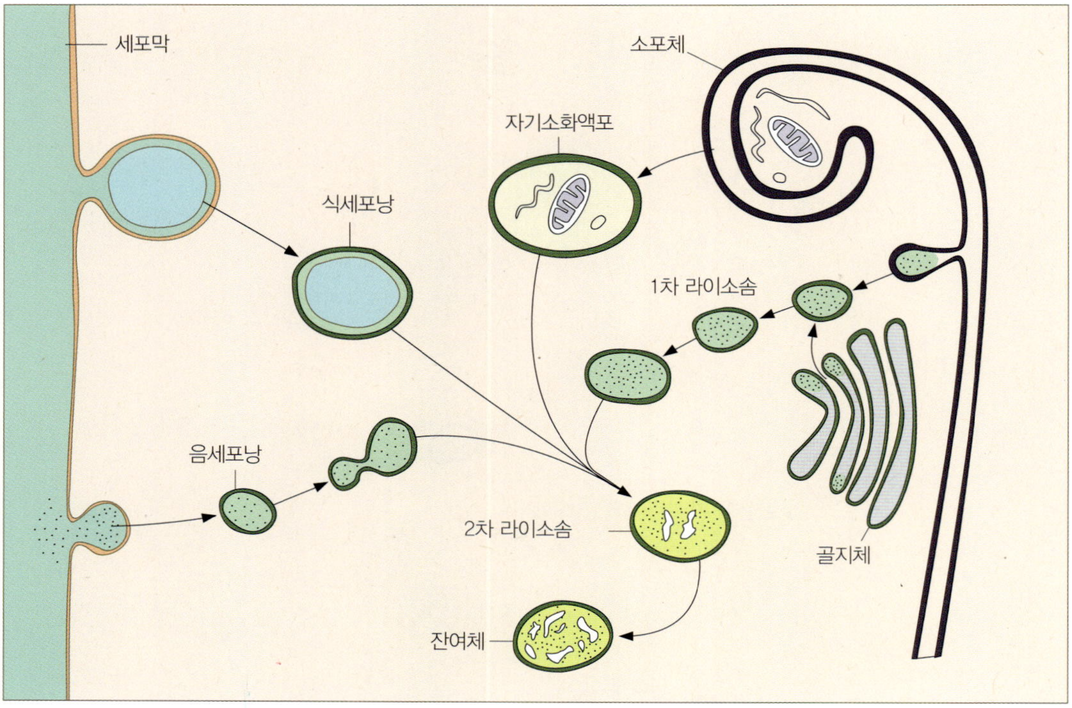

그림 2-18 소포체와 골지체를 통한 세포 내 물질이송

(2) 골지체

골지체(golgi body, golgi complex)는 납작한 막의 형태(cisternae, 복수 cisterna)가 겹쳐진 세포소기관으로, 이것이 뭉쳐 딕티오솜(dyctiosome)을 이룬다그림 2-19. 골지체는 기존의 골지체가 분열하여 생성되는데 여러 종류의 서로 다른 효소를 가지고 있다. 주로 단백질에 당을 더해주는 글리코실화 반응으로 당단백질로 전환하는 등 단백질 생성후 변형(post-translational modification)에 중요한 역할을 한다. 골지체는 또한 분비소낭(secretory vesicle) 또는 이송소낭(transfer vesicle)을 생산하여 물질의 이송에 중요한 역할을 하며, 세포 내 소화인 라이소솜 등의 형성에도 중요한 역할을 한다그림 2-18.

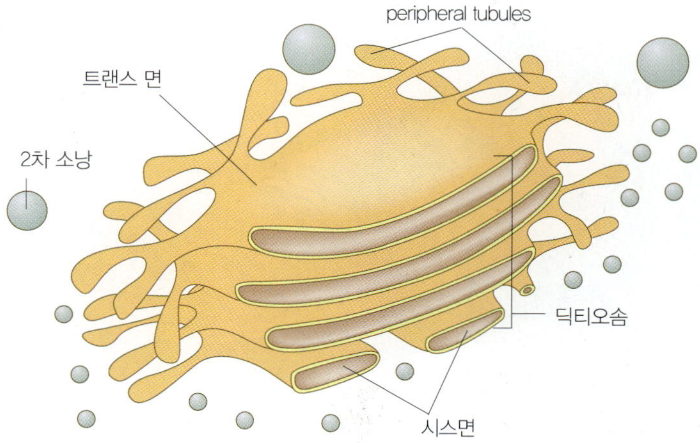

그림 2-19 골지체

(3) 라이소솜

라이소솜(lysosome)은 골지체 및 소포체에서 합성되어 세포막으로부터 유래된 음세포낭(pinocytotic vesicle : 작은 분자를 흡수할 때 사용) 및 식세포낭(phagocytotic vacuole : 큰 분자를 흡수할 때 사용)과 결합하여 외부로부터 유입된 유기물질을 분해하는 기관이다. 이 기관은 세포 내 소화를 담당하는데, 유기고분자물질을 분해하는 데 사용되는 소화효소를 포함한다. 라이소솜 내의 pH는 5 정도로 pH 7 정도인 세포질보다 낮은데, 라이소솜은 분해효소들을 세포질과 분리시켜 이들 효소로부터 내부물질을 보호한다. 퍼옥시솜(peroxisome)도 막으로 둘러싸인 구조인데, 활성산소 라디칼(reactive oxygen radical) 형성효소를 함유하여 외부물질(바이러스 등 유해물질)을 파괴하는 데 사용된다.

5) 미토콘드리아

미토콘드리아(mitochondrion, 복수 mitochondria)는 진핵세포의 TCA 회로, 전자전달, 산화적 인산화 과정을 통하여 에너지(ATP)를 생산하는 소기관이다그림 2-20. 미토콘드리아의 크기와 수는 세포의 종류와 역할에 따라 다르다. 미토콘드리아는 투과성이 높은 외막(outer membrane)과 투과성이 낮은 내막(inner membrane)으로 되어 있다.

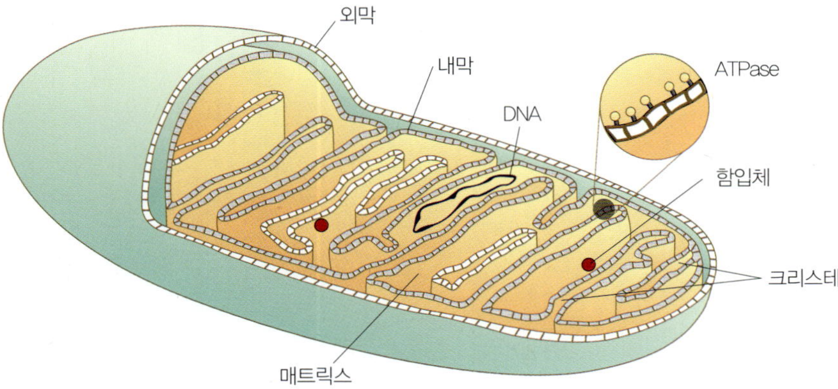

그림 2-20 미토콘드리아

내막에는 더욱 많은 단백질이 존재해 투과성에 영향을 미친다. 내막은 또한 주름 모양의 크리스테(cristae) 구조를 이루며, 내막에 ATPase가 표면에 붙어 있어 세포 내 호흡과정에서 ATP를 형성한다. 미토콘드리아의 막에는 진핵세포의 막에 있는 스테로이드(steroid)가 없기 때문에 더 부드러운 형태로 되어 있어 좀 더 많은 변형이 가능하다. 크리스테에는 ATP를 비롯한 대사물의 미토콘드리아 안팎으로의 이동을 조절하는 특정 운반 단백질이 존재한다. 또한 유기화합물의 산화를 담당하는 많은 효소들(TCA 회로 관련)이 존재하고 있다. 미토콘드리아는 자체의 DNA와 리보솜을 갖고 있어 미토콘드리아에 존재하는 단백질 중 일부를 합성할 수 있다. 이에 따라 미토콘드리아와 관련된 유전은 기존 멘델의 유전법칙을 따르지 않는다. 여기에 존재하는 리보솜 및 단백질 생산을 보았을 때 이는 원핵생물에 좀 더 가까운 형태를 보이므로 현재에는 진핵생물은 호기성 원핵생물(미토콘드리아의 기원)과 원시생물의 공생으로 탄생된 것으로 추정하고 있다.

6) 엽록체

엽록체(chloroplast)는 엽록소를 포함하고 있어 빛에너지를 이용하여 이산화탄소와 물에서 탄수화물을 합성하는 광합성 작용을 하는 세포소기관이다. 엽록체는 조류 등 광합성 진핵생물에서 발견되며 엽록체의 크기, 모양, 개체수는 생물의 종류에 따라 다르다. 엽록체는 투과성이 있는 외막과 이보다는 투과성이 낮은 내막(lumen), 그리고 막 사이에 공간이 있다. 내막이 감싸고 있는 부분을 스트로마(stroma)라고 한다. 엽록소를 비롯하여 광합성에 필요한 구성요소들이 틸라코이드(thylakoid)라고 불리는 일련의 납작한 주머니 형태의 기관에 위치한다. 틸라코이드 막의 주 기능은 양성자 동력을 만들어 ATP 합성 또는 탄수화물 생산에 이용한다. 엽록체 외막의 높은 투과성은 광합성의 결과물인 포도당 및 ATP의 이동을 가능하게 하여 세포질에서 이를 이용할 수 있도록 한다.

7) 편모와 섬모

일부 진핵생물은 편모(flagella) 또는 섬모(cillia)를 갖는다. 진핵생물의 편모는 원핵생물의 편모와 매우 다른 구조의 구동 형태를 갖는다. 원핵생물의 편모는 회전하는 기능이 있지만, 진핵생물의 편모는 하나 또는 여러 개로 길게 존재하며, 채찍질과 같은 방식으로 세포를 이동시키는 역할을 한다. 구조를 살펴보았을 때 편모와 섬모는 구조와 움직임이 비슷하다. 편모 및 섬모의 내부는 중앙에 있는 2개의 미세소관 주변을 9쌍의 미세소관이 둘러싸고 있는 구조가 막으로 싸여 있는 형태로 미세소관이 서로 기대서 미끄러져 섬모와 편모를 구부린다. 섬모는 짧은 편모로 동시에 같은 방향으로 움직여 세포가 이동할 수 있도록 추진력을 주는 역할을 한다.

8) 기타

진핵미생물은 일반적으로 세포벽이 없으나 일부는 가지고 있으며, 원핵세포의 펩티도글리칸보다 단순한 셀룰로스와 키틴 같은 다당류로 구성되어 있다. 원생동물에는 세포벽이 없고 펠리클(pellicle)을 지니는 경우가 많은데 세포벽과 펠리클은 세포의 모양을 유지하고, 세포를 보호한다. 액포(vacuole)는 물질을 일시적으로 저장하고 세포 내 상당한 수분을 저장한다.

표 2-1 원핵세포와 진핵세포의 비교

원핵세포	항목	진핵세포
없음	핵막	있음
없음	히스톤	있음
하나+비염색체 유전물질	염색체 수	하나 이상
거의 없음	인트론	존재함
없음	감수분열	있음
부분적	재조합	감수분열 시 많음
없음	미토콘드리아	있음
없음	엽록체	있음
일부 세균	스테롤	존재함
단일 단백질관	편모	막으로 싸인 9+2 구조
없음	소포체	있음
없음	골지체	있음
70S(30S+50S)	리보솜	80S(40S+60S)
없음	세포 골격	있음

Chapter 3

미생물의 생육

1. 미생물의 생육곡선
2. 생육단계별 특성
3. 미생물의 생육측정법
4. 미생물 생육에 영향을 미치는 인자

1. 미생물의 생육곡선

일반적으로 생물체의 생장(growth)이라 함은 세포의 구성성분이 늘어나는 과정으로 정의할 수 있다. 미생물의 경우 그 크기가 작아 개개 세포의 증식만으로는 생장의 정도를 측정하기 어려우므로, 미생물의 생장과정은 일반적으로 집단의 세포수가 어떻게 변하는지를 의미한다. 미생물을 액체배지에서 배양할 때 보통 회분배양(batch culture) 방식을 이용하게 된다. 이는 일정한 양의 배양액이 담긴 배양용기에 미생물을 배양하는 방법으로서 배양하는 동안 미생물의 개체수가 증가함과 동시에 새로운 배지가 첨가되지 않으므로 영양물질은 감소하고 배양생성물의 양은 증가하게 되며 미생물의 종류마다 각기 다른 형태로 번식하게 된다. 이러한 미생물의 생장과정을 시간에 따라 그래프로 그리면 전형적인 생장곡선이 나타나게 되며, 그 형태는 S자를 옆으로 눕혀 놓은 모습으로 시그모이드 곡선(Sigmoid curve)이라고 부르기도 한다.

그림 3-1은 전형적인 미생물 생육곡선을 나타낸 것이다. 그러나 미생물의 개체수는 짧은 세대시간과 함께 기하급수적으로 증가하므로 일반적인 숫자의 의미보다 10의 지수형태로 큰 값을 갖게 된다. 일반적으로 y축을 생균수에 대수를 취해 나타내는 반대수(semi-logarithmic) 좌표로 나타내면 그림 3-2와 같다.

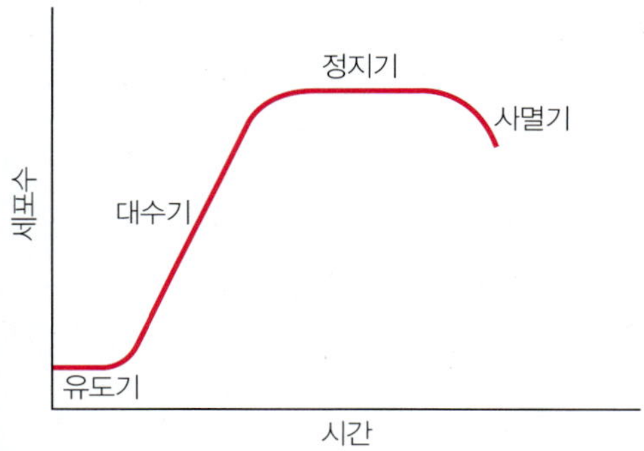

그림 3-1 미생물 생육곡선

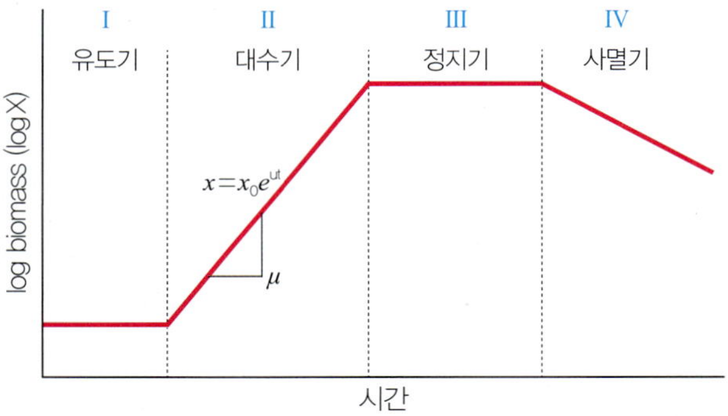

그림 3-2 반대수 좌표에서의 미생물 생육곡선

2. 생육단계별 특성

미생물의 생육을 나타내는 생장곡선을 살펴보면 일반적으로 유도기, 대수기, 정지기, 사멸기의 네 단계로 나눌 수 있다. 각 생육단계별 특성에 대해 알아보자.

1) 유도기

미생물을 처음 새로운 배양액에 접종하면 세포수가 즉시 증가하지는 않는다. 외형적으로 세포수가 증가하지 않는 초기단계를 유도기(적응기, 지체기, lag phase, induction phase)라 한다. 세포분열이 즉각적으로 일어나지는 않지만 이 시기 동안 세포에서는 세포증식을 위한 준비단계로서 세포 내에서는 새로운 구성 성분들이 합성된다. 새로운 배지에 접종된 세포는 대개 ATP, 필수 보조인자, 리보솜 등이 부족하기 때문에 생장을 시작하려면 이러한 성분들을 합성해야만 한다. 또한 새로운 배지에 존재하는 다른 영양물질들을 사용하기 위해서는 이를 대사하기 위한 새로운 효소가 부족하므로 이를 합성해야 한다. 이러한 세포 내 대사활동이 활발해지는 준비 적응기로 생각할 수 있다. 이러한 유도기는 초기 미생물 오염의 기회가 높을 수 있으므로 실험방법에 따라 그 시기를 단축시킬 수 있다. 접종에 사용되는 균을 활발한 상태의 균을 사용하거나 배지성분이 전 배지와 동일한 배지에서 생육 후 접종시키거나, 또는 초기 접종균량을 높이는 방법에 의해 유도기를 단축시킬 수 있다.

유도기의 주요 특징
- lag phase
- 균이 새로운 환경에 적응하는 기간
- RNA 함량 증가, 단백질 합성 시기
- 세포의 크기 커짐

2) 대수기

미생물이 배양환경에 적응하고 세포증식을 위해 필요한 물질들을 만드는 준비단계를 지나면 세포수가 기하급수적으로 증가하는 대수기(지수기, log phase, logarithmic phase, exponential phase)에 이르게 된다. 대수기 동안 미생물은 종의 유전적인 특성, 배지의 조성 및 생장 조건에서 분열할 수 있는 최고의 속도로 성장하고 분열한다. 또한, 이 기간 동안 생장속도는 일정하게 나타나서 일정한 간격으로 세포수는 증가하게 된다. 모든 세포가 동시에 분열하는 것이 아니기 때문에 전체적인 생장곡선은 비연속적으로 증가하지 않고 부드러운 곡선을 그리며 증가하게

대수기의 주요 특징
- log phase
- 세균의 수가 기하급수적으로 증가
- 세대시간 짧음
- 세포의 크기 일정
- 생리적으로 예민

> **tip** 세대시간(generation time)이 뭐죠?
>
> 미생물 집단의 크기가 두 배로 증가하는 데 걸리는 시간으로 단위시간에 일어나는 분열회수로 표시한다.
>
> ➲ 세대시간 계산식
>
> X_0 : 출발시간의 세포수　　X_t : 일정한 시간이 경과한 후의 세포수
>
> k : 단위시간에 일어난 분열회수　　t : 배양시간
>
> t_g : 세대시간
>
> $X_t = 2kX_0$
>
> $\log_2 X_t/X_0 = k$　　(2의 대수로 표시)
>
> $k = (\log_2 X_t - \log_2 X_0)/t$
>
> $k = (\log_{10} X_t - \log_{10} X_0)/0.301t$　　(10의 대수로 표시)
>
> t는 X_t가 $2X_0$이 될 때 걸리는 시간이므로 X_t 대신에 $2 \cdot X_0$를 대입하면,
>
> $t_g = 1/k$
>
> 예 1,000개의 세포가 5시간 후 100,000개로 증식
>
> $k = (\log_{10}100,000 - \log_{10}1,000)/(0.301 \times 5) = (5-3)/1.505 = 1.33$
>
> $\rightarrow t_g = 1/k = 60\ \text{min}/1.33 = 45\ \text{min}$

된다. 세포질의 합성속도와 분열속도가 거의 비례하고, 세대시간도 가장 짧고 일정하며, 세포의 크기도 거의 일정하다. 세포수는 대수적으로 증가하게 되어 생육곡선이 반대수 좌표에서는 직선에 가까운 형태를 나타낸다. 배양액의 변화를 살펴보면 균체의 급격한 성장과 함께 영양성분이 급격히 감소하게 되고 미생물 대사산물들이 생성된다. 이런 증식속도는 영양분 조성 외에 배양환경에 의해 영향을 받게 된다.

3) 정지기

세포의 증식이 왕성한 대수기가 지나면 외형적으로 생균수의 변화가 거의 없는 정지기(정상기, stationary phase)로 들어간다. 즉, 정지기에서는 생육단계 중 가장 최대의 세포수에 도달하게 되는 시기이다. 그러나 외형적인 총 균수가 일정하게 보일뿐 미생물의 생장이 멈춘 것은 아니며, 세포의 분열과 사멸이 평형을 이루거나 또는 집단의 세포가 대사적인 활성을 유지한 상태로 외형적으로는 단순히 분열을 멈추는 경우로 볼 수 있다. 배양액의 상태로는 영양분이 고갈된 상태이며 배양

정지기의 주요 특징
- stationary phase
- 영양분 고갈, 독성물질 축적 등으로 인해 생균수의 증가 중단
- 세균의 증식과 사멸 속도가 동일한 상태

> **tip**
> **자가소화가 뭐죠?**
>
> 미생물 세포가 죽은 후 세포 내 효소의 작용에 의해 세포 내 여러 물질들이 분해되는 현상을 자가소화(autolysis)라 한다. 미생물뿐 아니라 살아있는 생물체는 자가소화를 일으키며, 식품학적 현상으로 소나 생선류의 경우 죽은 후 자가소화에 의해 근육이 연화되고, 단백질 분해효소와 핵산 분해효소의 작용에 의해 가용성 질소성분과 아미노산이 증가하며, 지미성분의 핵산 분해물들이 생성된다. 또한, 지방 분해효소에 의해 지방산과 글리세린으로 일부 분해된다. 이러한 자가소화작용을 적절히 이용하면 맛 좋은 식품을 제조하는 데 도움이 된다.

액의 pH가 변화하게 되고, 용존산소가 감소하는 등 생육환경이 매우 악화되어 미생물의 생육이 저해되는 단계이다. 미생물 중 내생포자를 갖고 있는 경우에는 주로 이 시기부터 세포 내에 포자를 형성하기 시작한다.

4) 사멸기

일정시간 정지기가 지나면 영양분은 더욱 고갈되어 미생물 생육을 저해하는 독성 노폐물이 더욱 축적, 불리한 환경의 변화가 일어나면 사균수가 급격히 증가하고 생균수가 줄어드는 사멸기(감퇴기, death phase)에 이른다. 미생물 집단의 사멸은 대수기의 생장과 마찬가지로 대수적으로 매시간 일정한 부분이 사멸하게 되는데 이런 현상은 생균수를 측정해야 알 수 있다. 이는 세포가 죽은 다음에도 파괴되지 않는다면 외형적으로는 세포의 모양을 하고 있어서 균수의 감소를 알 수 없기 때문에 생균수를 측정하지 않고는 판단하기가 쉽지 않다. 사멸된 세포들은 배양환경이 열악해짐에 따라 세포 내에 여러 물질들, 즉 핵산, 세포벽의 분해를 일으키는 자가분해효소의 생성으로 인한 자가소화작용이 이루어지거나 배양액의 독성 노폐물에 의한 효소단백질의 변성을 초래하여 대사가 정지됨에 따라 발생하는 것으로 보인다.

3. 미생물의 생육측정법

일반적으로 세포의 생육은 개체생육(individual growth)과 집단생육(population growth)으로 분류하는데, 전자는 개체의 질량과 크기의 증가를 의미하고, 후자는 개체 총수의 증가를 말한다. 미생물의 경우 생육의 정도를 후자, 즉 집단생육으로 설명하며 앞서 설명한 생육곡선을 작성하기 위해서는 생체량의 증가나 세포수의 증가를 실험적으로 측정하여야 한다.

1) 간접적인 방법

(1) 균체량 측정법

배양액에서 미생물을 분리 회수하여 젖은 상태 그대로 무게(wet weight, 습량)를 측정하거나 수분을 건조시킨 후 균체의 무게(dry weight, 건량)를 측정하는 방법으로 주로 액체 배양물의 균체량 측정에 이용한다. 이 방법은 시간이 많이 걸리고 정밀한 검량이 어려운 단점이 있지만, 가장 기본적 측정법이며 간단하고 비교적 정확한 방법으로 널리 사용된다. 특히 곰팡이나 방선균과 같이 광학적 방법으로 측정하기 어려운 경우에 유용하다.

(2) 균체질소량 측정법

질소는 단백질을 구성하는 성분으로 미생물 종류마다 일정량의 단백질을 함유하고 있는 특성을 이용한 방법이다. 켈달법(Kjeldahl determination)으로 질소 함량을 측정, 이에 질소인자를 계산하여 단백질 함량을 측정하여 이를 바탕으로 미생물의 함량을 추정할 수 있다. 그러나 이 방법은 미생물의 종류와 상태, 배양조건 등에 따라 차이가 많아 부정확하므로 일정한 조건에서 자란 동일 미생물의 경우에만 사용하는 방법 중의 하나이다.

광학적 측정법

세포의 현탁액 → 광선 조사 → 세포 입자에 의한 광선의 분산 → 투과된 광선 감소 → 투과된 광량 분광기로 측정 → 흡광도(absorbance, A*) 로 표시

- A_{600}= 1.0 → 8×10^{8} cell/mL

또는 분산된 광량은 탁도기(nephlometer)로 측정 → 분산도(klett 단위)로 표시

(3) 광학적 측정법

미생물이 증가하면 배양액의 탁도가 증가한다는 원리를 바탕으로 분광광도계(spectrophotometer)를 이용하여 현탁한 세포(cell suspension)에 의해 산란되는 빛의 분산도(turbidity, 현탁도)를 측정하여 생체량의 상대적 증가를 관찰하는 방법으로 액체배양의 생육 측정에 이용한다. 아주 간편하여 자주 이용하는 방법이다.

Spectrophotometry의 원리 및 Lambert-Beer law

- $T = I/I_0 \rightarrow \%T = I/I_0 \times 100$
  [I_0: incident light, I: transmitted light, T: transmittance]
- Lambert law : $-\log T = -\log I/I_0 = A(\text{bsorbance}) = K_1 \times b$
  [K_1: constant, b: length of medium]
- Beer's law : $-\log I/I_0 = -\log T = K_2 \times C$
  [K_2: constant, C: concentration of absorbing substance]
- Lambert-Beer law : $-\log I/I_0 = -\log T = A = abc$
  [a: extinction coefficient(K_1, K_2: constant)
  a: L mol cm^{-1}, b: 1 cm, c: mol/L]

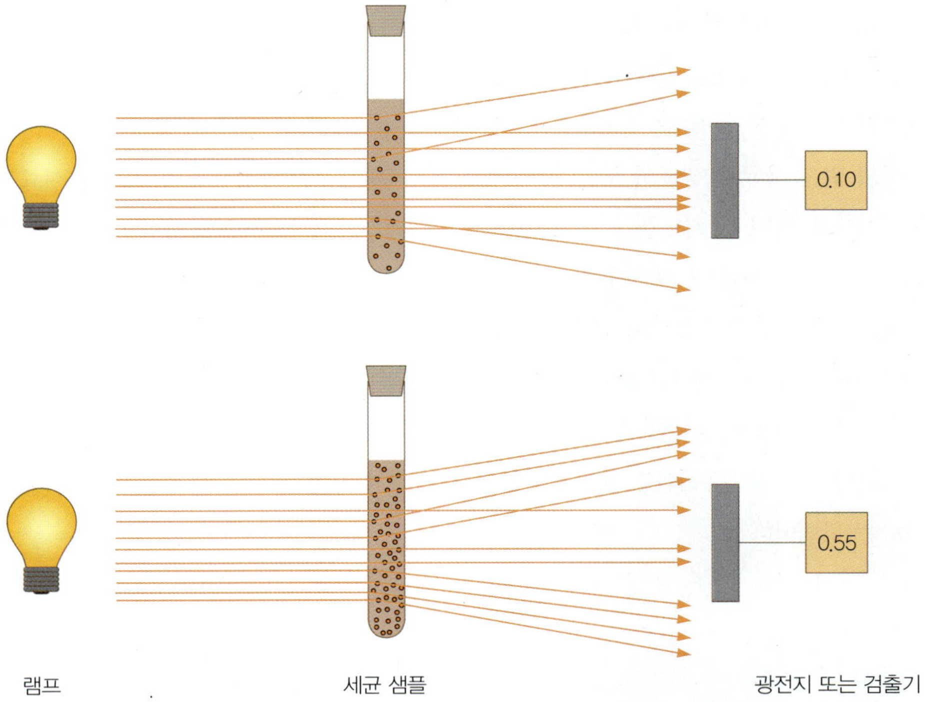

그림 3-3 광학측정법에 의한 균체생육 측정 원리

(4) 세포 내 대사물질의 상대적 측정법

미생물은 총 질소량뿐 아니라 핵산량, ATP의 양 등도 세포 내에 일정 함량 함유하고 있어 이러한 생화학적 분석을 통해 세포량을 상대적으로 측정할 수 있다. 이는 미생물의 생화학적 능력, 대사능력을 평가할 수도 있다.

2) 직접적인 방법

(1) 직접계수법

배양액의 일정량을 일정 넓이의 검경 면적 위에 놓고 혈구계수기(haematometer) 또는 페트로프-하우저(Petroff-Hausser) 계수기를 이용하여 일정한 공간에 존재하는 미생물 수를 현미경으로 관찰, 측정하여 일정한 부피 내에 존재하는 총균수를 환산하여 계산하는 방법을 직접계수법(direct microscopic count)이라 한다.

이 방법은 사균과 생균의 구별 없이 시료 속의 총균수를 측정하는 방법으로 시료가 액체이어야 하며, 신뢰도를 높이기 위해서는 액체시료 중 균체농도가 적어도 10^7/mL 이상이 되어야 한다. 시료수가 많을 때 조작이 지루하며 측정하는 사람에 따라 오차가 심할 수 있는 단점이 있으나 조작이 쉽고 간편하며 결과를 단시간에 얻을 수 있는 장점이 있다. 이러한 현미경 관찰의 단점을 보완하기 위한 방법으로 입자계수기(coulter counter)를 이용하는 방법이 있다. 이 방법은 현미경 대신 전기를 이용하는 방법으로 세포현탁액이 미세유리관을 통과할 때 관 사이에 흐르는 전류량 감소를 측정하여 기록하는 방법이다.

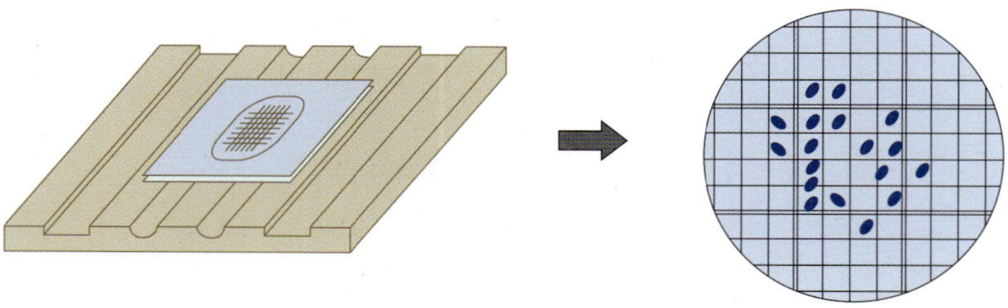

시료를 가운데 적하하되 흘러넘치지 않도록 한다. 커버글라스와 슬라이드 사이의 간격은 0.02 mm(1/50)이다. 총눈금은 25개의 큰 직사각형으로 총면적 1 mm^2, 총부피는 0.02 mm^3 이다.

현미경 관찰 : 큰 정사각 안에 있는 세포를 계수한다. 이 그림에서는 12개이다(실제적으로 몇 개의 정사각 안에 있는 세포를 계수하고 그 수의 평균값을 구한다).

그림 3-4 페트로프-하우저(Petroff-Hausser) 계수기

(2) 생균수 측정법(viable cell count)

① 최확수(most probable number) 측정

시료를 충분히 희석하여 희석액 1 mL에 한 개의 세포가 들어가도록 희석하여 일정량의 액체배지에 접종 후 배양시켜 성장의 유무를 기록하며, 그 결과를 최확수 통계표에 의해 생균수를 추정하는 방법으로 수질 검사나 음료의 미생물 검사에 주로 이용한다.

② 표면도말법(spread plate method)

적절히 희석된 시료의 일정량을 고체배지 표면에 균일하게 접종하여 배지에 접종배양하여 생육한 집락(colony)수를 측정하여 희석배율을 곱하여 측정한다.

③ 주입평판법(pour plate method)

적절히 희석된 시료의 일정량을 액상의 고체영양배지와 섞어 그 혼합물을 멸균된 평판배지 위에 부어 굳힌 다음, 일정시간 배양 후 배지상의 집락수를 계수하여 그 값에 희석배율을 곱하여 시료의 균수를 계산하는 방법이다. 배지상의 집락은 30~300개가 되도록 시료를 희석하여야만 통계적으로 정확한 생균수 측정이 가능하다.

④ 박막여과법(membrane filtration method)

미생물이 통과하지 못하는 여과막을 사용하여 미생물을 여과지 위에 걸러내어 이 여과지를 적절한 배지 위에 멸균된 핀셋을 사용하여 올려놓은 후 일정시간 배양 후 여과지 위에 생육한 집락수를 측정하는 방법이다. 이 방법은 희석된 시료로서 생균수를 직접 측정할 수 없는 시료의 생균수를 측정하는 방법으로서 음용수의 일반 세균 및 대장균군 검사 등에 사용된다.

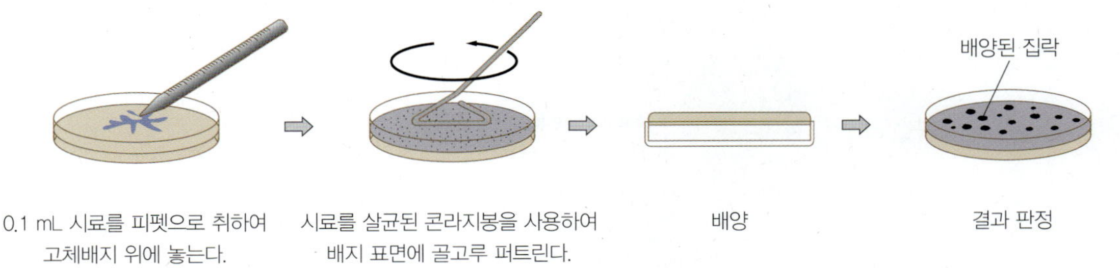

그림 3-5 표면도말법

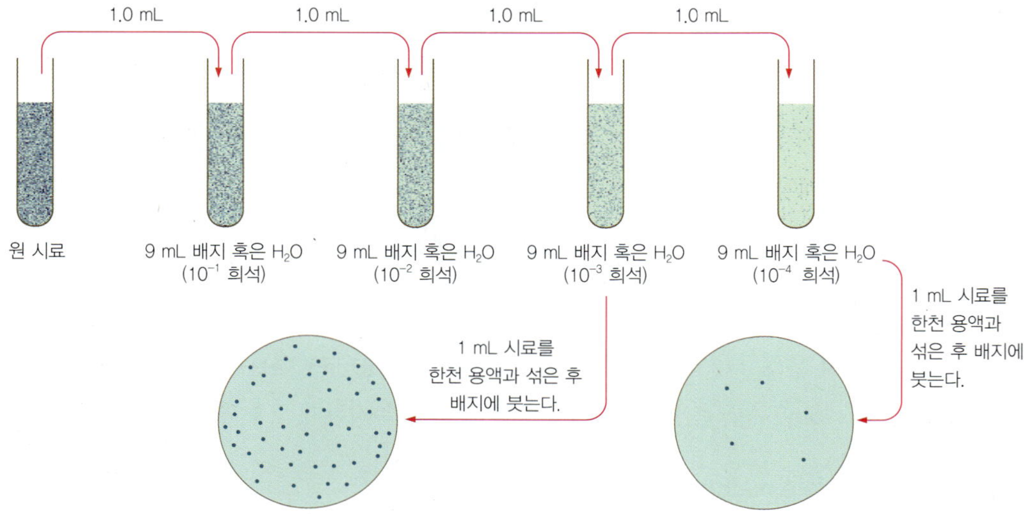

그림 3-6 주입평판법

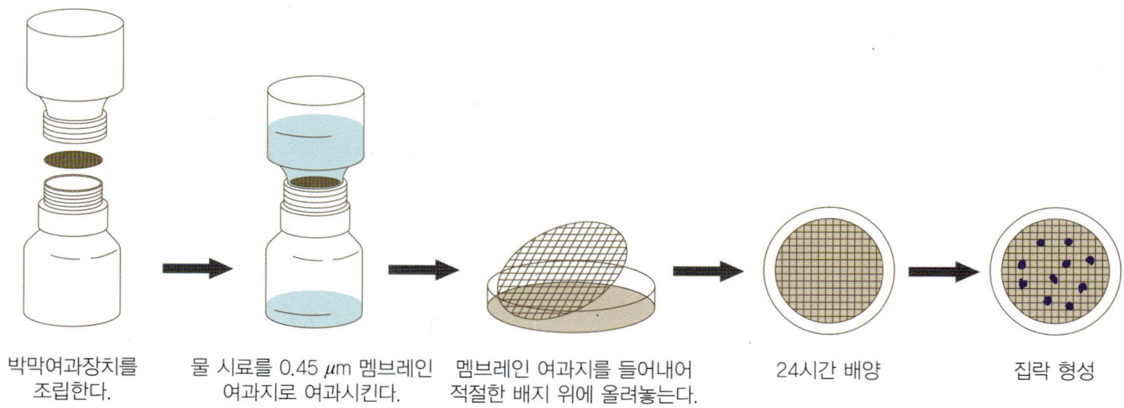

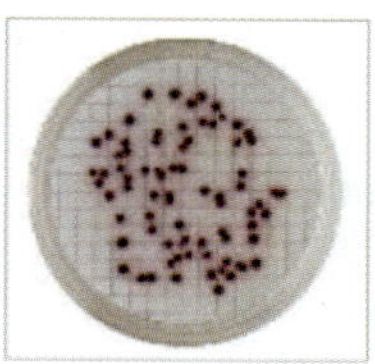

membrane filtration 결과
Difco Modified mTEC Agar를 이용한 물 중의 *E. coli* 검출 결과
자료 : www.rapidmicrobiology.com/news/29h2.php

그림 3-7 박막여과법

⑤ 형광염색법

생균만 염색시키는 형광염료를 사용하여 세포 내에 결합된 형광염료의 양을 형광광도계(fluorospectrophotometry)를 사용하여 측정하는 방법으로 상대적인 배양액의 생균성을 평가할 수도 있다.

4. 미생물 생육에 영향을 미치는 인자

1) 영양소

모든 생명체는 생명 유지와 성장을 위해 에너지를 생성하여야 하며 세포 구성성분을 요구하게 된다. 영양소는 이러한 에너지 생산과 세포 구성성분으로 필요한 물질들을 말하며, 미생물이 필요로 하는 영양분이 공급된 것을 배지(medium)라고 한다.

미생물 증식에 필요한 세포 구성원소로는 고형성분의 95%를 차지하고 있어서 다량을 요구하는 C, N, H, O, P, S, K, Ca, Mg, Fe과 같은 대량원소(macro element)가 있고, 이에 반해 상대적으로 미량을 요구하는 Mn, Zn, Co, Mo, Ni, Cu 등과 같은 미량원소(trace element)가 있다. C, H, O, N, S, P은 탄수화물, 지질, 단백질, 핵산의 구성성분으로 작용하며, K은 효소활성, Ca은 내생포자의 내열성 외 여러 기능, Mg은 효소의 조효소, 리보솜, 세포막의 안정화, Fe는 시토크롬 구성성분, 조효소의 원소로 각각 필요로 한다. 이에 반해 소량 필요하며 주로 생체반응 촉매, 단백질 구조의 유지(안정화)를 위해 필요로 하는 미량원소들은 영양분의 균형에도 중요하지만 필수영양소로서 결핍되기 쉽기 때문에 타 영양소의 농도에 관계없이 생장에 제한을 줄 수 있다.

따라서 대량원소를 공급할 수 있는 탄소원이나 질소원은 대량영양소라고 하며, 무기염류, 비타민 등은 미량영양소라고 부른다.

에너지원과 탄소원에 따른 생물명칭의 정의

독립영양성(autotrophs)
탄소원으로 CO_2를 이용하는 생물

종속영양성(heterotrophs)
유기물에서 탄소를 얻을 수 있는 생물

광합성생물(phototrophs)
에너지원으로 태양광선을 이용하는 생물

화학합성생물(chemotrophs)
화학반응의 결과로 인해 에너지를 얻는 생물

(1) 탄소원

탄소원은 미생물배지의 주요한 유기물로서 에너지 생산을 위한 호흡, 발효대사 과정을 통해 에너지를 방출하거나 다른 종류의 유기물이나 CO_2로 변화하게 된다.

탄소원으로 공기 중의 CO_2를 이용하거나 무기물의 산화작용에 의해 에너지를

표 3-1 각 원소의 환경 중 존재 형태

원소	환경 중 존재하는 일반 형태
C	이산화탄소(CO_2), 유기화합물(포도당, 전분 등)
H	물(H_2O), 유기화합물
O	물(H_2O), 산소 기체(O_2)
N	암모니아(NH_3), 질산염(NO_3^-), 유기화합물(단백질, 아미노산 등)
P	인산염(PO_4^{3-})
S	황화수소(H_2S), 황산염(SO_4^{2-}), 유기화합물
K	K^+
Mg	Mg^{2+}
Ca	Ca^{2+}
Na	Na^+
Fe	Fe^{3+}, 유기철복합체

얻기도 하여 스스로 CO_2의 환원유기물인 포도당 등을 합성하는 독립영양생물들도 있으나 유기분자를 탄소원으로 이용하는 종속영양생물들이 대부분이다. 이런 종속영양생물들은 주로 포도당을 이용하여 탄소원 및 에너지를 동시에 공급받게 된다. 그러나 미생물의 경우 포도당 외에도 다양한 탄소원의 이용이 가능하여 알코올, 파라핀, 고무, 유기용매(메탄올), 메탄, 난분해성 인공물질(살충제) 등도 이용할 수 있는 미생물종이 있다.

이런 탄소원 및 에너지원의 이용에 따라 다음 표 3-3과 같이 분류할 수 있다.

(2) 질소원

미생물은 일반적으로 단백질과 핵산염기의 질소성분을 이용하게 되는데, 미생물의 종류에 따라 다양한 방법으로 질소원을 이용한다. 콩과식물에 공생하는 *Rhizobium*속과 토양미생물인 *Azotobacter*속 세균, 그리고 남조류 등은 질소고정능(N_2 fixation)을 갖고 있어 공기 중의 질소를 암모니아로 고정하여 이를 이용한다. 질산염(NO_3^-) 등 산화 형태의 무기물을 흡수하여 생체 내에서 환원시킬 수 있는 광합성 생물이나 독립영양 화학합성생물에 속하는 박테리아나 균류들도 있다. 그러나 대부분의 미생물들은 산화 형태의 질소화합물을 환원시킬 능력이 없어서 환원형의 질소화합물인 암모니아

표 3-2 생물체의 구성성분

유기물	함량(생체량 기준)	함량(건량 기준)
물	70	-
고분자 계	26	96
단백질	15	55
다당류	3	5
지질	2	9
DNA	1	3
RNA	5	20
단량체 계	3	3.5
아미노산과 전구체	0.5	0.5
설탕과 전구체	2	2
뉴클레오타이드와 전구체	0.5	0.5
무기이온	1	1
총계	100%	100%

(NH_4^+)를 요구하거나 질소가 포함된 유기화합물을 요구하게 된다. 암모니아염은 주로 황산암모늄이나 인산암모늄 형태를 이용하며, 유기화합물로는 아미노산, 단백질 등을 이용한다. 일반적으로 생체 내에서 질소는 아미노(amino)기와 같은 환원된 형태로 존재하게 된다.

표 3-3 생물의 분류

생물 그룹	에너지원	탄소원	예
독립영양 광합성생물 (Photoautotrophs)	태양광	CO_2	고등식물, 조류, 광합성세균
종속영양 광합성생물 (Photoheterotrophs)	태양광	유기물	남색, 녹색 박테리아
독립영양 화학합성생물 (Chemoautotrophs)	화학반응	CO_2	수소, 무색 유황, 철, 질산화세균
종속영양 화학합성생물 (Chemoheterotrophs)	화학반응	유기물	동물, 대부분 세균, 곰팡이, 원생동물

비고) Mixotroph(혼합영양): 환경요인에 따른 대사양상 변화

(3) 무기염류

무기염류는 세포성분, 조효소의 보조인자, 세포 내 삼투압 조절 및 완충작용의 역할 등을 한다. 황(S)은 생체 내에서 황화수소(sulfhydryl, mercapto)기와 같은 환원된 형태로 존재하는데, 황산염(SO_4^{2-}) 등 산화 형태의 무기물을 흡수하여 생체 내에서 환원시킨다. 광합성생물이나 독립영양 화학합성생물에 속하는 세균이나 균류들이 이런 능력을 갖고 있으며, 대부분의 미생물은 산화 형태의 황화합물을 환원시킬 능력이 없어 황이 포함된 유기화합물을 이용한다. 황은 시스테인(cystein), 시스틴(cystine), 메싸이오닌(methionine) 등의 아미노산과 바이오틴(biotin), 티아민(thiamine)과 같은 비타민의 구성성분이다. 인(P)은 생체 에너지 생성에 필수적 인자로서 인화합물인 무기인이나 인산염 형태로 흡수하여 이용한다. 인은 핵산과 ATP, ADP 및 NAD와 같은 조효소의 구성성분이다. 칼륨(K)은 단백질 합성에 관여하는 효소의 활성화에 필요하며, 균체 내의 삼투압과 pH를 조절하는 기능을 한다. 마그네슘(Mg)은 리보솜, 세포막, 핵산 등을 안정화시키고 인산 전이효소의 보조인자(cofactor)로서 작용하며 엽록소의 구성성분으로 작용한다. 칼슘(Ca)은 내생포자의 내열성에 영향을 주며 유기산을 중화하거나 일부 효소의 활성화에 역할을 한다. 나트륨(Na)은 주로 해수미생물에 있어서 내염성의 조

표 3-4 배지에 공급되는 각 영양소의 형태

영양소	배지 중 공급되는 형태
탄 소	*Organic*-defined media : glucose, acetate, pyruvate, malate, hundreds of other compounds complex media : yeast extract, beef extract, peptone, many other digests *Inorganic*-CO_2, HCO_3^-
질 소	*Organic*-amino acids, nitrous bases *Inorganic*-NH_4Cl, $(NH_4)_2SO_4$, KNO_3, N_2
인	KH_2PO_4, Na_2HPO_4
황	Na_2SO_4, H_2S
칼륨	KCl, K_2HPO_4
마그네슘	$MgCl_2$, $MgSO_4$
나트륨	NaCl
철	$FeCl_3$, $Fe(NH_4)(SO_4)_2$, iron chelates
미량영양소	$CoCl_2$, $ZnCl_2$, Na_2MoO_4, $CuCl_2$, $MnSO_4$, $NiCl_2$, Na_2SeO_4, Na_2WO_4, Na_2VO_4

절인자로 중요하다. 철(Fe)은 호흡계에 작용하는 사이토크롬(cytochrome), 카탈레이스(catalase), 퍼옥시데이스(peroxidase) 등의 구성성분이며 연속적인 산화·환원반응체계인 전자전달계에 필요한 성분이다.

코발트(Co)는 사이아노코발아민(cyanocobalamine)인 B_{12} 생성에 필요하고, 아연(Zn)은 단백질 분해효소 등 효소의 구성성분이며, 몰리브덴(Mo)은 초산염환원과 질소고정에 관여하는 효소의 보조인자이며, 구리(Cu)는 산화·환원효소의 구성성분이며, 망간(Mn) 역시 여러 효소활성에 관여한다.

일반적으로 무기염류는 염류의 형태로 공급하거나 배지 제조 시 사용되는 수돗물에 의해 공급된다.

(4) 생육인자

생육인자(growth factor)는 미생물이 스스로 합성할 수 없어서 미량 요구하는 영양소로서 세포구성에 필요한 유기화합물을 말한다. 이런 생육인자로는 비타민, 아미노산, 퓨린(purine), 피리미딘(pyrimidine) 및 지방산 등을 말하며, 일부 미생물은 합성이 가능한 능력을 갖고 있기도 하다. 생육인자는 주로 조효소(coenzyme) 구성에 필요한 보결분자단(prosthetic group)의 역할을 하게 된다.

아미노산은 주로 단백질 조성에 필요하나 특정 아미노산의 경우 합성이 결여된 미생물에 있어 필수성장인자로 요구하게 된다. 미생물의 흡수 능력에 따라 유리아미노산이나 펩타이드의 형태로 공급하게 된다. 퓨린, 피리미딘은 핵산과 조효소의 구성성분으로 구아닌, 아데닌, 티민, 사이토신, 유라실 등의 염기로 공급하며, 생체 내에서 뉴클레오타이드로 변화한다. 포피린(porphyrin)은 사이토크롬(cytochrome), 엽록소(chlorophyll)그림 3-8, 헤모글로빈(hemoglobin)의 구성성분으로 ***Hemophilus influenzae***의 경우 포피린 함유물질(헴이나 적혈구)을 배지에 첨가하여야 생육이 가능한 미생물들도 있다. 지방산의 경우 장내 기생 박테리아들이 4~6개의 탄소로 된 지방산을 생육인자로 요구한다. 비타민의 경우 표 3-5와 같이 많은 종류의 비타민들이 전구물질이나 효소의 조효소로 작용하기 위하여 생육인자로 공급된다.

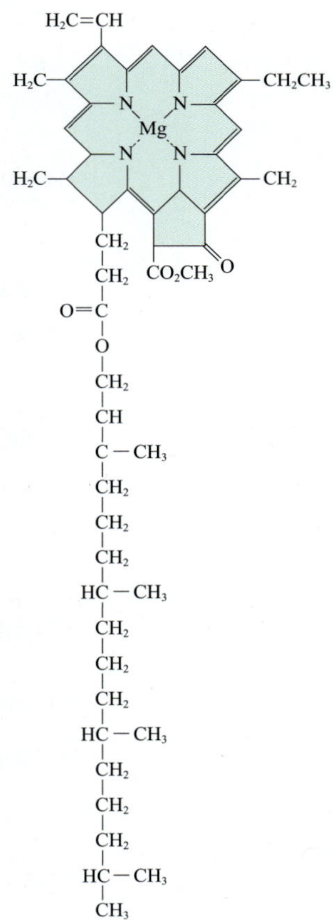

그림 3-8 엽록소의 구조

표 3-5 미생물 생장에 필요한 비타민의 기능

비타민	기능	필요로 하는 미생물의 예
바이오틴	카복실화(CO_2 고정) 일원자탄소(one-carbon) 대사	*Leuconostoc mesenteroides* *Saccharomyces cerevisiae* *chromonas malhamensis* *Acanthamoeba castellanii*
사이아노코발아민(B_{12})	분자 재배열 일원자탄소 대사-메틸기 전달	*Lactobacilus* spp. *Euglena gracilis* 규조류 및 조류의 다수 *Acanthamoeba castellanii*
엽산	일원자탄소 대사	*Enterococcus faecalis* *Tetrahymena pyriformis*
리포산	아실기 전달	*Lactobacilus casei* *Tetrahymena pyriformis*
판토텐산(B_6)	조효소 A(coenzyme A)의 전구체 - 아실기 전달(피루브산 산화, 지방산 대사)	*Proteus morgarill* *Hanseniaspora* spp. *Paramecium* spp.
피리독신(B_4)	아미노산 대사(아미노산 전이)	*Lactobacilus* spp. *Tetrahymena pyriformis*
나이아신(니코틴산) 그림 3-9	NAD와 NADP의 전구체 - 전자 또는 수소원자 전달	*Brucella abortus, Haemophilus influenzae* *Blastocladia pringsheimii* *Crithidia fasciculata*
리보플라빈(B_2) 그림 3-9	FAD와 FMN의 전구체 - 전자 또는 수소원자 전달	*Caulobacter vibrioides* *Dictyostelium* spp. *Tetrahymena pyriformis*
티아민(B_1)	알데하이드기 전달 (피루브산 탈탄산반응, α-케토산 산화)	*Bacilus anthracis* *Phycomyces blakesleeanus* *Ochromonas malhamensis* *Colpidium campylum*

(5) 배지

배지(medium)란 미생물 성장에 필요한 영양분을 함유하고 있는 것으로 그 조성은 미생물마다 다를 수 있다. 배지는 미생물의 분리 및 동정이나 항생제 감수성과 같은 특성을 조사하는 데 사용된다. 필요 이상의 영양분은 오히려 미생물의 성장을 억제하기도 한다.

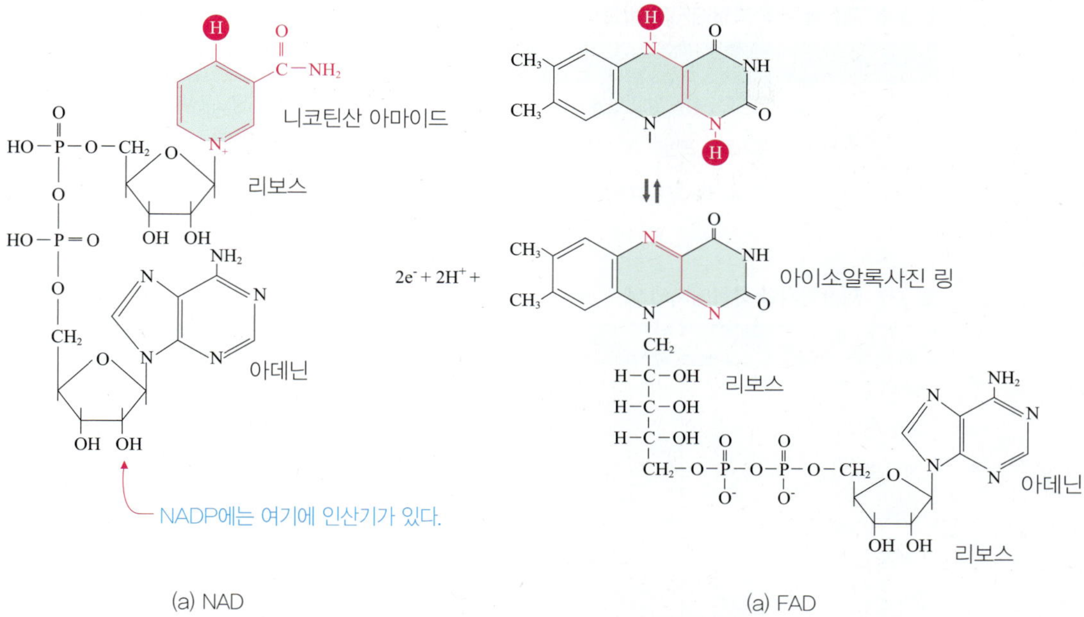

그림 3-9 생육인자로서 나이아신과 리보플라빈의 작용

① 영양분의 종류에 따른 배지 구분

자연배지(natural medium)

감자나 토마토액 또는 우유처럼 자연산물을 이용하여 미생물의 배양을 도모하기 위해 만든 배지(예 milk, potato, tomato juice 등)

합성배지(synthetic medium)

여러 가지 영양분을 넣어 주어 만든 배지로서 화합물의 종류, 농도 등을 완전히 규명할 수 있는 배지인 제한배지, 화합물의 조성을 모르는 복합화합물(예 peptone, yeast extract 등)이 함유되어 그 조성을 규명할 수 없는 배지인 복합배지, 배지에 넣어준 유기물의 종류가 적은 단순배지 등으로 편의상 구분하기도 한다.

표 3-6은 제한배지와 복합배지를 구별하는 방법을 나타낸 것이며, 표 3-7은 제한배지와 복합배지의 예를 나타낸 것이다.

② 사용 목적에 따른 배지 구분

선택배지(selective medium)

특정한 미생물의 성장을 도모하기 위해 특별한 영양물질을 포함시킨(항생제, 염료, 탄

표 3-6 제한배지와 복합배지의 비교

제한배지(defined medium)	복합배지(complex medium)
미생물의 영양요구성을 알고 있을 때	특정미생물의 영양요구성을 모를 때
C, N, S, P, 무기질을 포함한 간단한 조성	화학조성을 모르는 성분 포함
배지의 조성을 알고 있음	peptone, yeast extract, malt extract 등을 포함

표 3-7 제한배지와 복합배지의 예

E. coli 용 제한배지		대장균군을 위한 복합배지(MacConkey배지)	
K_2HPO_4	7.0 g	pancreatic digest of gelatin	17 g
KH_2PO_4	2.0 g	pancreatic digest of casein	1.5 g
$(NH_4)_2SO_4$	1.0 g	peptic digest of animal tissue	1.5 g
$MgSO_4$	0.1 g	유당	10 g
$CaCl_2$	0.02 g	담즙산	1.5 g
포도당	10 g	NaCl	5 g
미량원소 (Fe, Co, Mn, Zn, Cu, Ni, Mo)	2~10 μg each	지시약(neutral red)	0.03 g
증류수	1000 mL	지시약(crystal violet)	0.001 g
		한천(agar)	13.5 g

소원) 배지를 사용하여 원하는 미생물만 선택적으로 배양하는 데 사용하는 배지

예 *Salmonella-Shigella* 배지, MacConkey agar, Telluite 첨가 배지

분별배지(differential medium)

배지에 특수한 생화학적 지시약을 넣어 줌으로써 한 종류의 미생물을 다른 종류의 미생물과 구별할 수 있게 하는 배지

예 Eosine-methylene blue(EMB) 영양배지 : 유당(lactose)을 발효시켜 산을 생산하는 균은 금속성의 광택 있는 집락으로 생육하여 유당을 발효시키지 못하는 균과 구별됨

EMB 배지

- Peptone 10 g, K_2HPO_4 2 g, agar 15 g, eosine Y 0.4 g, methylene blue 0.0065 g/1 L → 장내 세균 검정에 이용
- 유당 10 g을 첨가하여 대장균, 살모넬라의 영양요구성 돌연변이특성을 이용하여 유전자 전달 시험에 사용
- yeast extract 5 g을 첨가하여 세균의 phage 감수성 실험에 사용

증식배지(enrichment medium)

여러 미생물이 있을 경우 원하는 미생물의 증식을 도모하는 영양분을 넣어준 배지로, 배지에 혈액을 넣어준 혈액영양배지(blood nutrient medium)의 경우 병원성 세균의 활발한 증식을 보여준다.

2) 수분활성도

미생물은 생육하기에 적절한 수분을 요구한다. 일반적으로 수분이라 함은 식품 중 함유되어 있는 물분자의 함량을 의미하나 물의 형태는 그림 3-10과 같이 자유수와 결합수로 구성되어 있다. 미생물이 이용할 수 있는 수분은 자유수를 의미한다. 그러나 이러한 단순한 수분함량보다도 수분 외에 다른 영양소 및 조건에 따라 평형상태에서의 수분량을 의미하는 수분활성도가 미생물 생육에 있어서는 더 큰 의미를 갖게 된다.

(1) 수분활성도(A_w)의 정의

식품 중의 수증기압을 P, 그 온도에서의 최대수증기압을 P_0, 상대습도를 RH라 하면 식품의 수분활성도는 아래와 같다.

$$A_w = P/P_0 \text{ 또는 } A_w = RH/100$$

즉, 밀폐된 공간에서 일정온도, 상대습도 조건 하에서 식품으로부터 물분자가 수증기 형태로 이탈되어 평형상태에 도달했을 때의 수증기압을 순수 물이 평형상태에 이르는 수증기압과의 상대치로 말한다.

(2) 결합수의 특성

물분자는 산소와 수소로 이루어져 있으며, 산소는 음전하를, 수소는 양전하를 부분적으로 가지고 있다. 전하는 물분자들끼리 서로 전기적으로 당기는 힘이 존재하여 수소결합 형태로 결합되어 있다. 소금이나 설탕을 물에 넣으면 이들 분자와 물분자 간에

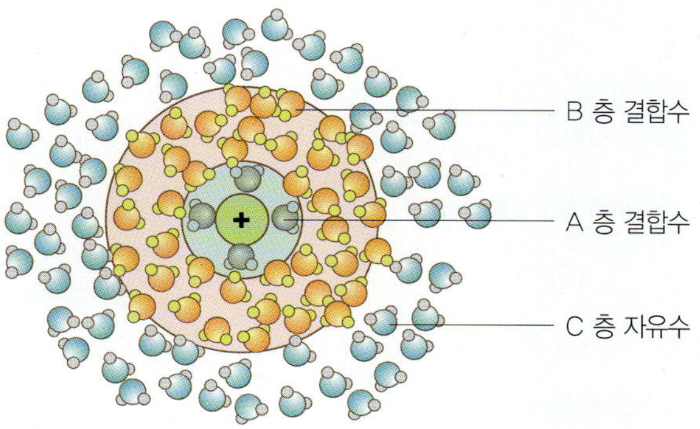

그림 3-10 자유수와 결합수

전기적으로 당기는 힘이 작용하게 되는데 이렇게 용질과 결합하고 있는 수분을 결합수(bound water)라고 한다. 결합수는 ① 미생물이 쉽게 이용하지 못하고, ② 증발이 어려우며, ③ 동결 또한 어렵고, ④ 자유수(free water)에 비해 결합수는 수분으로서의 작용이 제한된다는 특징을 갖게 된다.

(3) 미생물 생육과 수분활성도

미생물이 생육하기 위해서는 최소한의 수분활성도가 필요하며, 생육에 필요한 최소 수분활성도는 미생물의 종류에 따라 차이가 있다표 3-8.

표 3-8 미생물의 생육최저 수분활성도

세균		효모		곰팡이*, 불완전균	
Pseudomonas	0.97	*Candida utilis* (*Torulopsis utilis*)	0.94	*Mucor*	0.92~0.93
Alcalidenes	0.96	맥주 효모	0.94	*Rhizopus*	0.92~0.94
E. coli	0.935~0.96	*Schizosaccharomyces*	0.93	*Penicillium*	0.80~0.83
Bacillus subtilis	0.95	빵효모	0.905	*Aspergillus niger*	0.88~0.89
Bac. mycoides	0.99	일부의 *Candida*	0.90	*Asp. flavus*	0.80
Clostridium botulinum	0.95	*Saccharomyces cerevisiae*	0.895	*Asp. candidus*	0.75
Klebsiella pneumoniae (*Aerobacter aerogencs*)	0.945	*Rhodotorula*	0.89	*Botrytis*	0.93
Salmonella neuport	0.945	*Endomyces*	0.885	*Oospora lactis*	0.895
Enterococcus faecalis	0.94	*Hansenula amonala* (*Willia anomala*)	0.88	*Asp. chevalicri*	0.65**
Sarcina	0.915~0.930	*Sacch. rouxii* (내삼투압성효모)	0.60 ~0.61	*Asp. repens*	0.65**
Micrococcus roseus	0.905	일반 효모	0.88~0.94	*Asp. amstelodami*	0.65**
Staphylococcus aureus	0.86			*Xeromyces bisporus* 일반 곰팡이	0.80
호염균	0.75				
일반식품 변패세균	0.94~0.99				

*곰팡이의 최저 A_w는 포자의 발아한계값

**건성곰팡이(xerophilic molds)

표 3-9 주요 식품들의 수분활성도

식품	수분활성도	식품	수분함량(%)
생선, 과일	0.99~0.98	건조과일	18~25
소시지	0.90	건조채소	14~20
버찌잼	0.79	탈지건조육	15
오렌지마멀레이드	0.75	건조달걀	10~11
케이크	0.74	전분유	15
밀(전립)	0.72	탈지분유	8
초콜릿캔디	0.69	녹말	18
밀가루	0.61	밀가루	13~15
건조곡류	0.61	저장미	13~14
비스킷	0.33	두류	15
초콜릿	0.32		

이런 성질을 식품의 저장에서 살펴보면 염장, 당장과 같이 식품 중에 염이나 당을 첨가시켜 식품 중의 수분에 용질을 혼합시켜 물이 용질과 수소결합을 하게 되고, 따라서 수분활성이 떨어지게 만들어 줌으로써 미생물의 생육을 억제하는 방법인 것이다. 곰팡이는 세균에 비해 더 낮은 수분활성도에서도 생육할 수 있으며, 일반적으로 세균>효모>곰팡이>호염성세균>내건성곰팡이>내삼투압성효모의 순으로 수분활성도가 높아야 자라는 특성을 갖는다. 따라서 미생물의 종류에 따라 생육에 필요한 최저수분활성도와 식품의 수분활성도에 대한 정보는 식품 저장에 있어 매우 중요하다. 식품 중 수분활성이 높은 식품으로는 채소, 과일, 생선, 우유 등이 있으며, 수분활성이 낮은 식품으로는 식빵, 쌀 등이 있다표 3-9.

또한 미생물 중에서도 일반 미생물들과는 달리 수분활성도가 매우 낮은 영역에서도 자라는 미생물들이 있는데, 수분활성도가 낮은 환경에서 생육하지는 못하지만 견딜 수 있는 내삼투성(osmotolerant)의 특성과 염분 농도가 높은 고장액에서 서식하는 호염성(halophile)의 특성을 갖는 미생물들도 있다표 3-10.

표 3-10 식품의 수분활성 및 수분함량과 미생물의 증식

A_w	왼쪽란의 A_w 이하에서 증식이 저지되는 미생물	왼쪽란의 A_w를 갖는 식품
0.95	그람음성간균, 아포세균의 일부, 흑종의 효모	40%의 설탕 또는 7%의 식염을 함유하는 식품 (예 대개의 유제품, 빵의 내부)
0.91	대부분의 구균, 젖산균, 흑종의 곰팡이, Bacillaceae과의 세균	55%의 설탕 또는 12%의 식염을 함유하는 식품 (예 건조햄, 중 정도의 숙성치즈)
0.87	대부분의 효모	65%(포화)의 설탕 또는 15%의 식염을 함유하는 식품 (예 장기숙성치즈)
0.80	대부분의 곰팡이, *Staphy. aureus*	수분 15~17%의 밀가루, 쌀, 두류, 과일케이크
0.75	호염세균	26%(포화)의 식염을 함유하는 식품, 15~17%의 수분을 함유하는 아몬드과자, 잼, 마멀레이드
0.65	내건성곰팡이	약 10%의 수분을 함유하는 납작귀리
0.60	호삼투압성효모	15~20%의 수분을 함유하는 건조과일, 약 8%의 수분을 함유하는 캔디, 캐러멜
0.50	미생물은 번식하지 못함	약 12%의 수분을 함유하는 건조과일, 약 8%의 수분을 함유하는 캔디, 캐러멜
0.40		약 5%의 수분을 함유하는 건조 전란분
0.30		약 3~5%의 수분함유의 비스킷, 건빵
0.20		2~3% 수분의 전란유, 약 5% 수분의 건조채소 및 콘플레이크(사막의 습도)

3) 온도

온도는 미생물 생육의 주요한 요인 중 하나이다. 일반적으로 온도가 올라가면 세포 내의 대사작용이 활발해져 생장속도가 증가하게 된다. 그러나 너무 높은 온도에서는 세포성분들인 단백질 등이 불활성화되어서 오히려 생육속도가 감소하거나 사멸하게 된다. 또한 온도가 너무 낮게 되면 세포의 기능이 저하되어 효소활성이 감소됨에 따라 생육속도가 감소하게 된다. 이러한 생육과정은 아레니우스(Arrenius)의 반응속도식을 따른다고 보면 된다. 배양온도에 따라 미생물의 생육속도가 달라지게 되는데 생육이 가장 잘되는 온도와 생육한계치를 각각 최적온도, 최저온도, 최고온도로 구분하게 된다. 또한 생육 최적온도가 어느 온도 범위에 들어오느냐에 따라 저온균(psychrophile), 중온균(mesophile), 고온균(thermophile)으로 구분할 수 있다.

- 저온균 : 0℃에서 자라고 최적 온도는 15℃ 이하인 미생물

  예 *Psychrobacter* spp.
- 중온균 : 20~45℃가 최적, 15~20℃가 최저, 45℃가 최고인 미생물로 대부분의 미생물이 여기에 속한다. 예 대장균군, 병원성균 등
- 고온균 : 55℃ 이상에서 생장 가능, 45℃가 최저, 55~65℃가 최적인 미생물

  예 *Bacillus thermophilus*

그러나 이런 미생물 외에도 내저온성균과 초고온성균과 같이 특별한 특성을 갖는 미생물들도 존재한다.

- 내저온성(psychrotroph) : 0~7℃에서 생장 가능, 20~30℃가 최적, 35℃가 최고 온도를 나타내는 미생물
- 초고온성(hyperthermophile) : 80~113℃가 최적, 55℃ 이하에서 생존 못하는 미생물

이처럼 온도는 미생물의 생육을 조절할 수 있는 주요한 인자로서 생육 최고온도 이상에서는 미생물이 사멸된다. 일정온도에서 살균시간과 미생물 사멸은 대수관계를 나타내는데, 예를 들면 100℃에서 10분간 열처리했을 때 세균의 수가 100,000에서 10,000으로 사멸한다면, 10분 더 열처리하게 되면 10,000에서 1,000으로 사멸되고, 10분을 더 열처리하면 1,000에서 100으로 사멸된다. 그러나 열처리 시간을 아무리 길게 하더라도 확률적으로 미생물을 완전히 사멸시키지는 못한다. 다만 0에 가까워질 뿐이다. 따라서 아무리 오래 열처리를 해도 식품에 함유된 미생물을 완벽하게 제거할 수는 없게 되며, 1 이하 0 사이의 숫자는 확률적 의미를 갖게 된다. 0.1이라 함은 같은 살균방법을 10회 처리 시 1회는 균이 살아 남아 있는 확률로 해석되게 된다.

열처리 전의 초기 균수가 열처리 조건에서는 매우 중요하다. 초기 균수가 많을수록 더 오랫동안 열처리를 해야 하기 때문이다. 따라서 식품제조에서는 각 공정에서 항상 철저하게 위생관리를 해서 살균하기 직전의 제품에 함유된 세균수를 최소화시켜야 한다.

살균은 제품의 미생물을 사멸시켜 균수를 낮추어 줌으로써 보존기간을 늘리기 위함이다. 살균시간이 길수록 보존기간이 늘어나지만 살균시간이 길수록 영양소 파괴와 품질저하가 더 많이 일어나게 된다. 따라서 보존기간과 품질이라는 두 측면을 모두 고려

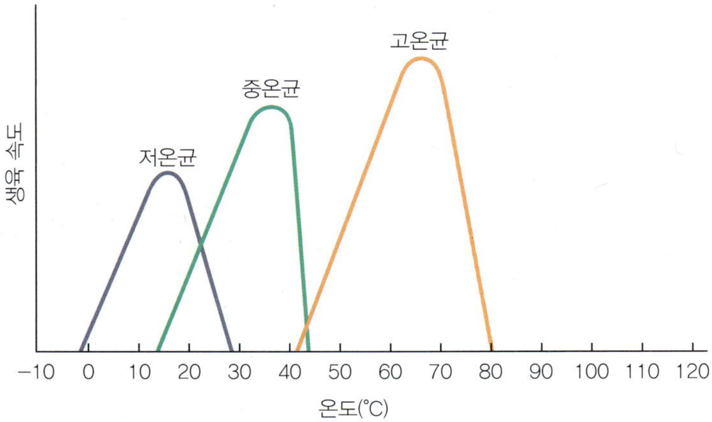

그림 3-11 배양온도에 대한 생육특성(비대칭형의 종 모양)

하여 살균조건을 잡아 처리하는 것을 '상업적 살균'이라고 한다.

일정온도에서 미생물의 수를 1/10로 감소시키는 데 걸리는 시간(분)을 D라고 한다. 즉, 90%의 미생물을 사멸시키는 데 걸리는 시간이다. 이 D값은 미생물의 종류에 따라 다르며, 이 값이 클수록 열에 강한 미생물임을 나타낸다. 즉, 미생물의 내열성을 의미한다. 일반적으로 세균포자의 D값은 매우 크다.

그러나 살균조건에 있어서는 살균시간뿐 아니라 두 인자, 즉 살균온도와 살균시간이 중요하다. 이 중에서 온도의 영향을 나타내는 값이 바로 z값이다.

열처리에 의한 살균법으로는 ① 습열법(moist heat method) : 고압멸균기(autoclave)를 사용하여 121℃ 15분 이상 살균하는 방법, ② 저온살균법(pasteurization) : 63℃ 30분, 72℃ 15~30초, 82℃ 3초 등 100℃ 이하의 온도에서 살균하는 방법, ③ 건열법(dry heat method) : 멸균된 건조공기를 사용하여 살균하는 방법으로 주로 분말, 유성물질의 멸균에 이용하는 방법 등이 있다그림 3-12.

또한, 열처리 방법 외에도 냉동법이 있다. −18℃ 이하로 식품을 저장하는 방법으로 살균보다는 주로 정균작용이 일어난다. 냉동 시 생성되는 얼음결정에 의해 세포막이 손상되기 때문에 미생물이 일부 사멸되기도 한다. 일반적으로 냉동속도가 빠를수록 세포 파괴는 적어지므로 식품저장에서는 급속냉동이 일반적이다.

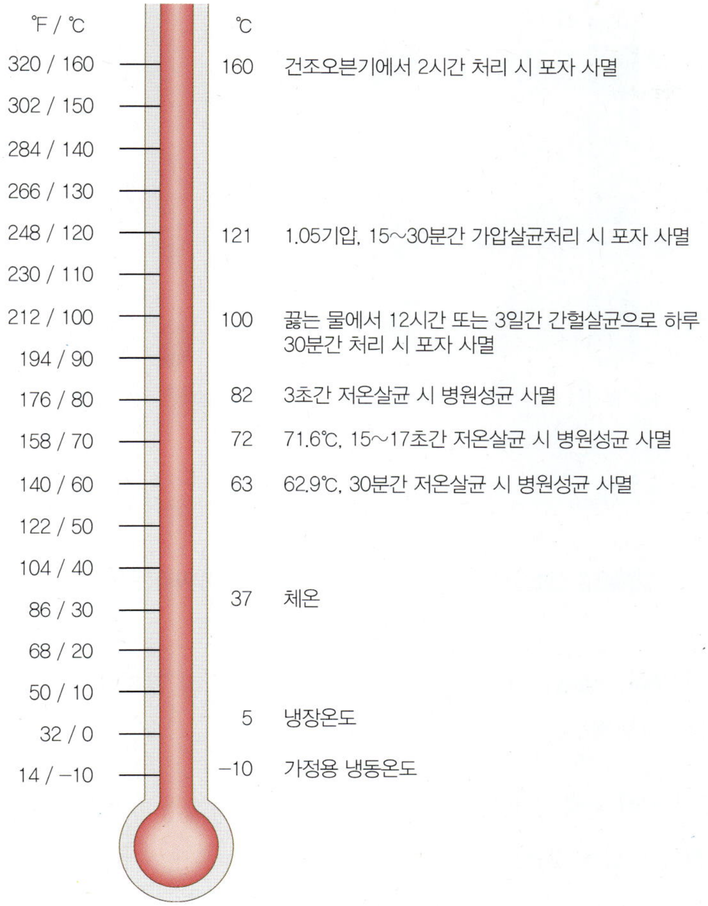

그림 3-12 온도범위에 따른 효과

4) 산소

산소는 당의 대사과정 중 에너지를 생성하는 단계인 전자전달계의 최종 전자수용체의 역할을 한다. 일반적으로 생물뿐 아니라 미생물도 산소를 필요로 하지만 혐기성 미생물의 경우 산소가 오히려 유해한 작용을 하여 사멸시키는 경우도 있다. 이처럼 미생물은 산소의 요구성에 따라 호기성, 혐기성, 편성혐기성으로 구분한다.

- 호기성(aerobe) : 산소가 있는 대기에서 생장을 하는 미생물
- 혐기성(anaerobe) : 산소가 없는 곳에서 자라는 미생물

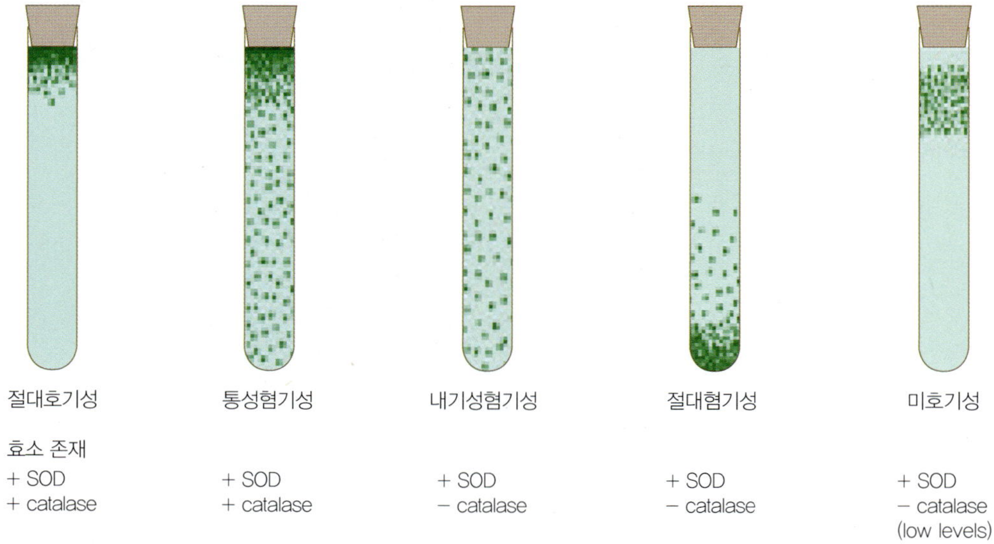

그림 3-13 산소요구성에 따른 고층배지에서 미생물이 자라는 모양

- 통성혐기성(facultative anaerobe) : 산소가 필수적이지 않지만 산소가 있으면 더 잘 자라는 미생물

그러나 그 성질이 편중되거나 특별한 특성을 갖는 절대호기성, 절대혐기성, 미호기성, 내기성혐기성의 특성을 갖는 미생물도 존재한다.

- 절대호기성(obligate aerobe) : 생육하는 데 반드시 산소가 필요한 미생물
- 절대혐기성(obligate anaerobe) : 생육하는 데 산소가 있으면 사멸하는 미생물
- 미호기성(microaerophile) : 높은 산소분압(20%)에서는 생장하지 못하나 낮은 산소분압의 경우(2~10%)에만 생장하는 미생물
- 내기성혐기성(aerotolerant anaerobe) : 산소를 이용하지 않으나 있어도 무방하게 생육하는 미생물

5) pH

온도와 마찬가지로 pH도 생육에 주요한 인자로서 미생물에 따라 생장에 최적인 pH 값을 가진다. 이처럼 생육에 최적인 pH의 범위에 따라 산성, 중성, 알칼리성, 극알칼리성으로 구분한다.

- 산성미생물(acidophile) : pH 0~5.5에서 생육하는 미생물
- 중성미생물(neutrophile) : pH 5.5~8.0에서 생육하는 미생물
- 알칼리성미생물(alkalophile) : pH 8.5~11.5에서 생육하는 미생물
- 극알칼리성미생물(extreme alkalophile) : pH 10.0 이상에서 생육하는 미생물

하지만 어떤 pH에서 자라도 미생물 세포 내의 pH는 중성에 가까우며 일반적으로 세포 내의 pH 값을 중성으로 유지하기 위해서는 별도의 유지 기작이 필요하다. 세균은 중성에서 생육이 우수하며 효모와 곰팡이는 주로 약산성에서 생육이 우수하다.

6) 식염

식염은 수분활성도에도 관여하여 미생물 배양 시 식염을 첨가하게 되면 삼투압이 증가하여 미생물 내부의 수분이 세포외로 용출되어 나오면서 원형질 분리가 일어나 세포가 사멸된다. 또한 세포외의 수분은 식염과 결합하여 결합수가 되기 때문에 수분활성이 낮아져서 생육이 저해된다. 용액 속에서 해리된 염소이온의 독성으로 인해 생육이 저해된다. 이처럼 식염은 미생물의 생육에 저해하는 특성이 있으나 해양미생물과 같이 특수한 미생물의 경우에는 오히려 식염이 존재하여야 생육하는 미생물도 존재한다. 따라서 생육에 필요한 식염의 농도에 따라 비호염균(non-halophiles), 저도호

표 3-11 식염의 농도에 따른 미생물의 분류

분류	미생물	식염에 대한 내염성 범위 (%, g/100 mL)	최적농도
비호염균	*Aquaspirillum serpens*	0.0~1.0	2% 이하
	Escherichia coli	0.0~4.0	
저도호염균	*Alteromonas haloplanktis*	0.2~5.0	2~5%
	Pseudomonas marina	0.1~5.0	
	Paracoccus halodenitrificans	2.3~20.5	
중도호염균	*Vibrio costicolus*	2.3~20.5	5~20%
	Pediococcus halophilus	0.0~20.0	
고도호염균	*Halobacterium salinarium*	12.0~36.0(saturated)	20~30%
	Halococcus morrhuae	5.0~36.0(saturated)	

염균(slightly halophiles), 중도호염균(moderately halophiles), 고도호염균(extremely halophiles)으로 구분한다.

7) 자외선

자외선(UV)은 미생물의 생육을 억제하는 효과가 있는데, 이는 200~300 nm의 단파장 자외선이 살균효과를 갖고 있다. 즉, 자외선을 쪼이게 되면 세포 내로 투여되어 세포 내 유전인자의 염기인 티민(thymine)이 인접된 것끼리 다이머(dimer) 형태로 변형되고, 이로서 유전정보가 변형되는 결과를 초래하게 된다. 특히 260 nm 내외의 자외선이 살균효과를 나타내며 투과력이 낮아 주로 용기의 표면살균에 이용된다.

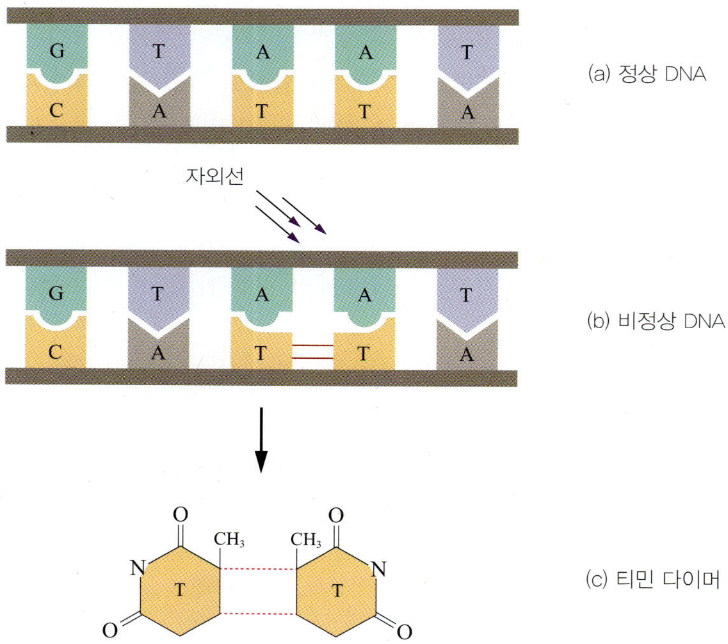

그림 3-14 자외선에 의한 티민 다이머 형성

> **tip**
> **이불이나 도마 등에 햇빛을 쪼이면 살균이 되는 이유는?**
> 햇빛 속에는 여러 종류의 광원이 있으며 빛의 파장에 따라 자외선, 가시광선, 적외선 등이 존재하는데, 이 중 자외선이 미생물에 대한 살균력이 좋기 때문이다.

8) 방사선

자외선보다 짧은 파장을 갖고 있는 것을 방사선이라 하며 특히 X-선(0.01~100Å), 감마선(0.01~1Å)은 높은 에너지를 갖고 있어 투과력이 매우 강한 특성을 갖고 있다. 이 방사선을 세포에 쪼이게 되면 DNA 염기결합이 절단되어 유전인자에 변형이 생겨 돌연변이나 세포가 사멸되는 결과를 초래하게 된다.

이런 방사선을 사용하는 살균방법은 1963년 미국 FDA에서 식품살균법으로 사용이 허가되었는데, 주로 세슘137이나 코발트60을 이용하고, 살균 시 가열살균법과는 달리 온도상승이 일어나지 않아 냉살균(cold sterilization)이라고도 부른다. 이 방법은 발아방지, 살균, 숙성도 조절, 해충방제 등의 목적을 위해 사용이 제한적으로 허가되고 있다. 따라서 이 방법에 의해 살균된 식품은 그림 3-15와 같은 표시를 하여야 한다.

그림 3-15 방사선 조사 식품 표시

9) 살균제

살균제라 함은 미생물을 효과적으로 죽이기 위해 사용되는 화합물로서 식품산업에서는 주로 작업자, 작업복, 작업장, 기구 및 도구 등의 살균을 위해 사용된다. 이러한 살균제로는 차아염소산나트륨(NaClO)을 들 수 있다. 차아염소산나트륨은 살균 대상범위 및 살균효과가 매우 좋아 주로 상수도의 살균에 이용되며, 일반적인 식품산업에서도 널리 사용되고 있다. 에틸렌옥사이드(C_2H_4O)는 가스 형태로 주로 일회용품 살균에 많이 사용되며, 그 외에도 알코올류, 알데하이드류, 요오드액, 오존 등도 이용된다. 에탄올은 주로 단백질을 변성시키고 및 세포막 지질을 용해시키며, 알데하이드(aldehyde)류인 폼알데하이드(formaldehyde), 글루타르알데하이드(glutaraldehyde)는 단백질과 핵산을 변성시키며 독성이 강한 특성을 갖고 있다. 식품에 사용되는 보존료는 식품첨가물로 지정하여 사용대상 식품과 사용량을 명확히 규정하고 있으며, 주로 솔빈산, 염화 또는 칼슘프로피온산, 염화벤조에이트 등이 있다.

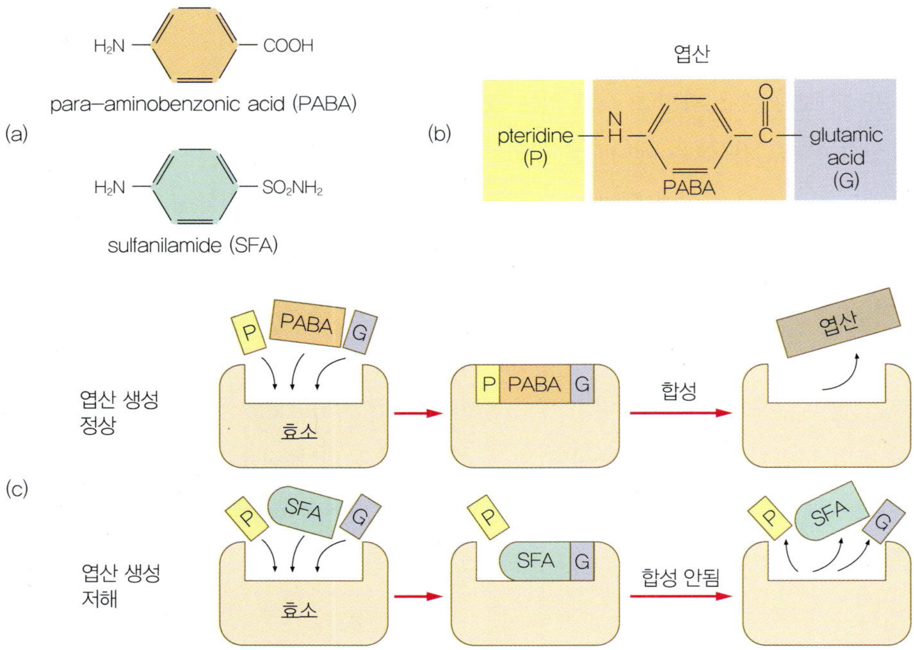

그림 3-16 항생물질의 하나인 sulfanilamide(SFA)가 PABA를 대신하여 엽산 생성을 방해하여 미생물 생육을 억제하는 기작

10) 항생물질

1900년대 초반 엘리히(Paul Ehlich)가 최초의 항생제인 아스펜아민(arsphenamine)을 개발하여 매독치료제로 사용하였으며, 그 후 1939년에 플레밍(Alexander Fleming)에 의해 페니실린(penicillin)이 개발되어 미생물의 생육을 억제하거나 사멸시키는 좋은 항생물질들이 개발되었다. 그러나 남용된 항생물질의 개발과 사용은 항생제 내성균주의 발현이 문제가 되어 그 후에는 광역항균범위를 갖는 항생제가 개발되었는데, 이 역시 현대에서는 슈퍼박테리아(super bacteria)의 출현이라는 문제를 갖게 된다.

그림 3-16은 항생제 sulfanilamide(SFA)가 구조가 비슷한 para-aminobenzoic acid (PABA) 대신 엽산 생성효소와 결합하여 엽산 생성을 방해함으로써 미생물 생육을 억제하는 작용 기작을 나타낸 것이며, 그림 3-17은 항생물질의 종류에 따라 영향을 받는 미생물세포에 대한 작용을 나타낸 것이다.

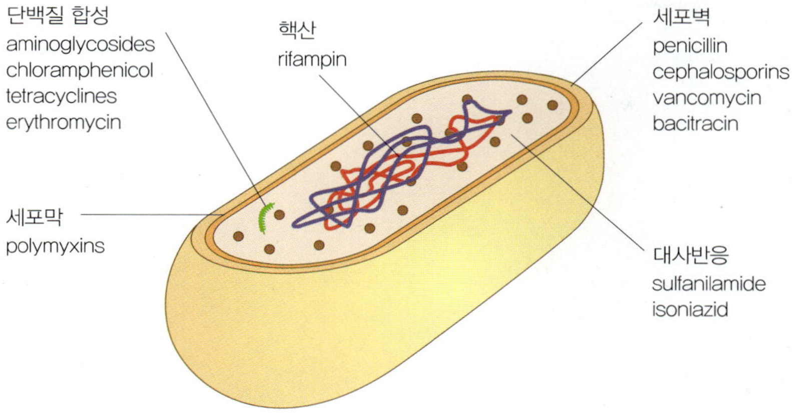

그림 3-17 여러 가지 항생물질의 주요 작용

tip

음악도 미생물을 잘 자라게 해요!!!

"미생물도 음악감상을 합니다." 음악요법이 식물에 이어 미생물에서도 활용되고 있어 눈길을 끌고 있다. 전북 순창의 한 식품회사는 고추장과 간장 등 장류 숙성과정에 음악시스템을 도입하고 있다. 이는 음악을 들려주면 그 진동으로 물분자의 운동이 활발해지고 밀도가 높아지는 반면, 공기는 상대적으로 적어져 효모균 발효를 촉진시킨다고 한다.

Chapter 4 분자생물학의 기초

- 유전자와 유전자 발현

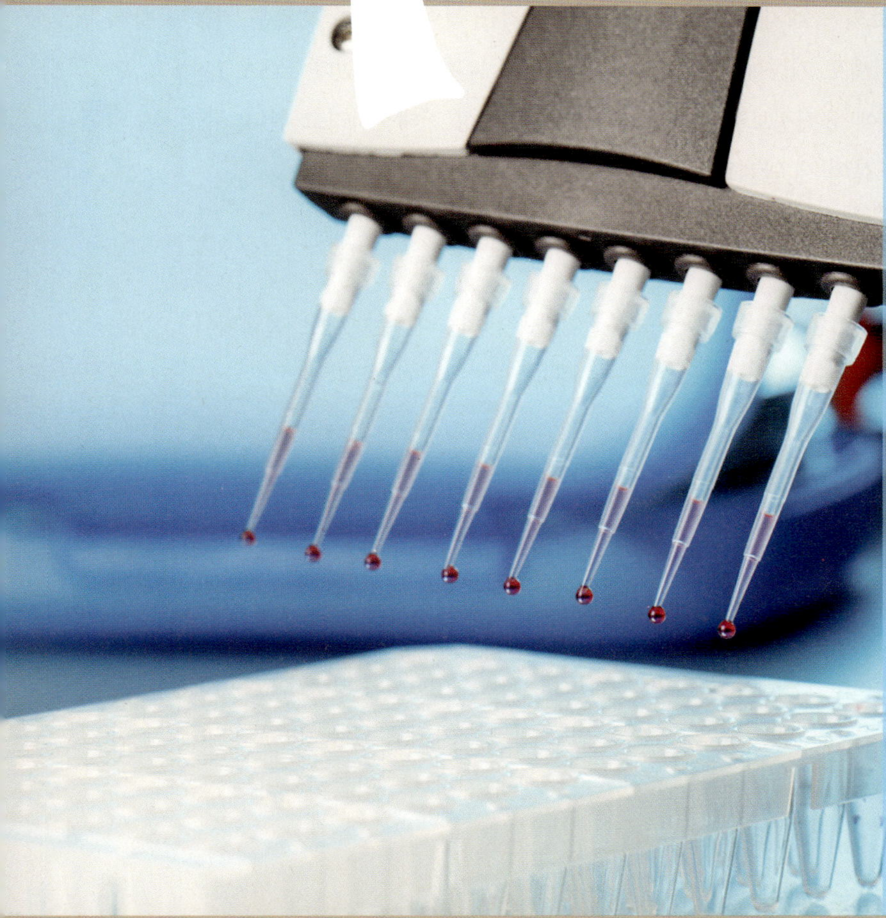

1. 거대분자와 유전정보

유전정보의 기능적 단위는 유전자이다. 미생물을 포함하여 모든 생명체는 유전자를 보유하고 있으므로, 유전자가 무엇이며 어떤 기능을 하는가에 대한 근본적인 이해는 세포의 구조, 기능 및 행동을 파악하는 데 중요하다. 더욱이 최근 수많은 세포의 유전정보가 급속히 알려지고 있으므로 유전정보를 통해 세포를 이해할 수 있는 가능성이 빠르게 발전하고 있다.

1) 유전자와 정보 흐름의 단계

모든 세포의 유전자는 데옥시리보핵산(deoxyribonucleic acid, DNA)으로 구성되어 있다. 유전자 정보는 DNA의 퓨린(아데닌, 구아닌)과 피리미딘(티민, 사이토신) 염기의 서열로 존재한다. DNA에 저장된 정보는 리보핵산(ribonucleic acid, RNA)으로 전달된다. RNA는 정보의 중개자로 잘 알려져 있지만, 최근 들어 RNA의 새로운 기능이 밝혀지고 있으므로 세포 기능에 있어 RNA의 중요성이 재평가되고 있다. DNA, RNA 및 단백질은 그 서열에 유전정보를 보유하기 때문에 정보성 거대분자라고 한다. 유전정보의 흐름은 다음과 같이 세 단계로 나눌 수 있다.

(1) 복제(replication)

DNA는 두 개의 긴 사슬로 된 이중나선이다. 각 사슬이 주형으로 복제되어 DNA는 두 개의 이중나선(double helices)으로 복제된다.

(2) 전사(transcription)

DNA는 RNA를 중개자로 단백질 합성에 참여한다. DNA에서 RNA로 정보가 전달되는 것을 전사라고 하며, 이때 만들어진 RNA가 번역(translation) 과정에서 폴리펩타이드를 암호화하는데, 이러한 과정에 관여하는 RNA를 메신저RNA(messenger RNA, mRNA)라고 부른다. 어떤 유전자들은 전달RNA(transfer RNA, tRNA)와 리보솜RNA(ribosomal RNA, rRNA)와 같이 다른 종류의 RNA를 위한 정보를 가지고 있다. tRNA와 rRNA는 단백질 합성에는 관여하지만, 단백질을 만들기 위한 유전정보를 암호화하지는 않는다.

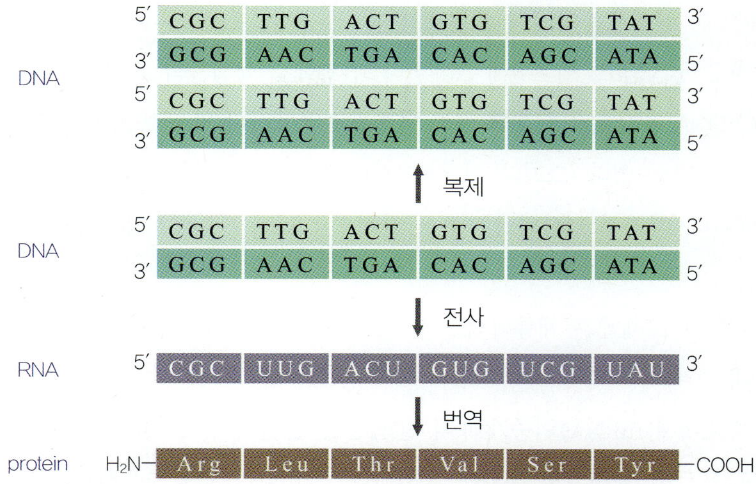

그림 4-1 DNA, RNA, 단백질의 합성

DNA 각 사슬이 주형으로 사용되어 2개의 이중나선 DNA가 복제되며, 전사의 경우 전사 방향에 따라 두 가지 종류의 mRNA 합성이 가능하다.

(3) 번역(translation)

폴리펩타이드의 아미노산서열은 mRNA의 특정한 염기서열에 의해서 결정된다. 유전자의 염기서열과 폴리펩타이드 사이에는 세 개의 염기가 하나의 아미노산을 암호화하는 일대일 대응관계가 있다그림 4-1. 이런 세 개의 염기로 된 삼자체(triplet) 각각을 코돈(codon)이라 한다. 유전암호는 세포의 단백질 합성 체계에 의해서 단백질로 번역된다. 이 체계는 단백질과 rRNA로 구성된 리보솜, tRNA와 그 외 여러 효소들로 구성되어 있다.

그림 4-1에서 보이는 3단계의 전달과정은 모든 세포에서 사용된다.

2) 원핵생물과 진핵생물의 유전학

복제와 전사, 번역은 모든 생명체에서 일어나지만 원핵생물(prokaryote)과 진핵생물(eukaryote)에서 진행되는 기작은 각각 다르다. 부분적으로 이러한 차이점은 두 종류 생명체의 염색체 구성이 다른 것과 진핵생물은 핵(nucleus)을 가지고 있다는 사실 때문이다.

일반적으로 원핵생물의 유전체는 하나의 공유결합으로 연결된 고리형(circular)의 DNA 분자로 구성되고, 세포질에 존재한다. 반면에 진핵생물의 유전체는 여러 개의 선형(linear) DNA 조각으로 세포핵 내의 염색체에 존재한다. 원핵생물은 염색체와 세포질을 분리하는 막이 없다. 그러나 진핵생물의 염색체는 핵내에 존재하며, 리보솜은 세포질에 존재한다. 따라서 전사와 번역은 공간적으로 다른 지역에서 분리되어 진행되는 과정이다.

또한, 세균과 고세균은 계통학적으로 다르며, 분자생물학적 관점에서도 분명하게 차이가 난다.

모든 세포에서 mRNA를 중개하여 단백질을 만들거나, tRNA와 rRNA를 지정하는 DNA 조각으로서 유전자의 정의는 동일하다. 그러나 진핵생물에서는 단백질을 암호화하는 유전자들이 암호지역(coding region)을 분리하는 비암호지역(intervening noncoding-region)들에 의해서 두 개 이상의 지역에 분할되어 있다. 암호서열은 엑손(exon)이라 부르고, 사이에 끼인 비암호지역은 인트론(intron)이라 부른다. 엑손과 인트론 모두 1차 전사물로 전사되는데, 만들어진 전사물로부터 비암호지역이 절단되어 제거된 성숙한 mRNA가 만들어지고 번역을 위해 세포질로 수송된다. 원핵생물의 경우 아주 소수의 유전자가 인트론을 가지고 있기도 하지만 거의 대부분은 그렇지 않다.

2. DNA 구조

DNA에는 아데닌(adenine, A), 구아닌(guanine, G), 사이토신(cytosine, C), 티민(thymine, T) 네 종류의 염기가 존재한다. DNA 사슬구조는 인산과 5탄당인 데옥시리보스(deoxyribose)가 교차 반복되어 이루어진다. 각 당에는 한 가지의 핵산염기가 결합되어 있다. 두 개의 당을 연결하는 인산은 하나의 당 3′ 탄소와 이웃하는 당의 5′ 탄소와 결합되어 있다그림 4-3. DNA 분자의 한쪽 끝에 위치하는 당은 5′ -OH기에 인산을 가지고 있고, 다른 끝에 위치한 당은 3′ 위치에 자유 -OH기를 가지고 있다.

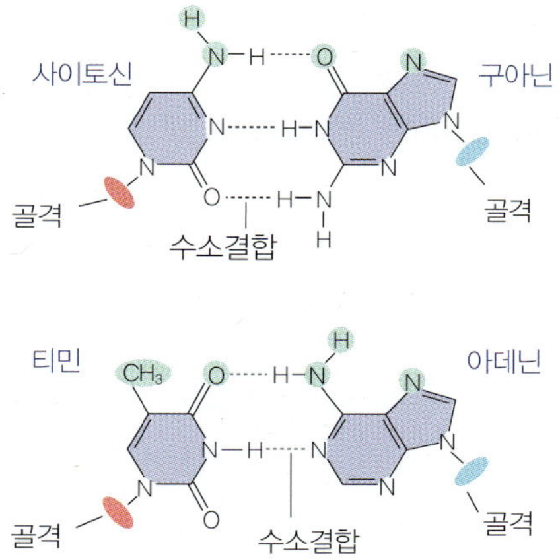

그림 4-2 수소결합을 통한 아데닌(A)과 티민(T) 및 구아닌(G)과 사이토신(G) 사이의 특이적인 염기쌍 형성

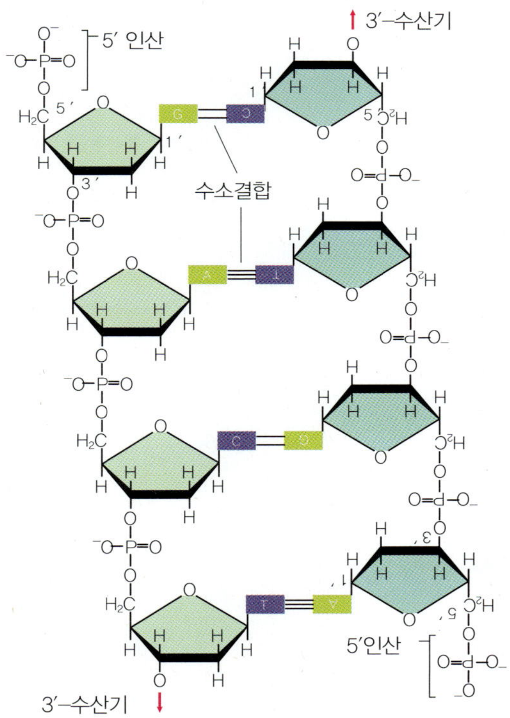

그림 4-3 DNA 구조

상보적이며 역평행인 DNA. DNA 한가닥은 5′-인산기로 끝나는 반면에 다른 가닥은 3′ 수산기로 끝난다. 보라색 염기는 피리미딘인 사이토신(C)과 티민(T)을 나타내고, 연두색 염기는 퓨린인 아데닌(A)과 구아닌(G)을 나타낸다.

1) 이중나선

예외적으로 한 가닥의 염색체를 가진 바이러스들을 제외한 거의 모든 세포에서 DNA는 상보적인 염기를 가진 두 개의 폴리뉴클레오타이드(polynucleotide) 가닥으로 존재한다. DNA의 상보성은 퓨린과 피리미딘의 특정한 염기쌍으로부터 기인하며, 아데닌은 항상 티민과, 구아닌은 사이토신과 쌍을 이룬다그림 4-2. 결과적으로 두 가닥의 분자는 그림 4-3에서와 같이 왼쪽 가닥은 위에서 아래 방향이 5'에서 3'으로 배열되고, 다른 가닥은 아래에서 위 방향이 5'에서 3'으로 되는 역평행(antiparallel)으로 정렬하게 된다.

DNA 두 가닥은 서로를 감싸서 이중나선(double helix)을 이루며그림 4-4, 이중나선에서 DNA는 큰 홈(major groove)과 작은 홈(minor groove)으로 구별되는 두 개의 홈을 형성한다. DNA와 특이적으로 결합하는 많은 단백질들의 대부분은 비교적 큰 공간이 존재하는 큰 홈에 결합하며, 이중나선 구조의 규칙성으로 인해 큰 홈에 존재하는 염기의 원자들은 항상 노출되어 있다. 단백질의 결합에 중요하다고 알려진 뉴클레오타이드의 핵심 부분은 그림 4-2에 표시한 바와 같다.

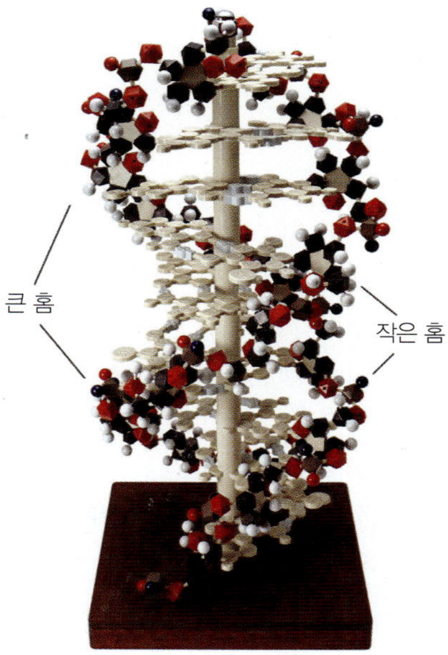

그림 4-4 이중나선의 전체적인 배열을 보여주는 짧은 DNA 조각의 모형

2) DNA 분자의 크기

DNA 분자의 크기는 분자당 뉴클레오타이드 염기 혹은 염기쌍 천 단위의 수로서 표현될 수 있다. 따라서 1,000개의 염기를 갖는 DNA는 1킬로베이스(kilobase, kb)라고 표현한다. 만일 DNA가 이중나선이면 Kilobase pairs(kbs)가 된다. 즉, 5,000 염기쌍인 이중나선의 크기는 5 kbp가 되는 것이다. 세균인 대장균은 약 4,640 kbp의 DNA를 갖는다. 현재 이용 가능한 막대한 양의 유전체 서열 정보를 고려하면, 백만 염기쌍(megabase pairs, Mbp)의 단위를 이용하는 것이 더 유용하며, 대장균의 유전체는 4.64 Mbp이다.

실제 길이의 관점에서 보면, DNA 이중나선의 각 염기쌍의 길이는 0.34 nm이고, 이중나선의 각 1회전에는 약 10개의 염기쌍이 포함된다. 그러므로 1kbp의 DNA는 100회전의 이중나선을 가지며, 길이는 약 0.34 μm이다.

3) DNA 구조에 미치는 온도의 영향

염기쌍을 이루는 각각의 수소결합은 매우 약하지만, 긴 DNA 분자에 존재하는 많은 수소결합들은 효과적으로 두 가닥이 함께 하도록 붙잡으며, DNA 분자 내에 존재하는 염기쌍의 수에 따라 수백만, 수억의 수소결합이 있을 수 있다. 그림 4-2에서 보듯이 각 아데닌-티민 염기쌍은 두 개의 수소결합을, 구아닌-사이토신 염기쌍은 3개의 수소결합을 보유하고 있어 CG결합이 AT결합보다 강하다. 세포로부터 분리된 DNA는 실내온도와 생리적 염농도(physiological salt concentration)에서 보존되며, 두 가닥의 형태를 유지한다. 그러나 온도가 상승하면 수소결합은 깨지고, 사슬을 유지하는 공유결합은 유지되어 DNA는 두 개의 단일가닥으로 분리된다. 이 과정을 변성(denaturation, melting)이라 하고, 단일가닥과 이중가닥 핵산에서 파장이 260 nm인 자외선을 흡수하는 능력이 다르기 때문에 DNA 변성을 실험적으로 측정할 수가 있다.

GC 비율이 높은 DNA는 비슷한 크기의 AT를 많이 보유한 DNA보다 더 높은 온도에서 변성이 된다. 가열된 DNA를 서서히 식히면 복원(annealing)과정이 일어나 본래의 이중나선 DNA가 다시 형성될 수 있다. 이런 과정은 원래의 DNA를 재형성시킬 때는 물론이고, 서로 다른 두 개의 가닥들로 혼성(hybrid) DNA 분자를 만들 때에도 이용된다. 혼성화(hybridization)는 두 개의 단일가닥 핵산의 상보적인 염기쌍 형성에 의하여 인위적인 두 가닥의 핵산이 만들어지는 것으로 어떤 유전자의 존재를 확인하거나, 특정 유전자의 발현 여부를 알아낼 수 있는 강력하면서도 유용한 분자생물학의 기술이 될 수가 있다.

4) 역반복, 2차구조와 줄기-고리구조

긴 DNA 분자는 비교적 유연하지만 100개 이하의 염기쌍으로 이루어진 짧은 DNA 가닥은 신축성이 적다. 짧은 DNA 조각은 DNA에 결합하는 단백질에 의해서 구부려질 수가 있다. 특정 염기서열을 갖는 DNA는 자체적으로 구부러진 형태로 존재할 수 있다. 이런 구부러진 DNA 서열은 연속된 5~6개의 아데닌이 4~5개의 다른 염기들에 의해서 분리되어 여러 차례 반복되어 존재한다. 특정 단백질과 결합하는 대부분의 DNA 서열들은 단백질과 결합할 때 구부러진다. DNA의 구부러짐은 유전자 발현을 조절하기 위한 기작 중 하나이다.

DNA 분자에는 짧고 반복적인 서열들이 자주 발견된다. 많은 단백질들은 역방향으로 반복된 반복서열(역반복, inverted repeat)을 포함하는 DNA 부위와 결합하며, DNA의 역반복은 전사 조절자로 작용하는 특정한 DNA 결합단백질의 결합부위가 된다.

역반복 DNA로부터 전사에 의해서 생산된 RNA는 줄기-고리구조(stem-loop structure)를 형성할 수 있으며그림 4-5, 단일가닥 핵산 내의 염기쌍에 의해서 형성되는 이런 2차구조는 tRNA와 rRNA의 기능에 매우 중요하다.

5) 초나선

이완된 DNA 분자는 염기쌍의 개수를 알면 나선의 회전수를 정확하게 예측할 수 있으나그림 4-6 대장균의 염색체가 선형이 되면 대장균세포 길이의 약 400배에 달하는 1 mm 이상이 된다. 이렇게 큰 DNA를 그처럼 작은 공간에 집어넣는 것이 가능한 이유는 두 가닥의 DNA가 초나선(supercoiling)을 이루어 더욱 꼬여지기 때문이다.

그림 4-7의 도형은 원형의 이중 DNA에서 어떻게 초나선 구조가 만들어지는가를 보여준다. 초나선은 DNA 분자를 비틀린 상태로 만드는데, 마치 꼬아진 고무줄이 비틀리

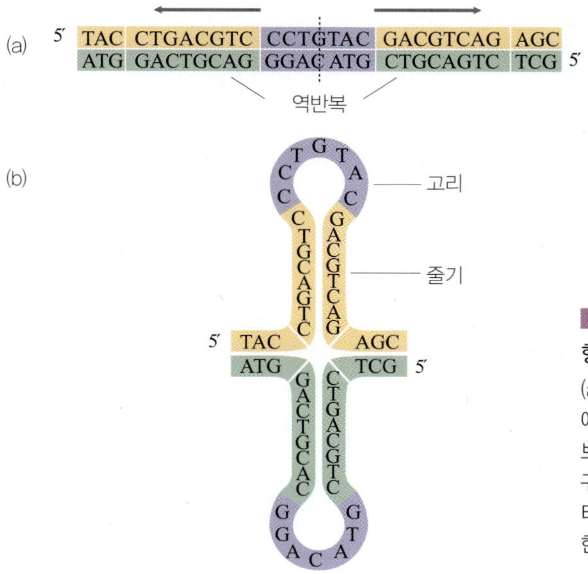

그림 4-5 역반복과 줄기-고리 구조의 형성

(a) DNA의 근접한 역반복. 화살표는 축(점선)에 대한 대칭을 뜻한다. (b) 일부 가닥상의 상보적 염기가 쌍을 이루는 것에 의한 줄기-고리 구조의 형성. RNA가 각각의 DNA 가닥으로부터 형성되면, RNA는 하나의 줄기-고리를 형성한다.

는 것과 비슷하다. DNA는 양(positive) 방향이나 음(negative) 방향의 초나선을 만들 수 있다. 음성 초나선은 오른쪽으로 도는(right-handed) 이중나선이 축에 대해 반대방향으로 꼬일 경우에 만들어진다. 자연계에서는 고세균 중 일부를 제외하고는 음성 초나선 형태의 DNA가 가장 많다.

6) 위상이성질화효소 : DNA 선회효소

세균 및 대부분의 고세균은 음성 초나선 DNA를 만드는 DNA 선회효소(gyrase)를 가진다. 이 과정은 여러 단계를 거치는데, 우선 원형 DNA 분자가 꼬여지고, 두 사슬이 교차하는 곳이 잘라지며, 잘라진 이중나선은 완전한 가닥의 반대편에서 다시 연결된다 그림 4-7.

DNA 선회효소는 위상이성질화효소 II(topoisomerase II)라는 효소의 한 종류이다. 퀴놀론(quinolone, 예 nalidixic acid), 플루오로퀴놀론(fluoroquinolone, 예 ciprofloxacin과 novobiocin) 같은 항생제는 바로 이 DNA 선회효소의 활성을 저해한다.

또 다른 효소인 위상이성질화효소 I은 DNA의 초나선을 제거한다. 이 효소는 DNA의 한 가닥만 절단하여(절단점, nick) DNA를 이완된 상태로 만든다. 그러나 절단점이 만

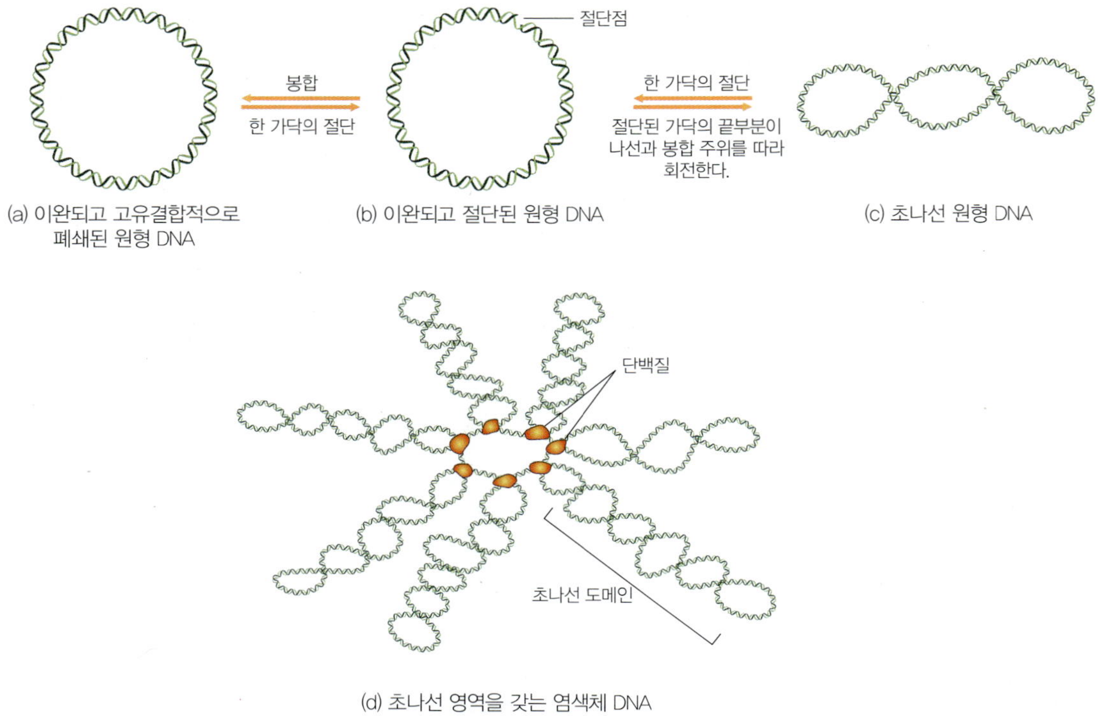

그림 4-6 초나선 DNA

(a), (b), (c) : 초나선 원형 DNA와 이완되고 절단된 DNA의 상호전환을 나타낸다. 절단점은 한 가닥의 인산디에스터결합이 끊어진 것이다. (d) 실제 세균 염색체의 두 가닥 DNA는 하나의 초나선으로 배열된 것이 아니고 그림처럼 여러 개의 초나선 도메인으로 되어 있다. 대장균(*Escherichia coli*)에는 50개 이상의 초나선 도메인이 있는 것으로 알려져 있으며, 각각은 특정 단백질이 결합하여 안정화되어 있다.

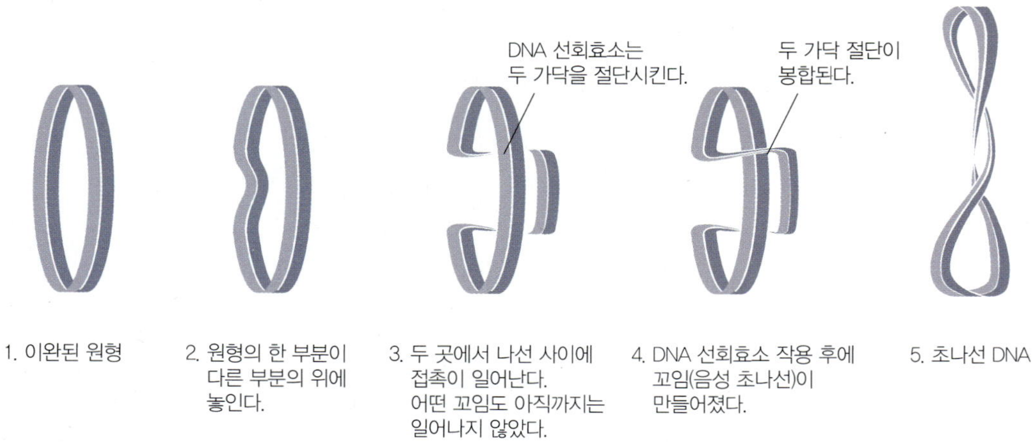

그림 4-7 DNA 선회효소

DNA 선회효소(위상이성질화효소 II)의 작용으로 원형 DNA 내로 초나선을 만들어 두 가닥을 절단시킨다. DNA 선회효소는 DNA에 음성 초나선을 도입한다.

들어질 때마다 전체 세균 염색체가 이완된 상태로 되는 것을 막기 위하여 그림 4-6(d)에서처럼 염색체는 초나선 도메인(supercoiled domain)을 가지고 있다. 이로 인해 한 도메인 내의 DNA에서 절단점이 생기더라도 다른 도메인의 DNA는 이완되지 않는다. 이 도메인들에서 특정 단백질이 관여하여 DNA를 지탱할 것이라 생각된다.

DNA 분자는 위상이성질화효소의 활성을 통해 초나선 및 이완 상태를 반복할 수가 있다. DNA를 세포 내에 넣기 위해 초나선은 필수적이지만, DNA 복제와 유전자발현을 위해서는 DNA가 이완돼야 하므로 이 두 상보적인 과정은 세포가 살아나가는 데 중요한 기능을 한다. 대부분의 원핵생물에서 음성 초나선의 정도는 DNA 선회효소와 위상이성질화효소I 활성 사이의 균형에 따라서 결정된다. 초나선은 DNA 복제와 더불어 유전자의 발현에도 영향을 미치는 것으로 알려져 있다. DNA가 초나선 상태일 때에 더 활발히 전사되는 유전자가 있는 반면에 과도한 초나선에 의해 전사가 방해되는 유전자들도 있다.

3. 염색체와 기타 유전요소

유전물질(대부분 생명체의 DNA 및 일부 바이러스의 RNA)이 존재하는 구조를 유전요소(genetic element)라고 한다. 유전체(genome)는 세포나 바이러스의 모든 유전자 전체를 말한다. 원핵생물의 주요 유전요소는 염색체(chromosome)이지만, 염색체 외의 다른 유전요소들도 알려져 있으며 이들은 원핵생물과 진핵생물에서 중요한 유전적 기능을 수행한다표 4-1.

1) 염색체

원핵생물은 세포 내에서 발견되는 대부분의 유전자들을 보유한 하나의 염색체를 갖지만 예외는 있다. 세균 중 *Rhodobacter sphaeroides*와 *Vibrio vulnificus*는 두 개의 염색체를 보유한다. 반면에 진핵생물은 여러 개의 염색체를 갖는다. 일반적으로 원핵생물 염색체는 원형 DNA 분자인 반면에, 모든 알려진 진핵생물의 염색체는 선형이다. 예외적으로 라임병(Lyme disease)의 원인균인 *Borrelia burgdorferi*와 중요한 항생제를 생산

표 4-1 유전 요소의 종류

생명체	요소	특징
원핵생물	염색체	매우 길고, 대개는 원형의 이중 가닥 DNA 분자
	플라스미드	비교적 짧고, 대개는 원형인, DNA 분자로서 염색체 이외의 존재
진핵생물	염색체	매우 길고, 선형의 이중 가닥 DNA 분자
	플라스미드	비교적 짧은 원형 혹은 선형의 이중가닥 DNA 분자로 염색체 이외의 존재, 흔하지 않음
모든 생명체	전위요소	이중가닥의 DNA 분자로서 언제나 다른 DNA 분자 내에서 발견됨
미토콘드리아 혹은 엽록체	염색체	중간 정도의 길이의 DNA 분자로 대개는 원형
바이러스	유전체	단일가닥 혹은 이중가닥의 DNA나 RNA분자

하는 *Streptomyces* 등의 세균은 선형 염색체를 갖는다.

일반적인 진핵생물은 세포 기능을 위해 필요한 모든 단백질을 암호화하는 데 필요한 DNA보다 훨씬 더 많은 양을 가지고 있다. 예를 들어 인간은 유전체의 약 3% 만이 단백질을 암호화하는 반면에, 세균은 이 비율이 90% 이상이다. 진핵생물의 경우 이 여분의 DNA는 인트론 혹은 어떤 경우에는 수십만 번이나 반복되는 반복 서열로 존재한다. *Saccharomyces cerevisiae*의 DNA는 70%가 단백질을 암호화한다. 진핵생물은 흔히 여러 개의 동일한 유전자를 가지는데, tRNA와 rRNA를 암호화하는 유전자들이 그 예이다. 이것들은 원핵생물에서도 반복되는 것으로 알려졌지만 대부분 몇 개의 반복으로 있을 뿐이다.

2) 비염색체성 유전요소

염색체 이외의 여러 유전요소가 알려져 있는데, 이를 비염색체성 유전요소(nonchromosomal genetic element)라 부른다. 바이러스, 플라스미드, 세포소기관의 유전체(organellar genome) 및 전위요소(transposable element)가 여기에 속한다.

(1) 바이러스

자신의 복제를 조절하고 세포에서 세포로 옮겨갈 수 있는 DNA 혹은 RNA 유전체를 가지고 있다. 바이러스 유전체 또한 염색체라고도 한다. 그러나 이 염색체는 숙주를 위한 유전자가 아닌 바이러스에 필수적인 유전자들만을 가지고 있으므로 세포의 염색체와는 기능적으로 확연히 구별된다. 바이러스 염색체는 선형과 원형 모두 존재하는 것으로 알려졌다. 바이러스는 질병의 원인으로 자주 지목되기에 더욱 흥미롭다.

(2) 플라스미드

염색체와는 분리되어 존재하며 자체 복제가 되는 유전요소이다. 대부분은 이중나선 DNA이고 원형이지만 일부 플라스미드는 선형이다. 플라스미드가 바이러스와 다른 점은 ① 세포에 손상을 일으키지 않고, 일반적으로 이익을 준다. ② 바이러스와는 달리 세포 바깥에 따로 존재하는 형태(extracellular form)를 갖지 않으며, ③ 플라스미드는 소수의 진핵생물에 드물게 존재하나, 대부분의 원핵생물에서 발견되며 숙주 세포에 중요한 특성을 부여한다.

많은 원핵생물은 염색체 외에 하나 이상의 플라스미드를 보유한다. 거대 플라스미드와 염색체의 차이는 세포 기능에 필수적인 유전자 존재 여부이다. 염색체는 세포의 필수적인 기능에 관여하는 단백질을 생산하는 유전자를 보유한다.

이런 필수 유전자를 관리유전자(housekeeping gene)라고 하는데, DNA와 RNA polymerase(중합효소) 같은 필수 단백질을 만드는 유전자나 rRNA와 tRNA 같은 필수 RNA를 만드는 유전자들이 이에 속한다. 염색체와 달리 플라스미드는 세포가 어떤 조건에서 생장하는 경우에 항상 필요로 하는 유전자들을 포함하지 않는다. 염색체에도 필수적이지 않은 유전자들을 가지고 있지만, 어떤 유전 요소를 염색체라고 부르려면 필수 유전자들이 존재해야 한다. 서로 다른 수천 가지의 플라스미드가 알려져 있으며, 대장균에서만 자연적으로 생긴 300여 가지의 다른 종류의 플라스미드가 분리된 바 있다. 플라스미드는 유전공학에서 많이 이용되며, 새로운 유전자를 삽입한 수많은 새로운 플라스미드가 실험실에서 만들어지고 있다.

① 플라스미드의 특성과 복제

거의 모든 플라스미드는 ds(double strand, 이중가닥)-DNA로 이루어져 있으며, 대부분은 초나선(supercoiled) 원형이지만 선형의 플라스미드도 많이 존재한다. 일반적으로 염색체 크기의 5%를 넘지 않으며 1 kpb에서 1 Mbp까지 다양한 크기를 갖는다.

플라스미드를 복제하는 효소는 플라스미드를 갖고 있는 세포의 효소이며, 플라스미드에는 플라스미드 DNA 복제 시작을 조절하고 딸세포에 복제된 플라스미드를 분배하는 데 필요한 유전자가 존재한다. 플라스미드의 종류에 따라 세포 내에 존재하는 플라스미드 숫자(copy number)는 1~3에서 100개 이상까지 다양하다. 그람음성균에 존재하는 대부분의 플라스미드는 염색체에서와 같이 복제시작점에서 양방향으로 복제가 진행되지만 그람음성균에 존재하는 대부분의 플라스미드는 회전환형 복제(rolling circle) 방법으로 복제된다. 플라스미드 복제를 조절하는 기전이 같은 두 종류의 다른 플라스미드는 한 세포 내에서 같이 유지되지 않는다. 이들을 Incompatible하다고 하며, 다수의 Incompatibility (Inc) group이 존재한다. 서로 다른 Inc group에 속하는 플라스미드들은 한 세포 내에서 공존할 수 있다. 염색체에 끼어들어가 염색체의 일부로 복제되는 플라스미드를 episome이라고 한다.

② 세포 간 플라스미드 전달

미생물이 죽거나 분해되어 방출되는 플라스미드는 다른 미생물이 받아들일 수 있으나, 이와 같이 free DNA를 받아들일 수 있는 미생물 종류는 많지 않다. 플라스미드 전달의 주 경로는 세포와 세포의 직접 접촉에 의해 일어나는 접합(conjugation)이지만 모든 플라스미드가 접합이 가능한 것이 아니므로 다양한 방법으로 플라스미드가 새로운 세포로 전달되는 것으로 여겨진다.

③ 저항성 플라스미드

플라스미드는 숙주에 필수적인 유전자를 갖고 있지 않지만, 자신의 DNA 복제를 위한 유전자 이외에 숙주의 생리적 특성에 큰 영향을 미치는 유전자를 갖고 있을 수 있다. 항생제와 같은 성장 저해제에 대한 저항성을 갖게 하는 플라스미드를 R 플라스미드라고 한다. 하나의 플라스미드에 여러 가지 항생제에 저항성을 갖게 하는 다양한 유전자가 공존할 수 있다. 항생제 오남용에 의한 전 세계적인 항생제 내성균 출현 증가는 접합에 의해 conjugative R plasmid가 미생물들 사이에 급속히 퍼져 나간 것이 주 원인이다.

④ 병원성 유전자를 갖는 플라스미드

병원성 미생물이 숙주에 병을 일으키는 데 필요한 유전자가 플라스미드에 존재하는 경우가 많이 발견되는데, 병원균이 특정 숙주 세포에 부착하여 서식하기 위해 필요한 유전자나 숙주 세포를 손상시키는 독소나 효소를 만드는 유전자들이 플라스미드에서 발견된다.

⑤ 박테리오신

대다수의 세균은 비슷한 종의 세균을 죽일 수 있는 단백질을 만드는데, 이를 박테리오신이라고 한다. 박테리오신은 항생제보다 작용 범위가 좁으며, 보통 플라스미드에 그 유전자가 존재한다. 유산균이 만드는 박테리오신의 하나인 니신(nisin) A는 다양한 그람양성균 성장을 강력히 저해하며 식품 보존제로 사용되고 있다.

(3) 진핵세포의 소기관

진핵세포의 주요 소기관에는 미토콘드리아(mitochondrion)와 엽록체(chloroplast)가 있다. 이것들은 각각 작은 염색체를 가지고 있다. 그러나 이런 소기관들은 DNA뿐만 아니라 단백질 합성을 위한 완벽한 기구도 보유하고 있는데, 여기에는 리보솜, tRNA, 번역 기능을 갖는 단백질을 만들기 위한 모든 요소들이 포함된다. 실질적으로 이런 소기관들은 원핵생물과 많은 특징들을 공유하며 계통발생론적으로 관련이 있다.

(4) 전위요소

전위요소(transposable element)들은 염색체의 한 부분에서 다른 부분으로 이동할 수 있는 DNA 분자이다. 전위요소는 원핵생물과 진핵생물 모두에서 발견되며 유전적 변이에 중요한 역할을 한다. 원핵생물에서는 삽입 서열(insertion sequence), 트랜스포존(transposon)과 특별한 바이러스의 세 종류 전위요소가 존재한다.

삽입서열(insertion sequences)은 가장 단순한 전위요소로서 다른 염색체로 이동하기 위해서 요구되는 유전정보 이외의 정보는 보유하고 있지 않다. 세균 바이러스 Mu도 전위요소이다. 모든 전위요소에 공통적인 독특한 특징은 다른 DNA 분자의 일부분으로 복제가 된다는 것이다.

4. DNA 복제

생물학적 정보의 흐름은 DNA 복제에서 시작한다. DNA 복제는 세포가 분열하기 위해 필수적인데, 단세포 미생물에서는 새로운 생물체를 생산하고, 다세포 생물체는 개체의 일부로서 새로운 세포를 생산한다. DNA 복제과정은 유전적으로 딸세포가 모세포와 동일해야 하므로 높은 정확도가 필수적이다.

1) DNA 복제 : 주형과 효소

DNA는 세포 내에 상보적인 염기쌍을 지닌 이중나선으로 존재한다그림 4-3, 4-4. DNA 이중나선이 열리면, 각 DNA 가닥을 주형으로 사용하여 새로운 가닥의 DNA 가 상보적으로 합성될 수 있다. 그림 4-8에서 보듯이 이와 같은 반보존적 복제 결과 새로이 만들어진 이중나선은 하나의 새롭게 합성된 가닥과 하나의 주형가닥으로 구성된다그림 4-8.

복제에 참여하는 DNA의 화학적 특성 및 전구물질의 성질과 효소의 활성은 새 DNA 가닥이 합성되는 방법에 중요한 제한요소로 작용한다. 각 뉴클레오타이드의 전구물질은 뉴클레오타이드 5′-삼인산(nucleotide 5′-triphosphate)으로, 두 개의 말단 인산은 제거되고 가장 안쪽의 인산이 DNA 생장 사슬의 데옥시리보스에 공유결합으로 연결된다그림 4-9. DNA 생장 사슬에 뉴클레오타이드가 첨가되기 위해서는 유리수산기(OH)가 필요한데, 이는 DNA 분자의 3′ 말단에서만 얻어질 수가 있다. 그러므로 DNA 복제는 언제나 5′ 말단에서 3′-수산기(OH) 말단 방향으로 진행되며, 새로 들어오는 뉴클레오타이드의 5′-인산이 이전에 추가된 뉴클레오타이드의 3′-OH에 결합한다.

(1) DNA 중합효소와 프리메이즈

DNA 합성 시 뉴클레오타이드의 추가반응을 촉매하는 효소를 DNA 중합효소(polymerase)라 한다. 알려진 모든 DNA polymerase는 5′ → 3′ 방향으로 DNA를 합성한다. 그러나 어떤 DNA 중합효소도 앞서 존재하는 3′-OH기가 없는 상태에서 DNA를 새롭게 합성할 수는 없다. 따라서 새로운 사슬이 시작되기 위해서는 DNA 중합효소가 첫 번째 뉴클레오타이드를 붙일 수 있는 3′-OH기를 갖고 있는 프라이머(primer)가 있어야 한다. 대부분의 경우 짧은 RNA 조각이 프라이머 역할을 한다.

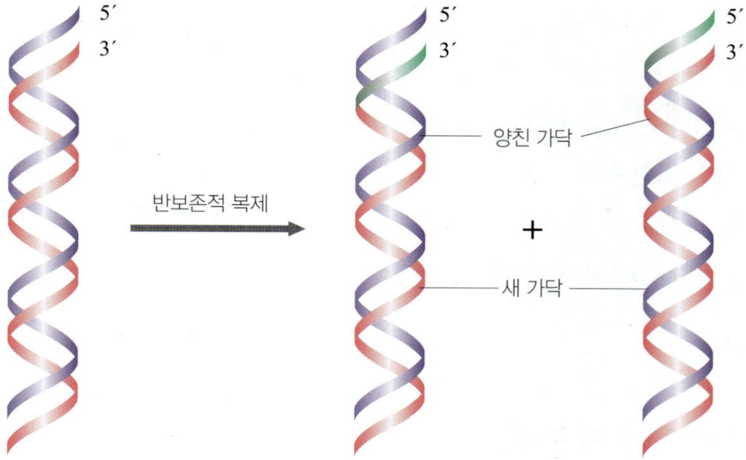

그림 4-8 DNA 복제의 개요

DNA 복제는 원핵생물과 진핵생물 모두에서 반보존적 과정이다. 새로운 이중나선은 새로운 한 가닥과 원래의 한 가닥을 포함한다.

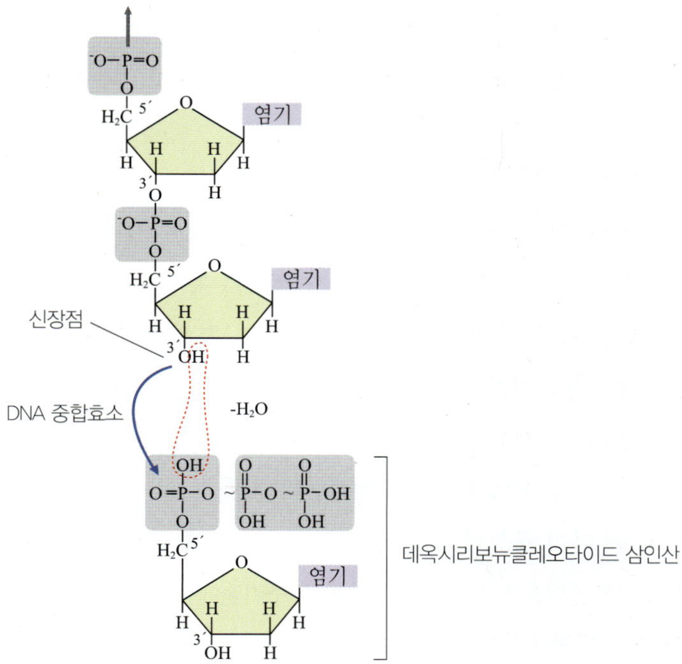

그림 4-9 DNA 사슬의 구조와 사슬의 3′ 말단에서 데옥시리보뉴클레오사이드 삼인산의 추가에 의한 DNA 가닥 합성 기작

DNA 합성 방향은 5′-인산에서 3′-수산기 말단으로 진행된다. DNA 중합효소는 이 첨가 반응을 촉매하는 효소이다. 전구물질로 사용되는 네 가지 데옥시뉴클레오타이드가 있는데, 데옥시티미딘 삼인산(dTTP), 데옥시아데노신 삼인산(dATP), 데옥시구아노신 삼인산(dGTP)과 데옥시시티딘 삼인산(dCTP)이다. 뉴클레오타이드가 삽입되면, 삼인산 중 2개의 말단 인산은 피로인산(PPi)으로 분리된다. 곧 이 두 개의 고에너지 인산결합의 에너지가 DNA에 하나의 뉴클레오타이드를 추가하는 데 소비된다.

DNA 복제 초기에 이중나선이 열리면, RNA를 중합하는 효소가 RNA 프라이머의 합성을 촉매한다. 프라이메이스(primase)라 불리는 이 효소는 주형 DNA와 상보적으로 염기쌍을 형성하는 짧은 RNA 조각(15개 이하의 뉴클레오타이드)인 프라이머를 합성한다. DNA 생장 말단에서 RNA 프라이머는 DNA 중합효소가 첫 번째 데옥시리보뉴클레오타이드를 추가할 수 있는 3′-OH기를 제공한다. 따라서 이후 계속되는 분자의 신장은 RNA가 아닌 DNA로서 일어나며 결국에는 RNA 프라이머가 제거되고 DNA로 대체된다.

2) DNA 복제 : 복제 분기점

DNA 복제 기작에 대한 대부분의 정보는 대장균(*Escherichia coli*)에서 얻어진 것이지만 대부분의 세균에서 유사할 것이라고 여겨진다. 고세균은 대부분 종들이 원형의 염색체를 가지고 있지만, DNA 복제의 일반적인 진행과정은 세균보다는 진핵세포에 가깝다. 이는 고세균과 진핵생물 사이에 계통발생론적으로 유사성이 높음을 말해 준다.

(1) DNA 합성의 개시와 선도/지체 가닥

원핵생물에서는 염색체의 한 곳에서 DNA 합성이 시작되는데 이곳은 복제기점(origin of replication)이라 한다. 복제기점은 약 300개 정도의 특정한 염기서열로 구성되어 있다. 이 특정 염기서열은 핵심 개시 단백질이 인식하는 부분으로서 이 단백질들은 복제기구에 DNA 가닥을 노출시키기 위해 나선을 푸는 활성을 가진다. DNA 복제의 개시는 각각 두 개의 단일가닥에서 진행된다. 복제가 진행되면서 복제분기점(replication fork)이라 불리는 복제지점이 DNA를 따라서 이동한다그림 4-10.

대장균에서는 총 다섯 종류의 DNA 중합효소(DNA 중합효소 I, II, III, IV, V)가 존재한다. 이 중 DNA 중합효소 III(Pol III)가 복제 분기점에서 복제를 진행하는 주요한 효소로 알려져 있다. 또한 DNA 복제에는 중합효소뿐만 아닌 다른 여러 종류의 효소들이 관여한다. 예를 들면, 복제 분기점에서는 헬리케이스(helicase)라는 효소가 작용하여 DNA 이중나선을 풀어 단일가닥 일부를 노출한다. 헬리케이스는 ATP를 필요로 하는 효소로서 복제 중인 분기점에 앞서서 나선을 따라서 이동하며 가닥들을 분리한다그림 4-10. 이때 발생되는 단일가닥들에는 단일가닥 결합단백질(single-strand binding

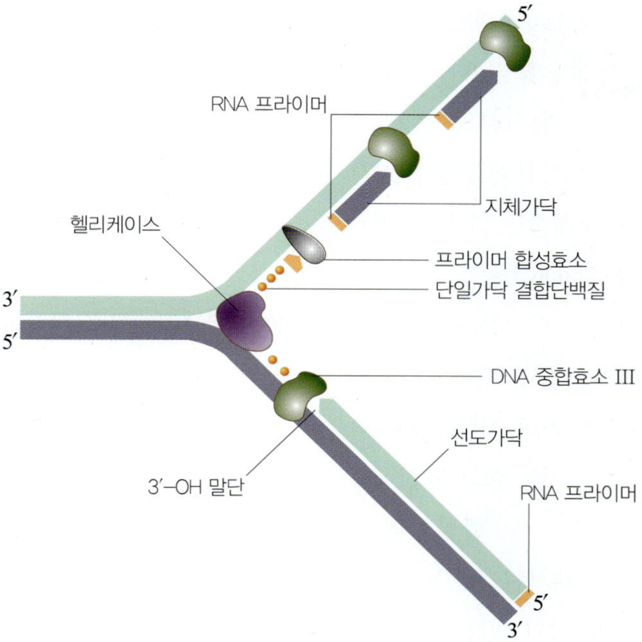

그림 4-10 DNA 복제 분기점에서 진행되는 현상

DNA 가닥의 방향성과 역평행성에 주목. 프라이머 합성효소는 기질로 리보뉴클레오타이드 삼인산을 사용하며, DNA 중합효소는 데옥시리보뉴클레오타이드 삼인산을 사용한다. 단일가닥 결합단백질은 단일 주형가닥에 결합하여 헬리케이스(helicase)에 의해서 분리된 주형가닥이 다시 나선으로 재형성되는 것을 방지한다.

protein)이라는 특별한 단백질이 결합하는데, 이 단백질들은 DNA 단일가닥을 안정화시켜서 DNA 단일가닥이 다시 이중나선으로 복귀하는 것을 막는다.

그림 4-10에 나타난 바와 같이 DNA 복제는 언제나 5′-P에서 3′-OH기 방향으로만 진행되기 때문에 복제 중인 두 가닥의 DNA 복제방법에 중요한 차이점이 존재한다(새 뉴클레오타이드는 언제나 복제 중인 사슬의 3′-OH기에만 추가됨). 5′-P에서 3′-OH기로 신장되는 가닥은 선도가닥(leading strand)이라 하며, 복제 분기점에 새뉴클레오타이드가 추가될 수 있는 유리 3′-OH기가 존재하기 때문에 DNA 합성이 연속적으로 진행된다. 그러나 반대 가닥은 지체가닥(lagging strand)이라 하며, 복제 분기점에 새 뉴클레오타이드가 연결될 수 있는 유리 3′-OH기가 없기 때문에 DNA 합성이 비연속적으로 일어날 수밖에 없다(이 가닥의 3′-OH기는 복제 분기점의 반대편 말단에 있다). 따라서 지체가닥에 유리 3′-OH기를 제공하기 위해 프라이메이스가 작용하여

RNA 프라이머가 여러 차례 합성되어야 한다. 반면에 선도가닥의 경우에는 복제기점에서 한 번만 프라이머가 합성된다.

프라이메이스가 프라이머를 합성한 후에는 DNA 중합효소 III에 의해서 대체된다. DNA 중합효소 III는 중합효소 중심 복합체를 중심으로 10개의 단백질로 구성된 복합체이다. 복합체를 구성하는 단백질들에는 리플리솜(replisome) 형성을 도와주는 단백질들뿐만 아니라, 각 DNA 주형가닥에 중합효소를 지탱하기 위해 이동식 집게(sliding clamp)처럼 작용하는 단백질들도 있다. DNA 중합효소 III는 앞서 합성된 DNA에 도달할 때까지 데옥시리보뉴클레오타이드 삼인산을 추가하다가 작용을 정지한다. 다음으로 작용하는 효소는 하나 이상의 기능을 가진 DNA 중합효소 I이다. DNA 중합효소 I은 DNA를 합성하는 기능 이외에, 앞에 존재하는 RNA 프라이머를 제거하는 5′→3′ 엑소뉴클레이스(exonuclease) 활성을 가지고 있다그림 4-11.

RNA 프라이머가 제거된 뒤, DNA로 대체되면 DNA 중합효소 I은 분리되어 떨어져 나온다. 마지막으로 끊겨 있는 인산다이에스터결합은 DNA 라이게이스(ligase)에 의해서 연결된다. 이 효소는 5′-P과 3′-OH기 사이의 DNA 절단점을 연결할 수가 있으며, DNA 중합효소I과 함께 DNA 수선 기능도 가진다.

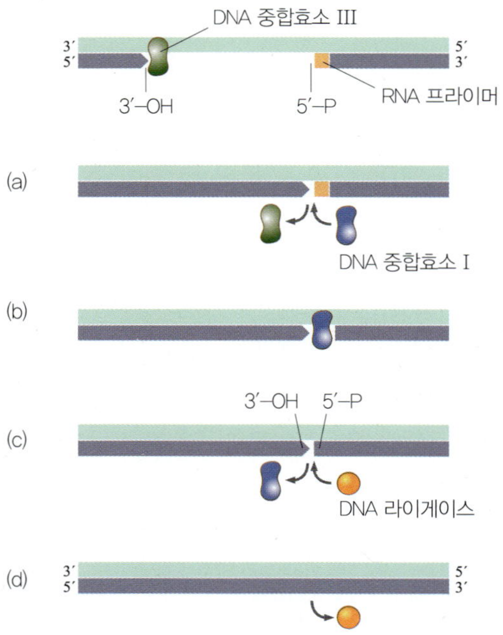

그림 4-11 지연가닥에서 두 조각의 봉합

(a) 지연가닥에서 DNA 중합효소 III는 이미 합성되어 있는 RNA 프라이머 방향인 5′→ 3′방향으로 DNA를 합성한다. (b) 합성된 DNA가 RNA 프라이머와 만나는 동시에 DNA 중합효소 I이 III을 대체한다. (c) DNA 중합효소 I은 RNA 프라이머를 제거하면서 DNA 합성을 계속한다. (d) RNA 프라이머가 제거된 후에 DNA 라이게이스가 DNA 중합효소 I을 대체한다. (e) DNA 라이게이스가 두 조각을 연결한다.

(2) 양방향 염색체 복제와 리플리솜

원형 염색체를 보유하는 대장균과 거의 모든 원핵생물에서 복제는 그림 4-12와 그림 4-13에서 볼 수 있듯이, 복제기점을 중심으로 양방향(bidirectional)에서 진행된다. 곧 각 염색체에는 서로 반대 방향으로 복제가 진행되는 두 개의 복제 분기점이 존재한다. 이러한 원형 DNA에서 나타나는 양방향 복제구조를 세타(theta, θ) 구조라고 한다그림 4-12. 원핵생물과 진핵생물 모두 대부분의 거대한 DNA 분자는 고정된 복제기점을 중심으로 양방향 복제를 한다. 실제 진핵생물 염색체의 경우에는 여러개의 복제기점을 갖는다. 이러한 DNA 복제 시 진행되는 DNA 합성은 각 주형가닥 모두에서 선도(leading)가닥과 지체(lagging)가닥을 가지며 진행된다그림 4-13.

원형의 염색체에서 진행되는 양방향 DNA 합성은 DNA 복제가 신속하게 일어날 수 있게 해준다. DNA 중합효소 III가 초당 약 1,000개의 뉴클레오타이드를 합성한다는 것을 고려해보면 대장균에서 염색체의 복제는 약 40분이 소요될 것으로 측정된다. 하지만 실제 최상의 조건에서 대장균은 약 20분에 한 번씩 분열할 수 있다. 곧 실제 대장균 세포는 여러 개의 복제 분기점을 가지기 때문에, 최적 분열 시간이 40분보다 짧은 것이다. 즉, DNA 복제가 완료되기 전에 새로운 DNA 복제가 시작되어 복제 시간보다 짧은 분열 시간을 유지할 수 있는 것이다.

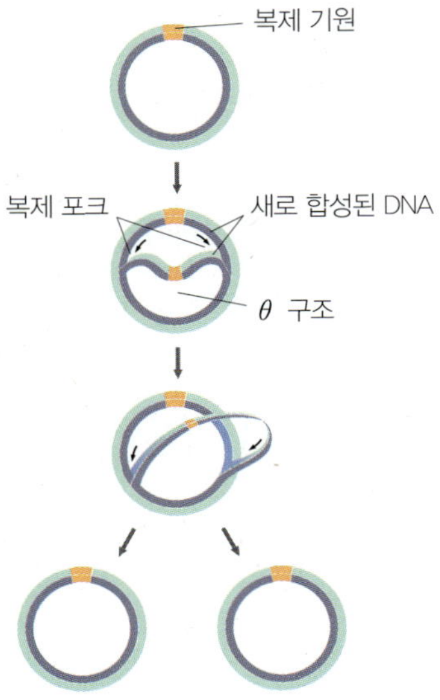

그림 4-12 원형 DNA의 복제: 세타(theta) 구조
원형 DNA에서 복제 기점으로부터 양 방향 복제는 그리스 문자 세타(θ)를 닮은 복제 중간체의 형성을 유도한다.

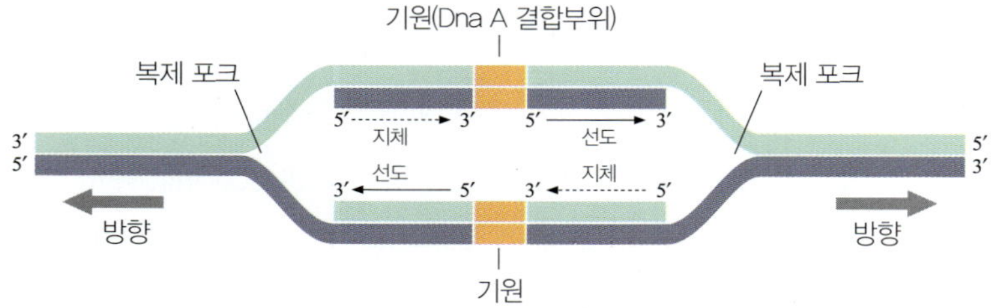

그림 4-13 **원형 염색체에서 두 개의 복제 분기점**
양방향 복제가 일어나는 복제기점에서 두 개의 복제 분기점이 시작된다. 따라서 두 개의 선도가닥에 각 방향으로 프라이머가 합성된다. 대장균에서 복제기점은 특정한 단백질인 Dna A가 결합하는 것에 의해서 확인된다.

(3) 리플리솜

DNA 합성이 복제 분기점에서 계속되는 동안에, 위상이성질화효소에 의해서 DNA 나선에 변화가 일어난다. DNA가 풀리는 현상은 DNA 복제의 필수적인 특징이며, 초나선 DNA는 힘을 받고 있는 상태이므로 초나선이 아닌 DNA보다 더 쉽게 풀리게 된다. 따라서 위상이성질화효소는 초나선의 정도를 조절하여 복제의 진행을 조절할 수 있다.

그림 4-10은 선도가닥과 지체가닥에서의 복제의 차이점과 관여하는 다양한 효소들을 보여주고 있다. 이런 단순화된 그림에서 각각의 복제 분기점에서 효소들이 모두 독립적으로 활동하는 것처럼 보이지만, 실제로는 그렇지 않다. 이 과정에 참여하는 단백질은 상당히 활동적이며 같이 모여서 리플리솜(replisome)이란 거대 복합체를 형성한다그림 4-14. 리플리솜이 DNA의 두 가닥을 같이 부드럽게 이동하도록 하기 위해 지체가닥에서는 DNA가 고리모양으로 형성되며, 복제가 일어남에 따라서 리플리솜이 DNA 주형을 끌어당겨 리플리솜을 관통하도록 한다그림 4-14. 따라서 복제시에 이동하는 것은 DNA 중합효소가 아니라 DNA다. 복제과정의 리플리솜 내에서 헬리케이스와 프라이메이스는 근접해서 활동해야만 하기 때문에 복합체를 형성하며, 이를 프라이모솜(primosome)이라 한다그림 4-14.

요약하면 리플리솜은 DNA 중합효소 이외에도 여러 핵심 복제 단백질들을 포함한다: ① 초나선을 제거하기 위한 DNA gyrase, ② DNA를 풀고 프라이머를 만들기 위한 DNA helicase/primase(primosome), ③ 분리된 주형이 다시 이중나선을 형성하지 못하도록 막는 단일가닥 결합단백질.

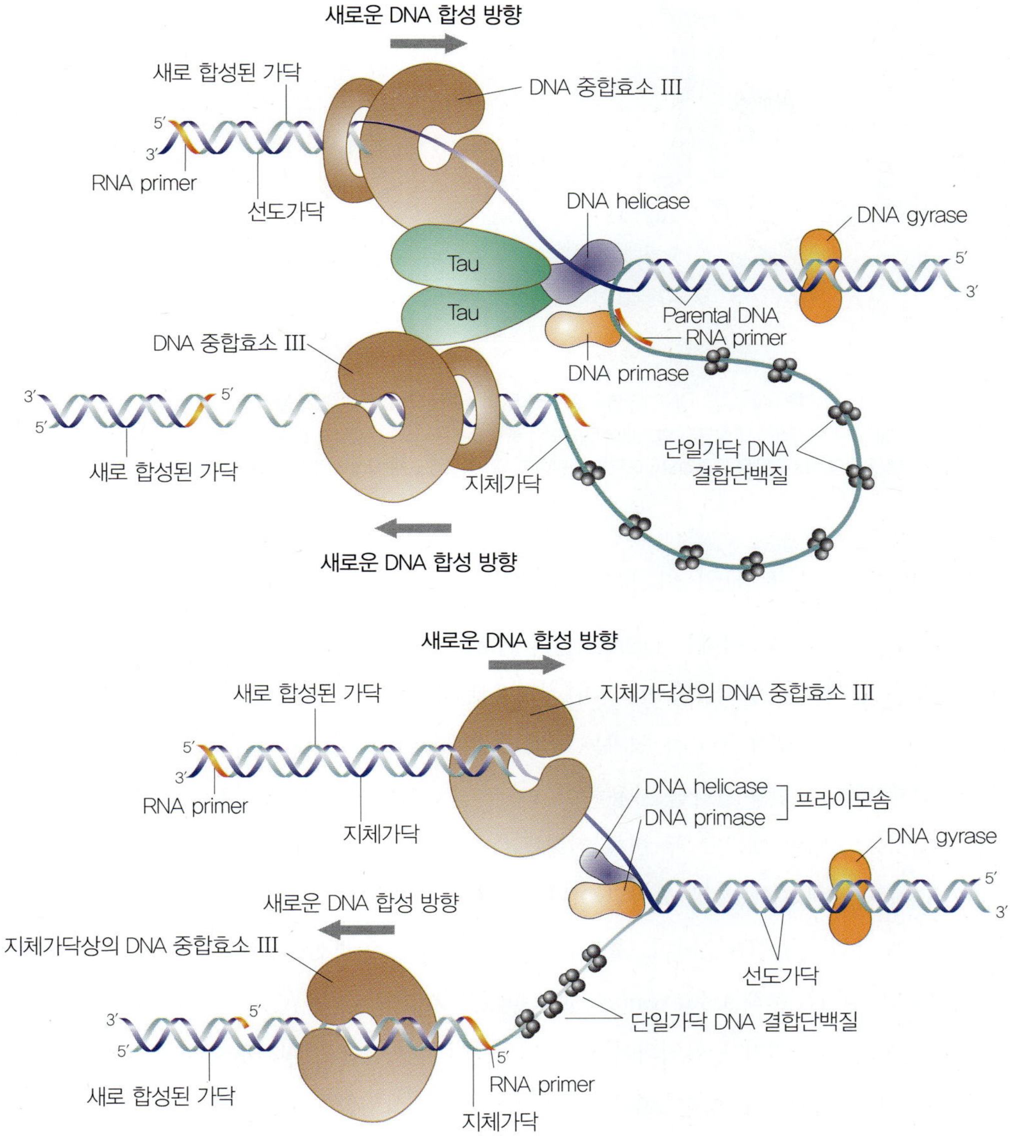

그림 4-14 리플리솜

리플리솜은 두 개의 DNA 중합효소 III, helicase와 pirmase(함께 프라이모솜을 형성) 및 많은 수의 단일가닥 DNA-결합 단백질들로 구성되어 있다. 리플리솜의 바로 위쪽에는 DNA gyrase가 복제될 DNA의 초나선을 제거하는 중이다.

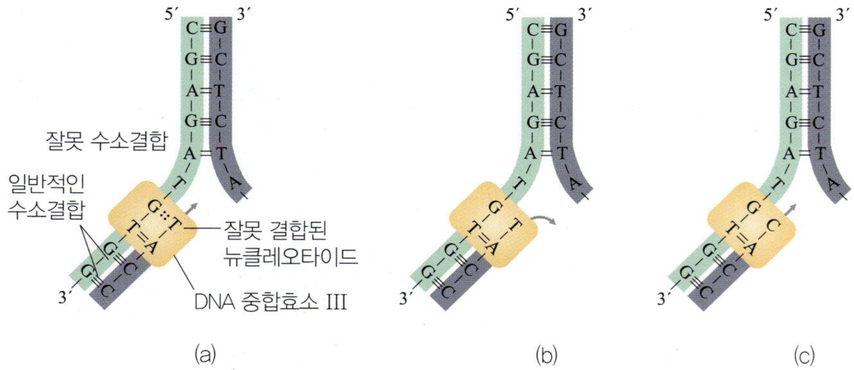

그림 4-15 **DNA 중합효소 3′→ 5′ 엑소핵산가수분해효소 활성에 의한 교정**
(a) 말단 염기쌍에서 잘못된 염기쌍이 형성되면 중합효소가 잠시 정지하게 되며, 이것이 교정 활성의 신호로 작용한다. (b) 잘못된 뉴클레오타이드를 절단하고, (c) 중합효소 활성에 의해서 올바른 염기가 삽입된다.

(4) DNA 복제의 정확성 : 교정기능

부정확한 DNA 복제는 DNA 서열의 변화인 돌연변이를 일으킨다. 세포에서 돌연변이율은 삽입되는 염기쌍당 10^{-8}~10^{-9} 비율로 매우 낮다. 이런 정확도는 DNA 중합효소가 주어진 부위에 정확한 염기를 넣기 위한 두 번의 기회를 갖기 때문에 가능하다. 첫 번째 기회는 주형 가닥을 사용하여 A와 T 및 G와 C의 염기쌍 법칙에 따라서 상보적인 염기를 삽입할 때이고, 두 번째 기회는 DNA 중합효소 I과 DNA 중합효소 III가 보유한 교정 활성에 의해 잘못 삽입된 염기를 교정할 때이다그림 4-15. DNA 중합효소 I과 III는 잘못 삽입된 뉴클레오타이드를 제거하고 정확한 뉴클레오타이드로 대체하는 3′ → 5′ 엑소핵산가수분해효소(exonuclease) 활성을 가지고 있다. 이 3′→ 5′exonuclease 활성은 부정확한 염기가 삽입되어 가장 안정적인 수소결합을 형성하지 못하는 것을 인지할 때 작용하여 DNA 중합효소가 정확한 염기를 삽입할 수 있는 제2의 기회를 준다그림 4-15. Exonuclease 교정은 원핵생물, 진핵생물 그리고 바이러스 DNA 복제 체계에서 일어난다.

(5) 복제의 종결

복제의 자세한 종결 과정에 대해서는 완전하게 알려지지 않았다. 그러나 이 과정에 특정한 DNA 서열과 여러 단백질이 참여한다는 것은 분명하다. 원형 분자의 복제가 완료되면그림 4-12, 두 원형 분자가 함께 연결되어 사슬과 같은 고리가 된다. 이것은 위상이

성질화효소에 의해서 풀어질 수 있다. 복제 후에 DNA는 분획되어서 각각의 딸세포들이 염색체를 하나씩 보유해야 한다. 이 과정은 세포 분열 동안에 여러 중요한 일들을 조율하는 데 도움을 주는 주요한 세포분열 단백질인 FtsZ에 의해서 보조되는 것으로 보여진다.

5. RNA 합성 : 전사

RNA는 세포 내에서 수많은 중요한 역할을 수행한다. RNA가 DNA와 화학적으로 다른 세 가지 중요한 차이점은 ① RNA는 데옥시리보스 대신 리보스를 당으로 가진다. ② RNA는 티민 대신 유라실(uracil)을 염기로 가진다. ③ 일부 바이러스의 경우를 제외하면 RNA는 이중가닥이 아니다. 데옥시리보스가 리보스로 바뀐 것이 핵산의 화학적 성질에 많은 변화를 주므로, DNA에 영향을 미치는 효소들은 일반적으로 RNA에 효과가 없고, 그 반대도 마찬가지이다. 또한 티민과 유라실 모두 아데닌과 동등하게 쌍을 이루기 때문에 티민이 유라실로 바뀐 것은 염기쌍 형성에 영향을 미치지 않는다.

RNA에는 메신저RNA(mRNA), 운반RNA(tRNA), 리보솜RNA(rRNA)의 세 가지 형태가 있다. 이들은 모두 DNA의 전사산물이다. RNA는 특히 유전적 역할 및 기능적 역할을 담당한다. 유전적 측면에서 RNA는 mRNA를 통해서 DNA의 유전정보를 전달한다. 기능적 측면에서, RNA는 리보솜에서 기능적·구조적 역할을 하거나(rRNA), 단백질 합성에서 아미노산을 운반하는(tRNA) 역할을 한다. 어떤 RNA는 효소 활성을 갖는다(리보자임, ribozyme).

1) 전사의 개요

DNA에서 RNA로 유전정보의 전사는 RNA 중합효소(RNA polymerase)에 의해 일어난다. DNA 중합효소와 마찬가지로 RNA 중합효소도 인산다이에스터결합의 형성을 촉매하지만, 이 경우는 데옥시리보뉴클레오타이드가 아니라 리보뉴클레오타이드 사이의 결합 형성을 촉매한다. RNA 중합효소는 주형(template)으로 DNA가 필요하다. RNA의 전구물질은 ATP, GTP, UTP, CTP 등의 리보뉴클레오타이드 삼인산이다.

RNA 합성의 화학반응은 DNA 합성 화학반응과 매우 유사하다그림 4-9 참조. 즉, RNA 사슬이 신장되는 동안 리보뉴클레오타이드 삼인산이 앞선 뉴클레오타이드 리보스의 3′-OH에 추가되는데, 고에너지의 2개의 인산 결합이 끊어지며 중합된다. 따라서 DNA 합성처럼, RNA 합성에서 전체적인 사슬 신장의 전체적인 방향은 5′ 말단에서 3′ 말단이고, 주형 가닥은 새로 합성되는 가닥과 역방향으로 평행이다. DNA 합성효소와는 달리 RNA 중합효소는 기존 3′-OH기가 없어도 새로운 RNA 합성을 개시할 수 있으므로 프라이머가 필요하지 않다.

(1) RNA 중합효소

RNA 중합효소(RNA polymerase)는 이중가닥 DNA와 결합하지만 전사 방향에 따라 두 가닥의 DNA 중 한 가닥만이 해당 유전자로 전사된다. DNA 양쪽 가닥 모두 전사의 주형 역할을 할 수 있으므로 전사 방향에 따라 하나의 이중가닥 DNA에서 두 개의 다른 mRNA가 만들어질 수 있다. 하지만 유전자는 DNA의 어느 가닥에도 존재할 수 있으므로 DNA 양쪽 가닥 모두 전사의 주형 역할을 할 수 있다. 이 원칙들은 모든 생명체에 존재하는 RNA 중합효소에 적용되지만, 세균, 고세균 및 진핵생물의 RNA 중합효소는 큰 차이를 보인다. 세균과 고세균은 한 종류의 RNA 중합효소를 보유한 반면, 진핵생물의 핵은 RNA 중합효소 I, II, III 세 종류의 중합효소를 보유한다. 모든 생물체의 RNA 중합효소는 진화적으로 보존된 특정 소단위를 가지고 있다. 고세균과 진핵생물의 RNA 중합효소가 계통학적으로 서로 유사하며, 세균의 RNA 중합효소보다 구조적으로 더 복잡하다.

세균 종의 모든 RNA 중합효소는 상호 밀접하게 관련되어 있다. 대장균의 RNA 중합효소는 β, β', α와 σ로 명명된 4개의 소단위(subunit)를 가지고 있으며, 2분자의 α와 각각 1분자의 β와 β'이 결합하여 RNA 중합 활성을 갖는 효소(RNA polymerase core enzyme, RNA 중합효소 중심효소, $\alpha_2\beta\beta'$)를 형성하는데, 이 중심효소는 정확한 DNA 위치를 인식하여 RNA 합성을 개시할 수 없다. 중심효소에 시그마가 결합하면 RNA 합성을 개시하기 위한 정확한 DNA 위치를 인식할 수 있게 된다. RNA 중합효소와 σ가 참여하는 RNA 합성과정이 그림 4-16에 있다.

(2) 프로모터

RNA 중합효소는 거대한 단백질로, 동시에 수많은 염기에 걸쳐서 DNA와 상호작용을 한다. 염기 부분들이 큰 홈(major groove)그림 4-4 참조에 노출되어 있기 때문에 RNA 중합효소와 같은 단백질들은 DNA와 특이적으로 상호작용을 할 수 있다. 그러나 정확하게 RNA 사슬 합성을 시작하기 위해서 RNA 중합효소는 먼저 DNA의 특정부위를 정확히 인식해야 하며, 이 부위를 프로모터(promoter)라고 한다.

RNA 중합효소가 프로모터에 결합해야 전사가 진행될 수 있다. 이 과정에서 프로모터 부분의 DNA 이중나선은 RNA 중합효소에 의해서 분리된다. RNA 중합효소가 이동함에 따라 DNA 이중나선의 풀어진 부분도 같이 이동한다. 이때 두 가닥의 DNA 중 하나가 주형 역할을 하여 상보성 RNA가 복제된다. 그러므로 프로모터는 RNA 중합효소가 DNA를 따라 어떤 방향으로 이동할 것인지 지시하는 역할을 한다. 만일 DNA의 어떤 부분에 서로 반대로 향하는 두 프로모터가 있다면, 이 프로모터에 결합한 RNA 중합효소는 서로 다른 DNA 가닥을 주형으로 사용하게 된다.

일단 전사가 시작되어 짧은 RNA가 합성되면 시그마 요소는 RNA 중합효소에서 분리되며, 나머지 RNA 합성(신장, elongation)은 중심효소($\alpha_2\beta\beta'$)에 의해 수행된다그림 4-16. 따라서 시그마는 프로모터를 인식하여 RNA 중합효소-DNA 복합체를 형성하는 과정에 참여한다. RNA 중합효소가 지나간 후에는 새로이 합성된 RNA가 DNA 주형으로부터 분리되면 분리됐던 DNA는 원래의 이중나선으로 복원된다. 전사는 전사 종결자(transcription terminator)로 불리는 특정한 지역에서 종결된다.

따라서 유전체를 완전히 복제하는 DNA 복제와 달리, 전사는 훨씬 작은 DNA 단위들이 관여하고, 하나의 유전자만 관여하는 경우도 종종 있다. 이런 시스템은 세포가 세포 내 단백질 필요 정도에 따라 각각의 유전자를 다른 빈도로 전사할 수 있게 해준다. 원핵생물에서 이러한 전사의 조절은 다양한 기작들이 관여하는 매우 정교한 과정이며, 세포의 자원을 보존하고 효율적으로 활용하는 데 매우 중요한 과정이다.

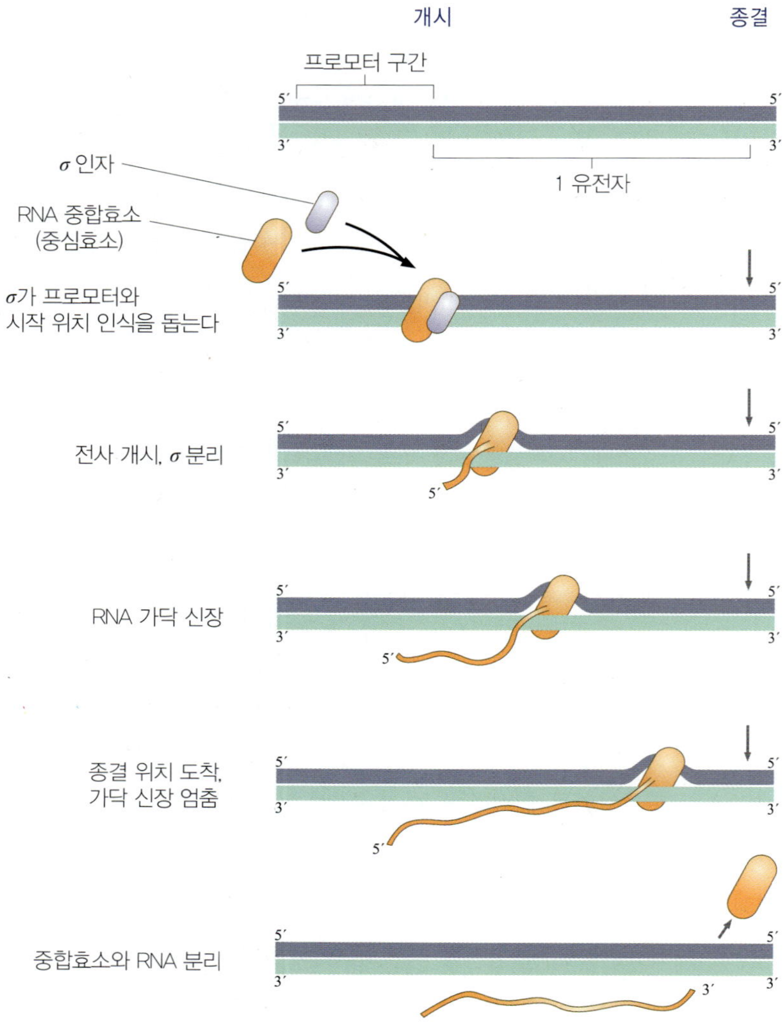

그림 4-16 전사 RNA 합성과정

개시부위와 종결부위는 DNA 상의 특정 염기서열이다. 시그마 인자는 RNA 중합효소가 프로모터를 인식하도록 한다. 시그마 인자는 신장(elongation)과정 중 분리된다. RNA 중합효소는 DNA 사슬을 따라서 이동하며 이중나선에 일시적인 열린 구조를 만들고, DNA 두 가닥 중 하나를 전사한다. 종결부위에 도달하면, 사슬의 신장은 중지되고, mRNA와 RNA 중합효소가 방출된다.

2) 전사 종결자

유전자 발현의 정확한 조절에 있어 단백질 합성의 정확도를 위해서는 전사의 개시가 중요하듯 전사의 종결 역시 중요하다. RNA 합성은 DNA의 특정 염기 서열에서 종결된다. 세균에서 DNA 상의 종결 서열은 가운데 부분의 비반복 단편과 함께 역반복(inverted repeat) 서열을 포함한다. 이러한 DNA 서열이 전사되면 생성된 RNA는 자체의 역반복 서열간의 염기쌍 형성에 의해 줄기-고리구조(stem-loop structure)를 형성할 수 있다그림 4-17. 이러한 RNA 자체의 줄기-고리구조 뒤에 우리딘(uridine)이 연속적으로 이어지면, RNA와 DNA 주형의 결합력이 약화되어 효과적인 전사 종결자(transcription terminators) 역할을 할 수 있다. 다른 서열 특이적인 종결 위치는 GC가 풍부한 서열 뒤에 AT가 풍부한 서열이 이어지는 부분이다. 이러한 서열 패턴은 어떠한 추가적인 인자 없이도 종결로 이어지게 되며 이를 고유 종결(intrinsic termination)이라 한다.

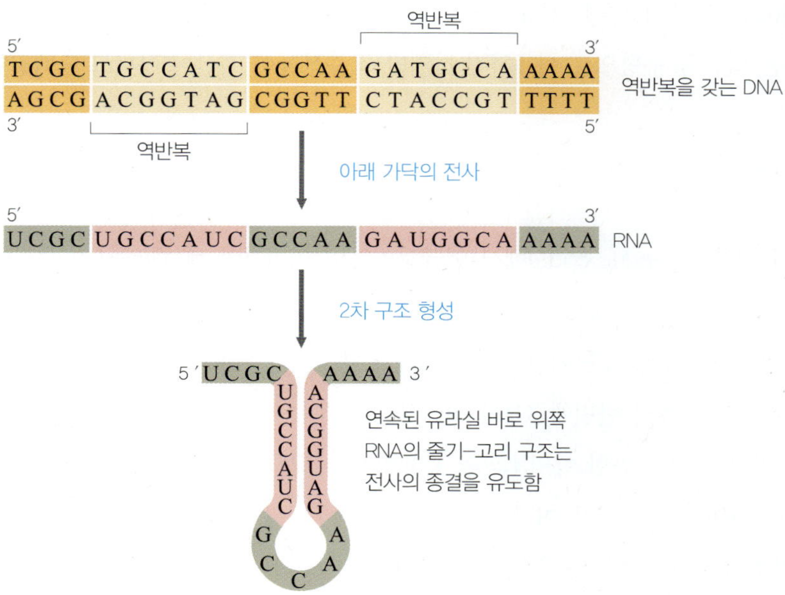

그림 4-17 역반복과 전사 종결

전사된 DNA 내의 역반복은 RNA에서의 줄기-고리 구조가 형성되게 하며, 이는 RNA와 DNA 주형의 결합을 약화시켜 전사의 종결로 이어질 수 있다.

(1) Rho-의존적 종결

다른 종류의 종결자들은 특정 단백질 인자를 필요로 한다. 대장균에서 전사 종결에 필요로 하는 단백질의 한 형태를 Rho라 한다. Rho는 RNA 중합효소나 DNA에 결합하지 않으며, RNA에 강하게 결합하여 사슬을 따라 RNA 중합효소-DNA 복합체를 향해 이동한다. Rho-의존적 종결(Rho-dependent termination) 위치에서 RNA 중합효소가 일단 멈추면, Rho는 RNA와 RNA 중합효소를 DNA에서 분리시켜 전사를 종결한다. Rho와 같이 전사 종결에 포함되는 다른 단백질들도 RNA-결합 단백질이다. 모든 경우에, 종결에 관련된 서열은 RNA 수준에서 그 기능을 담당한다. 하지만, RNA는 DNA로부터 전사되므로 전사 종결은 궁극적으로는 DNA상의 특정 염기서열에 의해 결정된다.

6. 단백질 합성

생물학적 정보 전달에서의 처음 두 단계는 핵산을 주형으로 이용하여 핵산을 합성하는 복제(replication)와 전사(transcription)이다. 마지막 단계는 번역(translation)인데, 이 과정은 핵산을 주형으로 이용하긴 하지만 최종산물이 핵산이 아니고 단백질이다.

1) 유전암호

앞의 유전암호(genetic code)에서 언급하였듯이 염기서열 세 개(triplet)가 하나의 특정한 아미노산을 암호(codon)화한다. 유전암호는 DNA가 아니라 mRNA로 쓰여지는데, 이는 번역과정이 mRNA를 기반으로 일어나기 때문이다. mRNA에서 가능한 64개의 코돈[4개의 염기 중에서 한번에 3개를 선택하는 경우는 $(4)^3$]을 표 4-2에 나타냈다. 표에서 보는 바와 같이 다양한 아미노산을 암호화하는 코돈 외에도 번역의 개시(start)와 정지(stop)를 위한 특별한 코돈이 있다.

유전암호의 가장 흥미로운 특징은 대부분의 아미노산들이 다르지만 서로 연관이 있는 복수의 코돈들에 의해 암호화된다는 점이다. 이것은 많은 경우에 있어서 아미노산과 코돈 사이에 일대 일의 대응성이 없다는 것을 의미하기 때문에 주어진 위치의 아미노산 종류를 알아도 그 위치의 코돈을 자동적으로 알 수는 없다는 것을 의미한다. 이

표 4-2 mRNA의 염기서열에 의해서 표현되는 유전암호[a]

코돈	아미노산	코돈	아미노산	코돈	아미노산	코돈	아미노산
UUU	페닐알라닌	UCU	세린	UAU	타이로신	UGU	시스테인
UUC	페닐알라닌	UCC	세린	UAC	타이로신	UGC	시스테인
UUA	루신	UCA	세린	UAA	없음(정지신호)	UGA	없음(정지신호)
UUG	루신	UCG	세린	UAG	없음(정지신호)	UGG	트립토판
CUU	루신	CCU	프롤린	CAU	히스티딘	CGU	아르지닌
CUC	루신	CCC	프롤린	CAC	히스티딘	CGC	아르지닌
CUA	루신	CCA	프롤린	CAA	글루타민	CGA	아르지닌
CUG	루신	CCG	프롤린	CAG	글루타민	CGG	아르지닌
AUU	아이소루신	ACU	트레오닌	AAU	아스파라긴	AGU	세린
AUC	아이소루신	ACC	트레오닌	AAC	아스파라긴	AGC	세린
AUA	아이소루신	ACA	트레오닌	AAA	라이신	AGA	아르지닌
AUG(개시)[b]	메싸이오닌	ACG	트레오닌	AAG	라이신	AGG	아르지닌
GGU	발린	GCU	알라닌	GAU	아스파르트산	GGU	글리신
GUC	발린	GCC	알라닌	GAC	아스파르트산	GGC	글리신
GUA	발린	GCA	알라닌	GAA	글루탐산	GGA	글리신
GUG	발린	GCG	알라닌	GAG	글루탐산	GGG	글리신

a) 코돈상자는 암호화하는 아미노산의 성질에 따라 다음 색 체계로 구분을 하였다.
이온화할 수 있는 : 산성, 이온화할 수 있는 : 염기성, 이온화할 수 없는 극성,
비극성, 왼쪽의 뉴클레오타이드가 삼자체의 5′ -말단이다.
b) AUG는 세균의 mRNA의 시작에서 N-formylmethionine을 암호화한다.

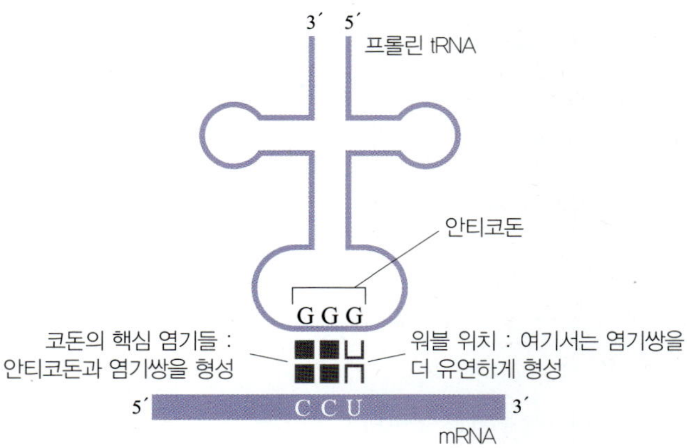

그림 4-18 흔들림(wobble) 현상
코돈의 세 번째 염기는 앞의 2개보다 염기쌍 형성이 더 유연하다.

와 같이 일대 일의 대응성이 없는 암호를 중복성 암호(degenerate code)라고 한다. 하지만 반대의 경우, 즉 DNA 서열과 정확한 번역틀(reading frame)을 알면 단백질의 정확한 아미노산 서열을 알 수 있다.

코돈은 안티코돈(anticodon)이라고 부르는 tRNA상의 3개의 염기서열과 특별한 염기쌍(base-pairing)을 이루어 인식된다. 만약 이러한 염기쌍이 항상 A는 U와 그리고 G는 C와 이루어지는 표준 염기쌍이라면, 각각의 코돈에 적어도 하나의 특정 tRNA가 존재한다고 예상할 수 있다. 예를 들어, 대장균에는 아미노산들 중 하나인 발린(valine)의 4개 코돈 각각표 4-2를 인식하여 발린을 수송하는 4개의 다른 tRNA가 있다. 하지만 어떤 tRNA는 하나 이상의 코돈을 인식하기도 한다. 대장균에는 2개의 라이신(lysine) 코돈이 있지만, 단 한 개의 라이실(lysyl) tRNA가 존재하며, 이것의 안티코돈은 AAA뿐만 아니라 AAG표 4-2와 염기쌍을 형성할 수 있다. 이것은 tRNA 분자가 코돈의 처음 두 위치에서는 표준 염기쌍을 형성하지만, 세 번째 위치에서는 불규칙한 염기쌍 형성이 가능하기 때문이다. 흔들림(wobble)이라고 하는 이러한 뚜렷한 불일치 현상이 그림 4-18에 그려져 있는데, G와 U 사이의(G와 C가 아닌) 염기쌍 형성이 워블(wobble) 위치에서는 가능하다.

(1) 종결코돈과 시작코돈

표 4-2에서 보듯이 아미노산을 암호화하지 않는 몇 개의 코돈이 있다. 이러한 코돈들(UAA, UAG와 UGA)은 종결코돈(stop codon)으로 mRNA의 번역을 종결하는 신호로 작용한다. 그러므로 종결코돈을 무의미한 코돈(nonsense codons)이라고도 한다.

리보솜이 단백질 합성을 시작할 때 mRNA에서 정확한 번역이 시작되는 것이 얼마나 중요한지는 번역틀을 보면 알 수 있다. 그림 4-19에서 볼 수 있듯이 단 하나의 염기 차이로 전체 번역틀이 움직이고 완전히 다른 단백질(또는 이동에 의해서 번역틀에 정지코돈이 도입된다면 단백질이 만들어지지 않음)이 만들어질 수 있다.

즉 유전자에 의해 암호화된 단백질을 생산할 수 있도록 번역되는 번역틀을 제로틀(zero frame)이라고 부른다. 하나의 염기 차이로 가능한 두 가지의 번역틀(+1과 -1)은 동일한 서열의 아미노산을 암호화할 수 없다. 그러므로 번역을 제대로 시작하기 위해서는 리보솜이 정확한 시작코돈을 찾는 것이 필수적이며, 세균의 mRNA에서는 N-포르밀메싸이오닌(N-formyl-methionine, 또는 진핵생물과 고세균에서의 메싸이오닌)을 암

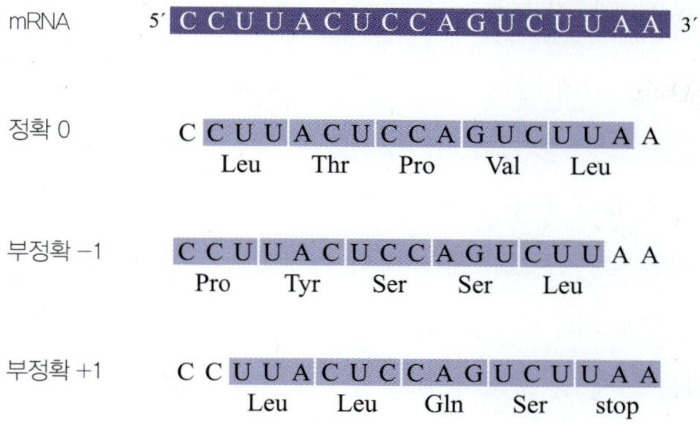

그림 4-19 mRNA에서 가능한 번역틀

어떤 임의의 mRNA의 서열을 나타내었다. (a) 리보솜이 정확한 번역틀에 위치해 있을 때 암호화되는 아미노산("zero" 번역틀로 표시). (b) 리보솜이 −1 번역틀에 위치할 경우에 mRNA의 이 부위에 의해 암호화되는 아미노산. (c) 리보솜이 +1의 번역틀에 위치할 때 암호화되는 아미노산

호화하는 AUG가 통상 시작코돈으로 이용된다. 세균의 리보솜은 mRNA의 샤인-달가노(Shine-Dalgarno) 염기서열 도움을 받아서 AUG를 시작코돈으로 인식한다.

(2) 열린 번역틀

오늘날 많은 생명체의 유전체 서열이 분석되었지만 단백질을 암호화하는 유전자의 위치를 결정할 수 없다면 쓸모가 없을 것이다. 단백질을 암호화하는 유전자를 식별하는 일반적인 방법은 각각의 DNA 서열의 가닥에서 열린 번역틀(open reading frame, ORF)을 확인하는 것이다. mRNA가 DNA로부터 전사되는 것이 알려져 있으므로, DNA 서열을 안다면 그것으로부터 전사되어 나오는 RNA 서열 또한 알 수 있다. 만약 RNA가 번역될 수 있다면, 그것은 반드시 열린 번역틀(ORF)을 포함한다.

열린 번역틀을 찾기 위하여 DNA 데이터베이스의 긴 염기서열이 분석되도록 컴퓨터를 프로그래밍(programming)할 수도 있다. 더구나 시작/종결코돈을 찾는 것 이외에도 프로모터와 샤인-달가노, 리보솜 결합 서열을 검색하는 것도 포함시킬 수 있다. 열린 번역틀 검색은 유전체학과 유전공학에서 매우 중요하다. 만약 모르는 DNA 조각이 분리되고 서열이 분석되어 열린 번역틀이 존재한다면 이 서열은 단백질을 암호화할 수 있다는 의미이다.

(3) 코돈 이용의 치우침

유전암호가 해독된 뒤에 아미노산의 중복성 코돈(degenerate codon)이 모두 같은 빈도로 사용될 것으로 가정되었으나, 이 가정은 틀린 것으로 증명되었다. 중복성 코돈 이용을 예를 들면 대장균에서는 어떤 단백질의 20개의 아르지닌(Arginine) 잔기 중에서 10개가 아르지닌 코돈인 CGU에 의해서 암호화되지만, 인간의 경우에는 20개의 잔기 중 2개만이 CGU에 의해서 암호화된다. 코돈 치우침의 기원은 불분명하지만, 이러한 유전체의 특이성은 현재 잘 알려져 있고 유전자 서열정보의 실질적인 이용에서 고려되고 있다.

2) 운반RNA

운반RNA(tRNA)는 번역과정에 필요한 아미노산을 코돈에 맞게 공급해 주는 역할을 한다. 그러므로 tRNA는 코돈과 각 코돈에 맞는 아미노산 둘 다 특이성이 있다그림 4-20. tRNA는 특정 효소(amylnoacyl-tRNA synthetase)에 의해 그에 특이적인 아미노산과

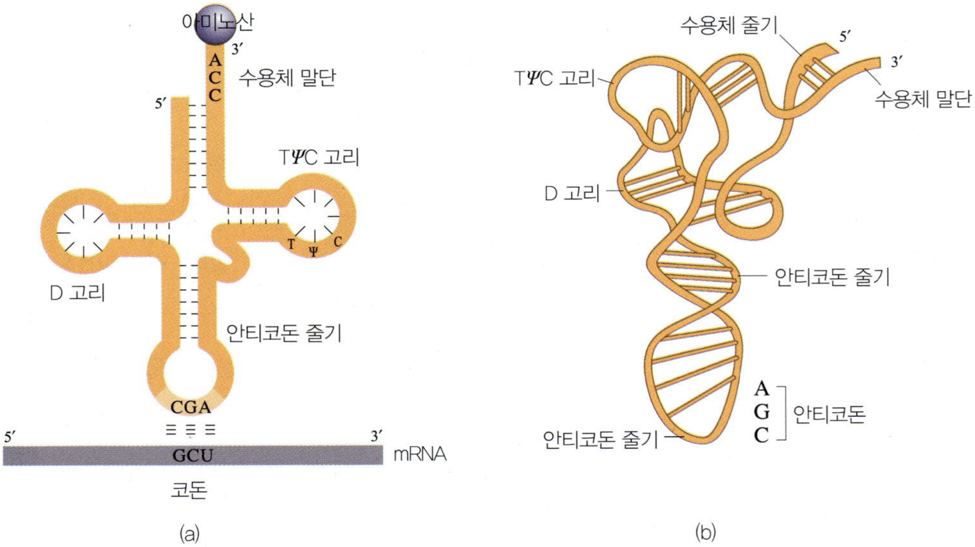

그림 4-20 운반 RNA의 구조

(a) tRNA의 일반적인 클로버잎 구조. 아미노산은 수용체 말단의 마지막 A의 리보스에 붙어 있다.
(b) 실제로 tRNA 분자는 D 고리와 TΨC 고리가 서로 가깝게 접혀 있으며, 소수성 결합으로 연결되어 있다. tRNA는 비정상적인 염기가 존재하며 때로는 mRNA에 없는 티민도 존재한다.

결합하게 된다.

(1) tRNA의 구조

박테리아 세포에는 약 60가지, 그리고 포유류 세포에는 100~110가지의 각기 다른 tRNA가 존재한다. tRNA 분자는 짧고, 광범위한 2차구조를 가진 단일사슬 분자로 73~93개의 뉴클레오타이드 정도의 크기를 가진다. 여러 tRNA를 비교해보면 모든 tRNA는 2차구조가 동일한 부분과 변화가 많은 부분으로 이루어져 있다. 또한 tRNA에는 일반적으로 RNA에서 발견되는 염기와는 약간 다른 화학적으로 변형된 특정 퓨린과 피리미딘이 존재한다. 이러한 염기 변형은 전사 이후에 일어난다.

이러한 변형된 염기에는 슈도유리딘(pseudouridine), 이노신(inosine), 다이하이드로유리딘(dihydrouridine), 리보티미딘(ribothymidine), 메틸구아노신(methyl guanosine), 다이메틸구아노신(dimethyl guanosine), 메틸이노신(methyl inosine) 등이 포함된다. 최종적으로 활성을 갖는 tRNA는 변형된 특정 염기뿐 아니라, 분자 자체가 접힐 때 생기는 염기쌍의 형성에 의해 분자내에 광범위한 이중사슬을 가지고 있다.

tRNA의 구조는 그림 4-20(a)에서 보는 바와 같이 클로버잎 모양을 갖는다. tRNA의 2차구조 중 일부분은 그 부분에 가장 자주 발견되는 염기의 이름이나(예를 들어 TΨC와 T 고리), 특정한 기능(예를 들어, 안티코돈 고리와 수용체 말단)을 따서 이름을 붙인다. tRNA의 3차구조는 그림 4-20(b)와 같다. 클로버잎 모델에서 멀리 떨어져 보이는 염기들이 실제 3차원에서는 서로 가까이 있으며, 이는 "고리"에 있는 일부 염기들이 실제로는 다른 고리에 있는 염기들과 쌍을 이루고 있다는 것을 의미한다.

tRNA 분자의 가장 중요한 변화 부분은 mRNA의 코돈을 인식하는 안티코돈 부위로서 안티코돈 고리에 존재한다그림 4-20. 안티코돈 고리에는 세 개의 뉴클레오타이드가 코돈의 인식 과정에 참여하여 염기쌍을 이룬다그림 4-18. tRNA의 나머지 부분은 리보솜(rRNA와 단백질 부분 모두), 리보솜 단백질 이외의 다른 번역 단백질 및 활성화시키는 합성 효소와 작용한다. 모든 tRNA의 3′ 말단, 즉 수용체 말단에는 세 개의 쌍을 이루지 않는 뉴클레오타이드가 있는데, 이 세 개의 뉴클레오타이드는 언제나 사이토신-사이토신-아데닌(CCA)이다. 이 중에 맨 끝에 있는 A의 리보스 당에 아미노산이 에스터결합을 통해 공유결합된다. tRNA의 이 위치에서 아미노산이 리보솜에서 성장하고 있는 폴리펩타이드 사슬에 편입된다.

(2) tRNA의 인식, 활성화 및 부착

만약 잘못된 아미노산이 tRNA에 결합하여 폴리펩타이드 내에 잘못 삽입되면 잘못된 단백질이 합성될 수 있기 때문에 tRNA에 정확한 아미노산이 결합되어야 한다.

아미노아실 운반RNA 합성효소(aminoacyl-tRNA synthetase)가 올바른 tRNA를 인식하기 위해서는 핵산의 핵심부위와 각각의 합성효소(synthetase)의 특정 아미노산 간의 특이적인 접촉이 필요하다그림 4-21. 이 부분의 고유한 서열로부터 짐작해볼 수 있듯이, tRNA의 안티코돈은 합성효소가 인식하는 데 중요한 요소이다. 그러나 tRNA의 다른 부분과 합성효소와의 접촉도 역시 중요하다. 이는 주로 tRNA 분자 중 수용체 줄기나 D-고리의 일부분에 속하는 뉴클레오타이드들이다그림 4-20.

아미노아실 운반RNA 합성효소에 의해 촉매되는 아미노산과 tRNA의 특이적인 결합이 이루어지려면 다음과 같이 아미노산이 우선 ATP와 반응하여 활성화되어야 한다.

$$\text{아미노산} + \text{ATP} \longleftrightarrow \text{아미노아실-AMP} + \text{P-P}$$

정상적으로 형성된 아미노아실-AMP 중간대사산물은 정확한 tRNA 분자와 만날 때까지 효소와 결합한 상태로 남아있으며, 그림 4-21에서 보다시피 활성화된 아미노산은

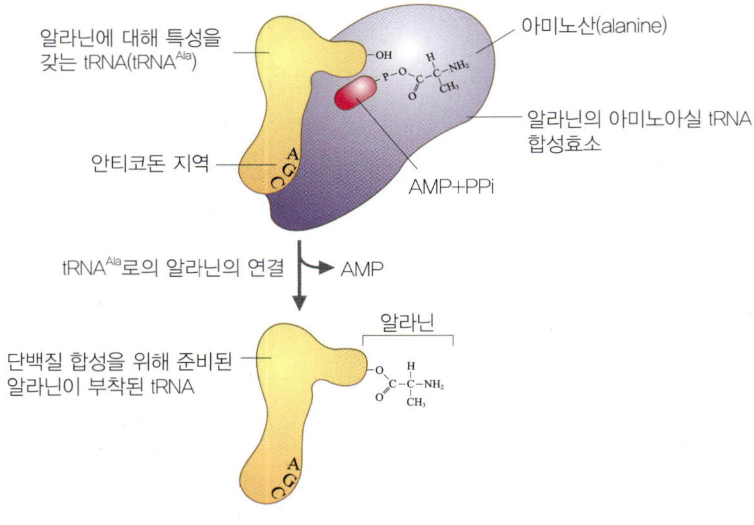

그림 4-21 아미노아실 tRNA 합성효소

아미노아실 tRNA 합성효소의 작용 기전. 합성효소가 정확한 tRNA를 인식하는 것은 tRNA의 D-고리와 수용체 줄기 내의 특정한 핵산 서열과 합성효소의 특정한 아미노산 사이의 접촉이 관여한다. 이 그림에서 알라닌 tRNA 합성효소(alanyl-tRNA synthetase)가 반응의 마지막 반응인 알라닌-AMP의 알라닌이 tRNA로 전달되는 것을 촉매하고 있다.

tRNA에 전달되어 아미노산이 부착된(charged) tRNA가 된다.

$$\text{아미노아실-AMP + tRNA} \longleftrightarrow \text{아미노아실-tRNA + AMP}$$

처음 반응에서 발생된 피로인산(pyro-phosphate, PPi)은 피로인산분해효소(pyrophosphatase)에 의해 분해되어 두 분자의 무기 인산을 만든다. 따라서 ATP가 AMP로 되기 때문에, 아미노산과 그 tRNA의 활성화에는 두 개의 고에너지 인산결합이 필요하다. 일단 활성화와 부착이 이루어지면, 아미노아실-tRNA는 합성효소를 떠나 폴리펩타이드 합성이 이루어지는 리보솜으로 이동한다.

3) 번역 : 단백질 합성과정

단백질의 구조는 아미노산 서열에 의해 결정되기 때문에 정확한 아미노산이 폴리펩타이드 사슬의 제 위치에 들어가는 것이 번역에 있어 매우 중요하다. 이 역할은 세포에서의 단백질 합성 기구, 특히 리보솜이 담당한다.

(1) 리보솜

리보솜은 단백질이 합성되는 곳이다. 하나의 세포는 수천 개의 리보솜을 가지고 있으며, 그 수는 대부분 생장률과 비례한다. 각각의 리보솜은 두 개의 소단위(subunit)로 구성된다. 원핵세포의 경우 리보솜의 소단위는 30S와 50S이며, 이 두 개의 소단위가 결합하여 70S 리보솜을 이룬다. S는 Svedberg 단위로서 초원심 분리시의 침강계수를 의미한다.

각 리보솜 소단위는 특정 리보솜 RNA와 리보솜 단백질로 구성된 리보핵산단백질 복합체이다. 30S 소단위는 16S rRNA와 약 21종류의 단백질을 포함하며, 50S 소단위는 5S와 23S rRNA, 약 34종류의 단백질을 포함하고 있다. 대장균에는 최소 53종류의 리보솜 단백질들이 있으며, 대부분 리보솜당 1개씩 존재한다.

대장균의 유전체는 완전히 밝혀졌고 리보솜 또한 많이 연구되었기 때문에 각 소단위에 몇 개의 리보솜 단백질이 있는지 정확히 알려져 있다. 그러나 어떤 단백질은 리보솜에 강력하게 결합되어 있지만 어떤 것은 약하게 결합되어 있다. 또한 어떤 단백질은 하나의 소단위에만 결합되어 있고, 어떤 것은 전체에 결합되어 있다. 또한 리보솜의 기능에 필요한 단백질도 있고 번역에 있어 다양한 단계에서 리보솜과 상호작용하지만 리보

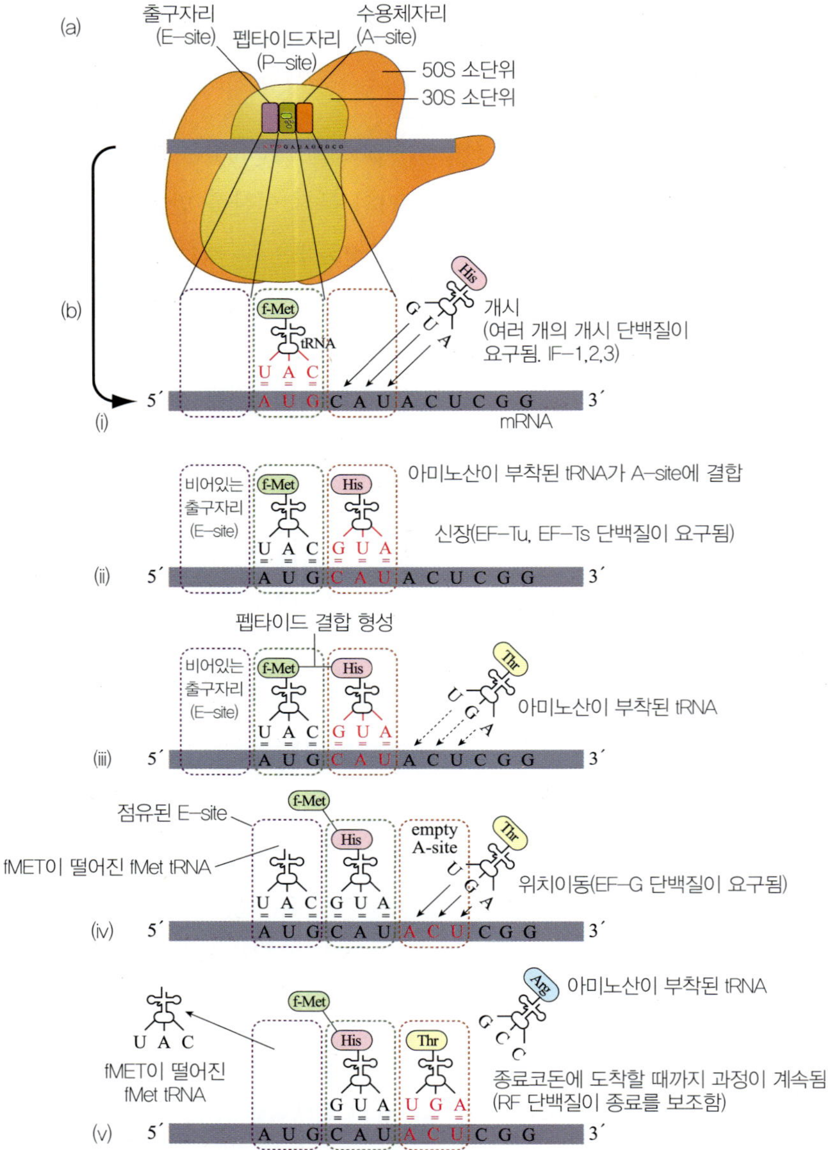

그림 4-22 리보솜과 단백질 합성

(a) 리보솜의 구조 : A-site(수용체자리), P-site(펩타이드자리), E-site(출구자리)를 보여준다.

(b) 번역, 개시와 신장 (i)(ii) 코돈과 안티 코돈의 상호작용은 정확한 아미노산이 부착된 tRNA를 제 위치에 오게 한다. 이 경우 개시 tRNA와 두 번째 아미노산이 부착된 tRNA. (ii) 이웃한 tRNA 분자상의 아미노산 사이의 펩타이드 결합 형성이 신장을 완성시킨다. (iv) 한 코돈으로부터 다음으로의 리보솜 위치이동은 E-site로부터 tRNA의 방출과 함께 일어난다. (v) 다음 아미노산이 부착된 tRNA가 A-site에 결합한다.

솜 단백질로 고려되지 않는 것들도 있다. 더욱이 리보솜은 매우 역동적인 구조로 각 부분이 반복적으로 결합하거나 분리되며, 세포내의 많은 다른 단백질들과 상호작용한다는 것을 고려해야 한다. 따라서 대장균에서조차도 리보솜 단백질의 총 개수를 결정하는 것은 쉽지 않다.

(2) 단백질 합성의 단계

단백질 합성에는 여러 리보솜 요소들이 특징적 역할을 수행하는 복잡한 회로에 포함된다. 연속적인 과정이긴 하지만 단백질 합성은 몇 개의 구별되는 단계(개시, 신장, 종결-방출)로 나누어질 수 있다. 이 과정에서 mRNA, tRNA와 리보솜 외에도 개시, 신장 및 종결 인자로서의 역할을 하는 많은 다른 단백질들이 관여하고, 고에너지 화합물인 구아노신 삼인산이 에너지를 공급한다. 단백질 합성의 중요 단계들은 그림 4-22에 있다.

(3) 개시

원핵생물에서 개시는 홀로 존재하는 30S 소단위에서 시작된다. 개시복합체는 30S 리보솜 소단위, mRNA, 포르밀메싸이오닌 tRNA(formylmethionine-tRNA), IF1, IF2로 불리는 몇 개의 개시 단백질로 구성된다. 이 단계에서 구아노신 삼인산 역시 필요하다. 30S 개시 복합체에 50S 소단위가 더해져 단백질합성 활성을 갖는 70S 리보솜이 되며 번역의 최종단계에서 방출된 리보솜은 다시 30S와 50S 소단위로 분리된다.

mRNA 개시코돈 앞에는 샤인-달가노 서열(Shine-Dalgarno sequence)로 불리는 3~9개의 뉴클레오타이드 서열이 존재하여 mRNA가 리보솜에 결합하는 데 관여한다. mRNA 5′ 말단에 있는 리보솜 결합 부위는 16S rRNA의 3′ 말단 부위와 상보적이다. 이 두 분자 사이의 염기쌍 형성이 올바른 번역틀을 갖는 리보솜-mRNA 복합체를 효과적으로 형성하도록 만든다. 원핵생물의 경우 mRNA에 샤인-달가노 서열이 존재하고 샤인-달가노 서열이 16S rRNA와 특이적 상호작용을 하므로 원핵생물의 리보솜은 샤인-달가노 부위에 결합한 후 각각의 유전자 번역 개시 부위를 찾을 수 있기 때문에 다중유전자 mRNA 번역이 가능하다.

개시과정은 언제나 특별한 개시 아미노아실-tRNA가 개시 코돈(AUG)에 결합하여 시작되는데, 미생물에서는 포르밀메싸이오닌-tRNA가 개시 코돈에 결합한다. 이후 폴리펩타이드 아미노 말단의 포르밀기는 제거되므로 완성된 단백질의 아미노 말단 아미노산은 메싸이오닌이 된다. 샤인-달가노 부위가 리보솜을 정확한 시작 코돈 부위로 유도하기 때문에 원핵생물의 전령암호는 AUG 이외에 다른 코돈도 개시 코돈으로 사용할 수 있다. 일반적인 대체 코돈은 GUG이며, 이때 GUG는 발린이 아니라 포르밀메싸이오닌 개시 tRNA를 요구한다.

진핵생물과 고세균에서 개시는 포르밀메싸이오닌 대신에 메싸이오닌으로 시작된다. 세포의 모든 단백질은 메싸이오닌이나 포르밀메싸이오닌으로 시작하지만, 이 아미노산이 세포 단백질들에서 항상 첫 번째 아미노산으로 발견되는 것은 아니다. 많은 경우에 성숙된 단백질들의 메싸이오닌(세균의 포르밀메싸이오닌)은 특정한 단백질 가수분해효소에 의해서 제거되기도 한다.

(4) 신장(elongation), 자리이동(translocation) 및 종결

mRNA는 주로 30S 소단위에 부착되어 리보솜을 관통하는데그림 4-22, 리보솜에는 tRNA가 상호작용하는 다른 부위가 존재한다. 이런 자리 중 두 자리는 일차적으로 50S 소단위상에 위치하는데 펩타이드자리(P-site), 수용체자리(A-site)라고 한다그림 4-22(b). 수용체자리는 아미노산이 결합된 새로운 tRNA가 붙는 자리다. tRNA가 A-site에 이동하고 부착하려면 신장인자(elongation factor, EF) 중 하나인 EF-Ta의 도움을 받아야 한다.

펩타이드자리는 합성 중인 펩타이드가 tRNA에 의해서 붙들려 있는 자리다. 새로운 펩타이드 결합이 형성됨에 따라서 펩타이드는 수용체자리의 tRNA로 이동한다. 신장에는 추가적으로 구아노신 3-인산(GTP) 분자가 필요하고, 이것뿐만 아니라 여러 개의 비(非)리보솜 단백질들, 특히 EF-Tu, EF-Ts 같은 EF 계통의 단백질들이 필요하다그림 4-22(b). 신장(elongation) 후에는 펩타이드를 붙잡고 있는 tRNA가 수용체자리로부터 펩타이드자리로 이동함으로써 아미노산이 부착된 또 다른 tRNA가 수용체자리에 결합할 수 있도록 수용체자리를 비워주어야 한다그림 4-22(b).

자리이동에는 EF-G라는 EF단백질이 필요하며 매번 이동 과정마다 GTP 한 분자가 소모된다. 매 이동 단계마다 리보솜은 3개의 뉴클레오타이드 앞으로 나가서 리보솜의 수용체자리에 새 코돈을 노출시킨다. 이런 자리 이동에 의해 출구자리(Exit-site, E-site)라 부르는 세 번째 자리로 아미노산을 운반한 tRNA를 밀어낸다.

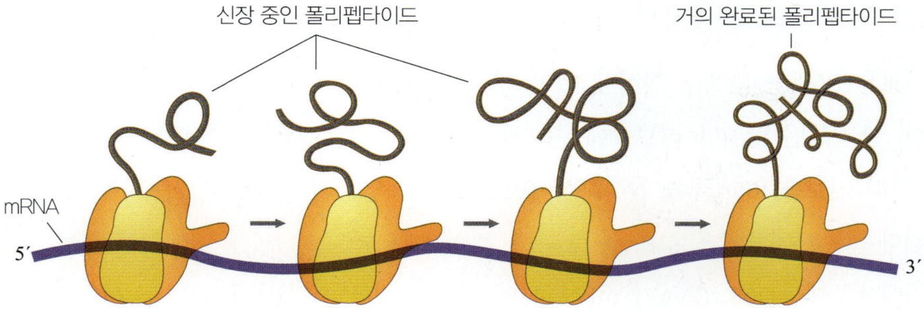

그림 4-23 **폴리솜**

단일 전령 RNA상에서 여러 개의 리보솜에 의한 번역은 폴리솜을 형성한다. 전령의 5′말단에 가장 가까운 리보솜이 번역과정의 초기 단계이므로 최종 폴리펩타이드의 일부만이 만들어진다.

tRNA가 리보솜에서 실질적으로 방출되는 곳이 출구자리다그림 4-22(b). 리보솜은 매 단계에서 정확하게 코돈 하나씩 이동해야 정확한 단백질이 합성될 수 있다. 이 과정에서 mRNA가 움직이는 것으로 보이지만, 실제론 리보솜이 mRNA를 따라서 이동한다. 그러므로 위에서 언급한 리보솜의 3개 자리는 고정된 위치가 아니라 복합체인 생물분자 장치에서 이동하는 부분이라 할 수 있다.

여러 개의 리보솜들이 동시에 하나의 mRNA 분자를 번역하여 폴리솜(polysome)이란 복합체를 형성한다그림 4-23. 폴리솜은 번역의 속도와 효율을 증가시키고, 각 리보솜은 이웃한 리보솜들과 독립적으로 행동하기 때문에 폴리솜 복합체 내 각각의 리보솜은 하나의 완성된 폴리펩타이드를 만든다. 그림 4-23에서 mRNA 분자의 5′ 말단에 가장 가까운 리보솜은 단지 몇 개의 코돈이 읽혀졌기 때문에 짧은 폴리펩타이드가 부착되어 있는 반면, mRNA의 3′ 말단에 가장 가까운 리보솜은 거의 완성된 형태의 폴리펩타이드를 가지고 있음을 알 수 있다.

단백질 합성은 종결코돈에 이르면 종결된다. 종결코돈에는 어떤 tRNA도 결합하지 않는다. 대신에 방출인자라는 특이한 단백질이 사슬-종결 신호를 인식하고 부착된 폴리펩타이드를 말단의 tRNA로부터 분리하여, 최종 폴리펩타이드를 방출한다. 이후 리보솜 소단위들이 분리되고 30S/50S 소단위들은 새로운 개시 복합체를 자유롭게 형성하여 새로운 번역과정을 반복하게 된다.

(5) 단백질의 합성에서 리보솜 RNA의 역할

리보솜 RNA는 단백질 합성에 있어 개시부터 종결까지 전 단계에서 중요한 기능을 한다. 분명하진 않지만 리보솜에 존재하는 수많은 단백질들은 RNA 기능의 촉진자로서 여러 리보솜 RNA들을 안정화시키며 중요한 서열들의 위치를 잡아주는 것으로 생각된다.

원핵생물에서 16S rRNA가 mRNA상의 리보솜 결합 서열(샤인-달가노 서열)과 염기쌍을 만들어 개시에 참여하는 것은 분명하다. 이외에도 다른 mRNA/rRNA 상호작용이 신장되는 동안 일어나게 된다. 또한 rRNA는 리보솜상의 A와 P 자리에 tRNA를 위치하도록 할 뿐만 아니라 리보솜 소단위들의 결합에도 중요한 역할을 한다그림 4-22(b). 아미노산이 부착된 tRNA가 리보솜으로 들어올 때는 코돈 : 역코돈 염기쌍 형성에 의해서 정확한 코돈을 인식하지만, tRNA가 리보솜에 결합할 때는 tRNA의 역코돈 줄기고리와 16s rRNA 내의 특이적인 서열과의 상호작용에 의해 물리적으로 결합된다. 더욱이 tRNA의 수용체 말단그림 4-20은 23S rRNA 내의 서열과 염기쌍을 형성하게 된다.

게다가 실질적인 펩타이드 결합 형성이 rRNA에 의해서 촉진된다. 리보솜의 50S 소단위상에서 일어나는 폴리펩타이드기 전이효소(peptidyl transferase) 반응이라는 과정은 리보솜 단백질 또는 리보솜과 연합되어 있는 단백질들에 의해서 촉진되는 것이 아니라 23S rRNA 자체의 활성에 의해서 촉진된다. 또한 23S rRNA는 이동 과정에서 중요한 역할을 하고 이런 점에서 EF 단백질들은 특이적으로 23S rRNA와 상호작용하는 것으

표 4-3 리보솜의 구조

성질	원핵생물	진핵생물
전체크기	70S	80S
작은 소단위	30S	40S
단백질 개수	~21	~30
RNA 크기 (염기수)	16S (1500)	18S (2300)
큰 소단위	50S	60S
단백질 개수	~34	~50
RNA 크기 (염기수)	23S (2900)	5S (120)
	28S (4200)	5.8S (160)
		5S (120)

로 알려져 있다. 16S rRNA는 종결 반응을 촉매하는 일에 관여하는데, 아마도 mRNA와 상호작용하거나 방출 단백질들과의 상호작용을 통해서 관여한다고 생각된다. 따라서 rRNA는 리보솜의 구조적 골격을 이루는 것 이외에도 번역과정에서 매우 중요한 촉매작용을 수행하는 것이다.

(6) 단백질 합성에 대한 항생제의 효과

많은 항생제들이 리보솜과 상호작용하는 것을 통하여 단백질 합성을 방해한다. 이러한 상호작용은 매우 특이적으로 많은 경우 rRNA가 관여하는 것으로 밝혀졌다. 이러한 몇 종의 항생제들은 임상적으로 매우 유용하고 몇 종류는 단백질 합성에서 다른 단계들에서 특이적으로 작용하기 때문에 연구하는 데 있어 매우 효과적인 도구이다. 예를 들어 스트렙토마이신(streptomycin)은 개시를 방해하고, 퓨로마이신(puromycin), 클로람페니콜(chloramphenicol), 사이클로헥사마이드(cyclo-hexamide), 테트라사이클린(tetracycline)은 신장을 방해한다.

임상적인 유용성과 더불어 많은 항생제들이 하나 또는 두 가지 계통발생적인 관계가 있는 생명체들의 리보솜을 특이적으로 방해한다는 사실이 보고되고 있다. 언급된 항생제 중에 클로람페니콜과 스트렙토마이신은 세균의 리보솜에 특이성을 보이고, 사이클로헥사마이드는 진핵생물에 대해 특이성을 보인다.

Chapter 5

유전자 발현 및 대사의 조절

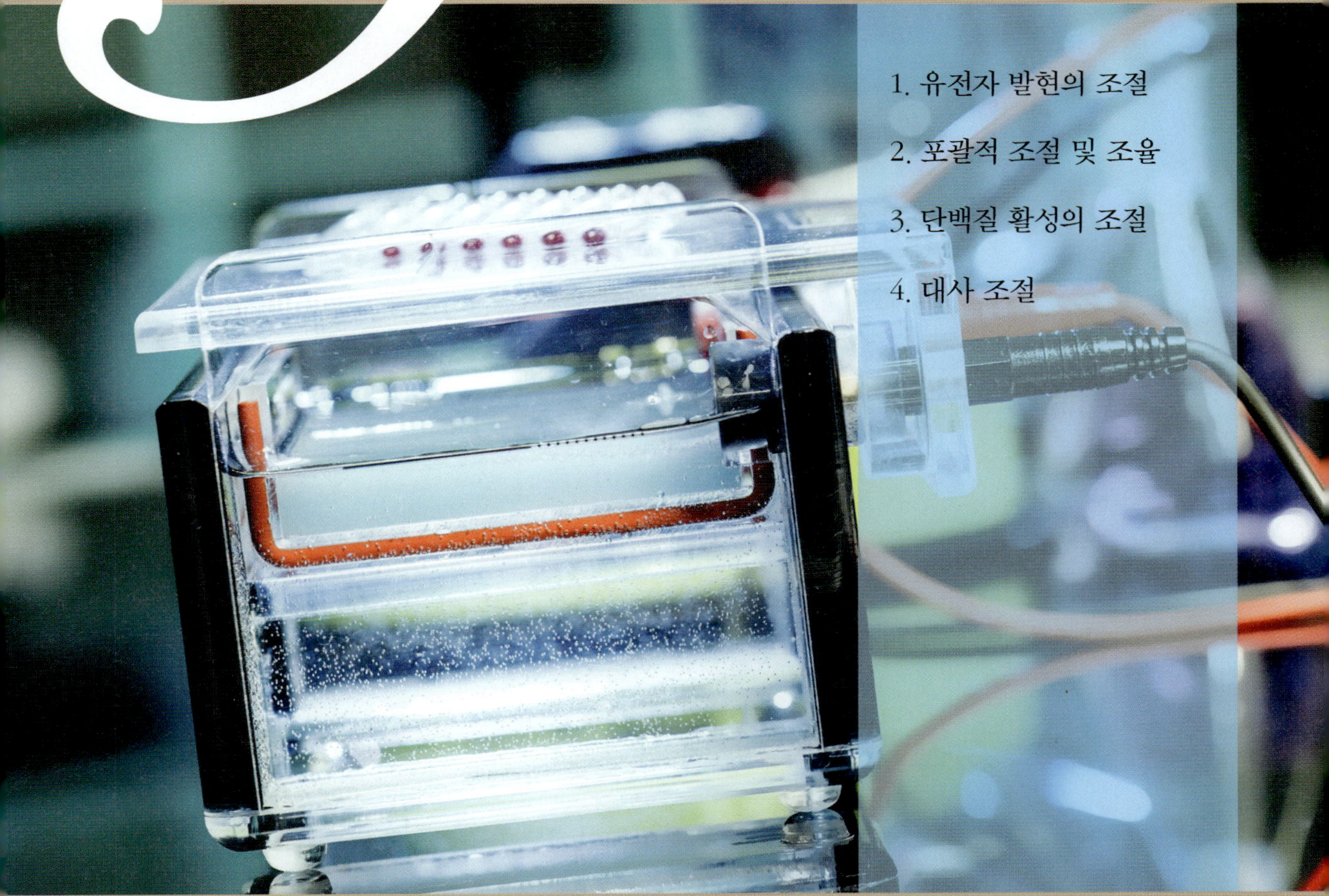

미생물은 유전자형(genotype)이 일정한 경우에도 불구하고 환경의 변화에 따라 다양한 세포의 구성성분과 표현형을 갖는다. 이는 각 미생물이 유전자의 발현을 조절하는 방법을 통하여 각 생장하는 환경에서 서로 다른 종류의 유전자를 서로 다른 수준으로 발현하고 있음을 의미한다. 따라서 본 장에서는 미생물의 유전자 발현 조절기전을 미생물 대사에 관련된 효소를 생성하는 유전자 발현의 조절을 예로 들어 설명하고, 이러한 유전자 발현의 조절에 의하여 결과적으로 달성되는 미생물 대사의 조절을 소개하고자 한다.

미생물의 대사는 다양한 효소에 의하여 수행된다. 따라서 미생물의 대사의 조절은 결국은 대사과정에 참여하는 효소들의 조절에 의하여 이루어지고 있다. 이처럼 효소들의 조절은 두 가지 방법에 의하여 가능하다. 즉, 효소를 생성하는 유전자의 발현을 조절함으로써 세포 내에 생성되는 효소의 양(cellular level)을 조절하는 방법과 생성된 효소의 활성(activity)을 조절하는 방법이다그림 5-1. 이외에도 효소의 안정성과 반감기(turnover) 등을 조절하는 방법이 있을 수 있으나 그 예가 많지 않고 너무 전문적인 영역에 속하므로 이 장에서는 다루지 않을 계획이다.

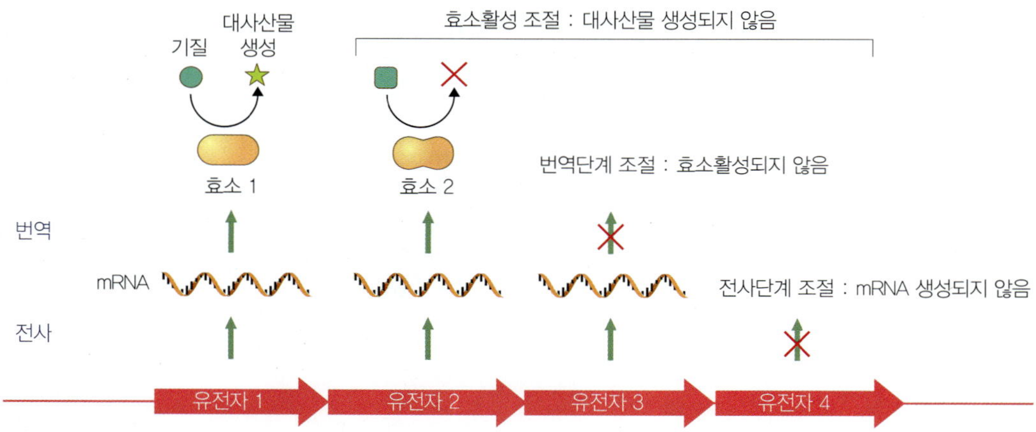

그림 5-1 유전자 발현의 다양한 조절

유전자는 전사되고 번역되어 산물을 생성하는 구조유전자와 구조유전자의 발현을 조절하는 조절유전자로 구성되어 있다. 유전자 발현의 조절은 전사단계, 번역단계에서 이루어져 유전자산물의 생성을 조절하기도 하며, 또한 이미 생성된 산물의 활성을 조절하기도 한다.

자료 : Madigan MT, Martinko JM(2006). *Brock Biology of Microorganisms*, 11th ed. Pearson Education, Inc.

1. 유전자 발현의 조절

세포 내에서 발현되는 유전자의 종류와 발현의 수준을 정확하게 조절하는 것은 미생물에게 매우 중요하다. 세포 내 유전자의 발현을 조절하는 방법은 유전자의 전사(transcription)와 번역(translation)의 단계에서 이루어지고 있으나 그 대부분은 전사단계에서 이루어지고 있다. 전사단계에서 유전자를 필요한 수준으로 정확하게 발현하는 것은 필요 이상의 유전자를 전사 한 후 번역단계에서 다시 조절하는 방법에 비교하여 훨씬 더 경제적이고 효과적인 방법이 될 것이다. 따라서 본 장에서는 우선 미생물 유전자의 전사단계에서 이루어지는 조절에 대해서 소개하고자 한다.

일반적으로 유전자는 구조유전자(structural gene)와 조절유전자(regulatory gene)로 나누어진다그림 5-1. 구조유전자는 RNA 중합효소(RNA polymerase, RNAP)에 의하여 전사되고 번역되어 유전자 산물을 생성하며, 조절유전자는 구조유전자의 발현을 조절하는 역할을 한다. 이러한 조절유전자는 주로 promoter와 operator 등을 구성하고 있으며, 주로 구조유전자 상위(upstream)에 위치하고 있다. 이렇게 하나의 operator에 의하여 그 발현이 한꺼번에 조절되는 유전자들의 단위를 오페론(operon)이라 한다. 또한 이러한 조절 operator와 promoter를 포함한 조절 유전자를 *cis*-조절인자(*cis*-regulatory element)라 한다. 한편 promoter나 operator에 붙어서 promoter의 활성을 조절하는 방법으로 유전자의 발현을 조절하는 단백질을 *trans*-조절인자(*trans*-regulatory element)라고 한다. 하나의 조절인자(regulatory protein)에 의하여 조절되는 유전자들의 모임을 regulon이라고 한다.

1) 효소 억제

보통 동화작용(anabolism) 대사경로에 관여하는 효소들을 생성하는 유전자들은 동화작용의 산물(gene products)들에 의하여 발현이 억제(repression)된다. 억제에 의하여 조절되는 유전자들의 많은 경우 그들 유전자의 작용으로 생성되는 최종산물의 세포 내 농도가 일정 수준에 다다를 때까지는 발현이 되다가 최종산물이 일정한 농도 이상으로 생성되면 비로소 억제되어 더 이상의 최종산물이 생성되는 것을 방지한다. 한 예로 *E. coli*의 아미노산 아르지닌(arginine) 생합성 경로에 필요한 효소들을 생성하는

arg operon의 발현은 아르지닌에 의하여 억제된다.

즉, *E. coli* 세포 내에 아르지닌의 농도가 낮을 경우 세포 내에 존재하는 조절단백질 ArgR은 아르지닌과 결합할 수 없어 불활성화된 형태로 존재한다. 이렇게 존재하는 ArgR은 *arg* operon의 promoter/operator에 결합할 수가 없어 RNAP는 *arg* operon을 전사하고 *arg* operon은 발현된다그림 5-2. *arg* operon의 발현에 따라서 결과적으로 아르지닌 생성이 필요한 효소들인 *N*-acetylglutamylphosphate reductase(ArgC), acetylglutamate kinase(ArgB), argininosuccinate lyase(ArgH)가 생성된다. 이렇게 생성된 ArgCBH의 작용에 의하여 세포 내에 아르지닌은 생합성된다. 그러나 아르지닌 합성이 진행되어 세포 내 아르지닌의 농도가 어느 정도 수준 이상이 되면 ArgR에 아르지닌이 결합하게 되고, 아르지닌과 결합한 ArgR은 활성 형태로 전환되어 비로소 *arg* operon의 promoter/operator에 결합하게 되어 결과적으로 RNAP의 *arg* operon의 전사를 억제한다. 이러한 아르지닌에 의한 *arg* operon의 전사 억제는 ArgCBH의 생성을 억제하고 결국 아르지닌이 필요한 수준 이상으로 과다 생성되는 것을 방지한다.

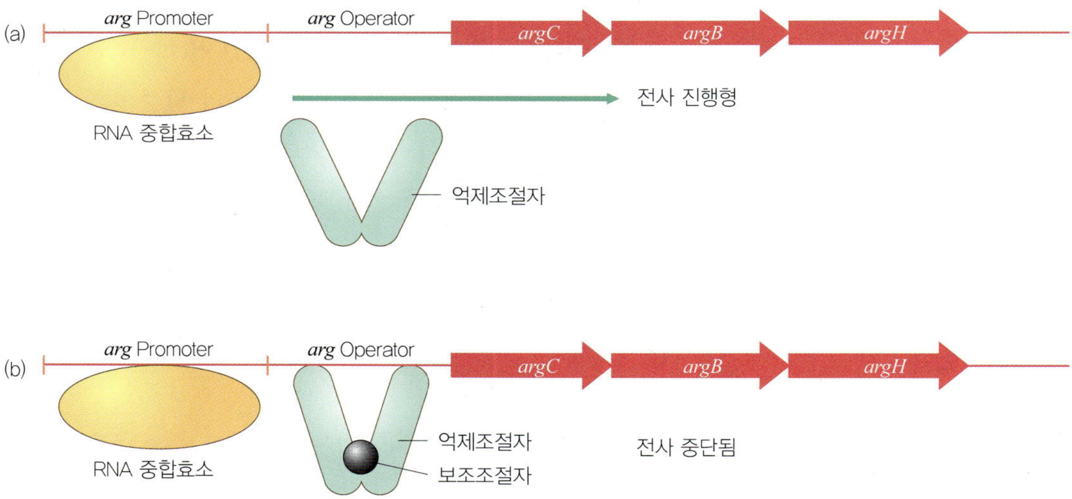

그림 5-2 *arg* operon의 억제

(a) 세포 내 아르지닌 농도가 낮은 경우 아르지닌과 결합하지 않은 억제조절인자(repressor) ArgR은 활성이 없어 *arg* promoter/operator에 결합할 수 없다. 결과적으로 RNAP에 의하여 *arg* operon의 전사가 일어나고 ArgCBH가 생성되어 아르지닌 합성이 일어난다.

(b) 세포 내 아르지닌 농도가 일정 수준 이상에 도달하면 arginine은 ArgR과 결합하고 arginine과 결합한 ArgR은 비로소 활성을 갖게 되어 *arg* operon의 promoter/operator에 결합하게 되고 RNAP에 의한 arg의 전사가 억제된다.

자료 : Madigan MT, Martinko JM(2006). *Brock Biology of Microorganisms*, 11th ed. Pearson Education, Inc.

2) 효소 유도

주로 이화작용에 관련된 효소를 생성하는 유전자는 이화작용에 의하여 분해 대사되는 대상 물질, 즉 기질(substrate)의 존재에 의하여 그 발현이 유도(induction or derepression)된다. 이러한 유전자 발현을 전구체에 의한 유도라고 한다. 유도에 의하여 발현이 되는 유전자는 많은 경우 전구체가 없는 경우 발현이 억제되어 있는 상태를 유지하다가 만약 전구체가 존재하면 비로소 발현이 되기 때문에 derepression이라고도 한다. 현재까지 가장 자세하게 그 기전이 규명된 유전자발현의 유도는 대장균(*E. coli*)의 락토스(lactose) 대사에 필요한 유전자들로 구성된 *lac* operon이다그림 5-3.

*E. coli*가 생장하는 배지에 전구체인 락토스가 존재하지 않는 경우 *lacI* 유전자의 산물인 LacI protein이 억제조절인자(repressor)로서 *lac* operon의 promoter/operator에 결합하여 RNAP의 전사를 억제한다. 만약 배지에 락토스가 존재하는 경우 락토스가 LacI protein에 결합하여 LacI 단백질을 불활성화시키고 불활성화된 LacI 단백질은

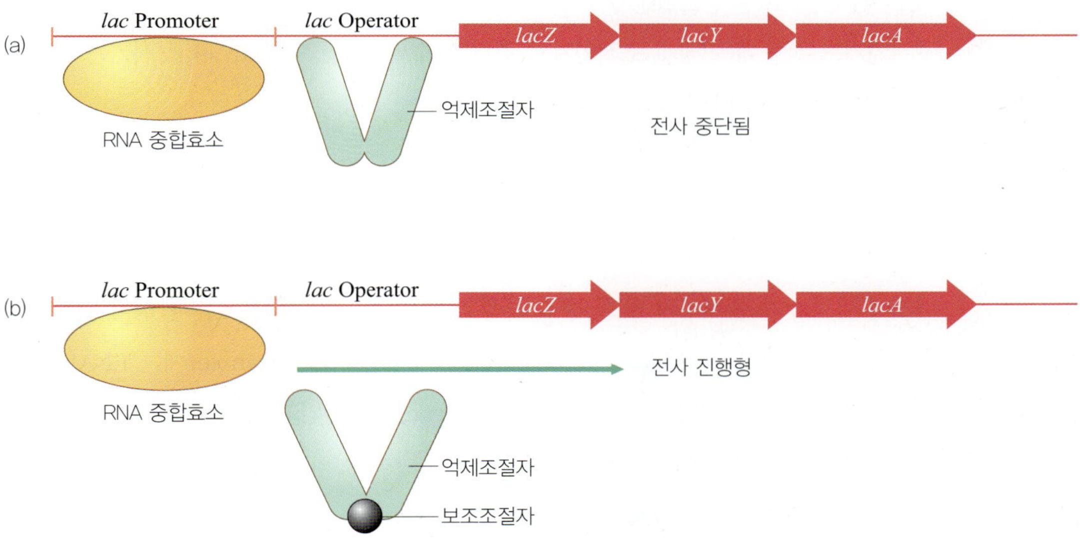

그림 5-3 *lac* operon의 유도기전

(a) 락토스가 존재하지 않는 경우 : *lacI* 유전자의 산물인 LacI protein이 억제조절인자(repressor)로서 *lac* operon의 promoter/operator에 결합하여 RNAP(RNA 중합효소)의 전사를 억제한다.

(b) 락토스가 존재하는 경우 : 락토스가 LacI protein에 결합하여 LacI 단백질을 불활성화시키고 LacI 단백질은 *lac* promoter/opertaor에 결합할 수가 없고, 결과적으로 RNAP는 *lac* operon을 전사하여 *lac* operon이 발현된다.

자료 : Madigan MT, Martinko JM(2006). *Brock Biology of Microorganisms*, 11th ed. Pearson Education, Inc.

lac promoter/opertaor에 결합할 수가 없고 결과적으로 RNAP는 *lac* operon을 전사할 수 있다. 이때 락토스는 전구체이기도 하지만 억제조절인자와 결합하여 *lac* operon의 전사를 유도하는 유도인자(inducer)이기도 한다. 배지에 락토스가 존재하면 비로소 락토스를 갈락토스와 글루코스로 분해하는 β-galactosidase(LacZ), lactose 수송에 필요한 락토스 permease(LacY), 갈락토사이드에 아세틸기를 전이시키는 galactoside *o*-acetyltransferase(LacA)가 생성되어 *E. coli*는 락토스를 사용하여 성장하게 된다. 이와 같이 오직 락토스가 존재할 경우에만 *lac* operon을 발현하는 조절기전은 락토스가 존재하지 않을 때 사용할 수도 없는 LacZYA를 생성하는 비효율성을 제거하여 준다는 측면에서 진화적으로 선택되었을 것이다.

3) 증진

앞에서 기술한 유도와 억제는 억제조절인자(repressor)가 유전자 또는 operon의 promoter/operator에 결합하여 발현을 억제하는 수동적인 조절(negative control)이다. 이와 반대로 활성조절인자(activator)는 promoter/operator에 결합하여 발현을 증진시키기도 하는데 이렇게 조절인자가 결합하여 발현을 증진(activation)시키는 조절을 능동적인 조절(positive regulation)이라 한다.

그림 5-4에서 볼 수 있듯이 *E. coli*가 말토스를 분해하여 에너지를 얻기 위하여 필요한 효소를 생성하는 *mal* operon은 활성조절인자 MalT가 promoter/operator에 결합하여야 비로소 RNAP가 promoter에 결합하여 *mal* operon을 발현시킨다. 그러나 생장배지에 말토스가 존재하지 않을 경우 활성조절인자 MalT 단독으로는 활성이 없어 *mal* operator에 결합할 수가 없고, MalT가 결합하지 않는 *mal* promoter에는 RNAP가 적절하게 결합하지 못하여 결과적으로 *mal* operon은 발현되지 않는다. 오직 생장배지에 말토스가 존재할 경우에만 말토스가 MalT에 결합하게 되고 말토스와 결합한 MalT는 비로소 활성을 갖게 되어 *mal* operon의 promoter/operator에 결합하게 된다. MalT가 결합한 *mal* operon의 prmoter/operator에는 RNAP가 적절하게 결합하는 것이 가능하게 되어 결과적으로 *mal* operon의 전사가 일어난다. *E. coli*는 생장배지에 말토스가 존재하면 위와 같은 증진에 의한 *mal* operon의 발현의 결과로 말토스를 세포액 내로 수송하기 위한 말토스 ABC transporter subunit들인 MalE, MalF, 그리고 MalG가 생성되

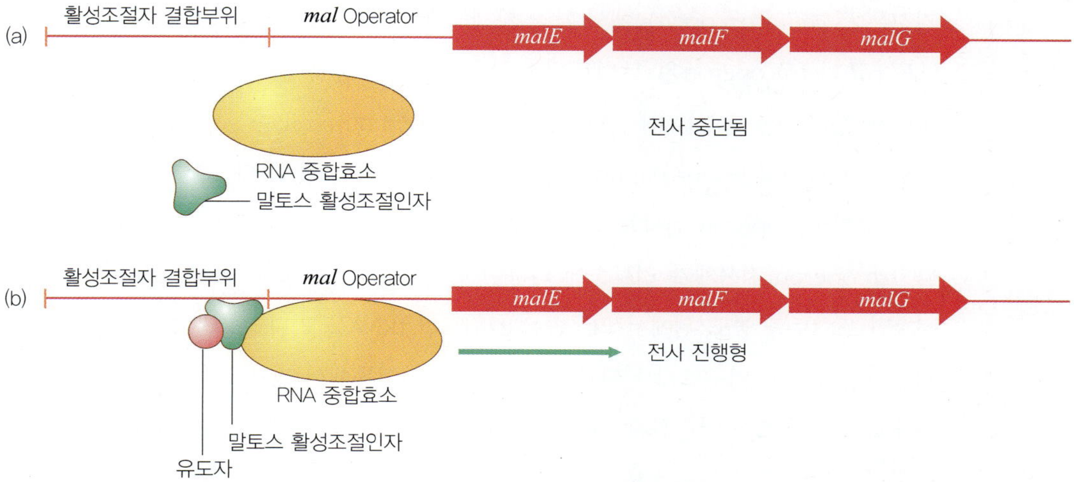

그림 5-4 *mal* operon의 증진

(a) 생장배지 내에 말토스가 존재하지 않을 경우 활성조절인자 MalT는 *mal* operon promoter에 결합하지 못하고 MalT가 결합하지 않은 *mal* promoter에 RNAP가 결합하지 못하여 *mal* operon의 전사가 일어나지 않는다.

(b) 생장배지 내에 말토스가 존재할 경우 말토스는 MalT에 결합하여 MalT를 활성화시키고 활성화된 MalT-말토스 복합체는 *mal* promoter/operator에 결합한다. MalT-말토스 복합체가 결합한 *mal* promoter/operator에 RNAP가 결합하여 *mal* operon을 전사시킨다.

자료 : Madigan MT, Martinko JM(2006). *Brock Biology of Microorganisms*, 11th ed. Pearson Education, Inc.

고 말토스를 분해 대사하여 생장을 가능하게 할 것이다. 이때 활성조절인자 MalT와 결합하여 MalT를 활성화시켜 주는 말토스를 조활성조절인자(coactivator)라고 한다.

4) 불완전전사 중단

이제까지는 억제조절인자, 활성조절인자 등의 조절단백질에 의한 유전자의 발현을 전사단계에서 조절하는 기전에 대하여 기술하였다. 하지만 미생물은 이미 전사가 시작된 유전자의 경우에도 더 이상 전사가 필요 없는 상황에서는 이미 시작된 전사를 중단하는 조절기전을 갖고 있다. 이러한 유전자의 전사 중단을 불완전전사 중단(attenuation)이라고 한다. 이러한 불완전전사 중단 기전은 세균의 경우 전사와 번역이 동시에 일어난다는 특징이 있어 가능한데, 번역단계에서 특정 아미노산이 세포 내에 이미 충분히 존재하면 특성 아미노산의 생성을 위해 필요한 효소의 전사 자체를 불완전하게 중단시킴으로써 불필요한 에너지의 낭비를 최대한 줄일 수 있다. 이러한 불완전전사 중단의 기전은 *E. coli*의 *trp* operon에서 가장 자세하게 연구되어 있다그림 5-5.

*E. coli*의 *trp* operon은 트립토판(tryptophan) 합성에 필요한 효소를 생성하는 operon이다. *trp* operon의 전사체(transcript)는 anthranilate syntase를 생성하는 *trpE*유전자 앞에 leader peptide를 생성하는 L 부위가 존재한다. 그림 5-5(a)에서 볼 수 있듯이 *trp* operon 전사체의 이 L 부위는 두 개의 연속된 트립토판 코돈을 갖고 있다. *trp* operon 전사체가 리보솜에 의하여 번역될 때 만약 세포 내에 트립토판 농도가 낮으면 트립토판 농도 위에서 리보솜은 트립토판 tRNA를 기다리느라고 다음 코돈으로 이동하지 못하고 머무르게 된다. 이렇게 트립토판 코돈에서 리보솜이 머무르게 되면 전사체의 2차 구조가 안전하게 되어 전사가 계속 진행되나, 만약 세포 내에 트립토판이 충분하여 리보솜이 트립토판 코돈에서 머무르지 않고 자나가면 전사체의 2차 구조가 불안전하게 되어 전사된 *trp* oepron 전사체의 전사가 불완전하게 중단된다.

이와 유사한 기전의 불완전전사 중단 조절기전은 *E. coli*의 다른 아미노산 생합성 관련 효소를 생성하는 operon들의 발현 조절에도 작용한다그림 5-5(b). 즉, 각각의 operon

(a)

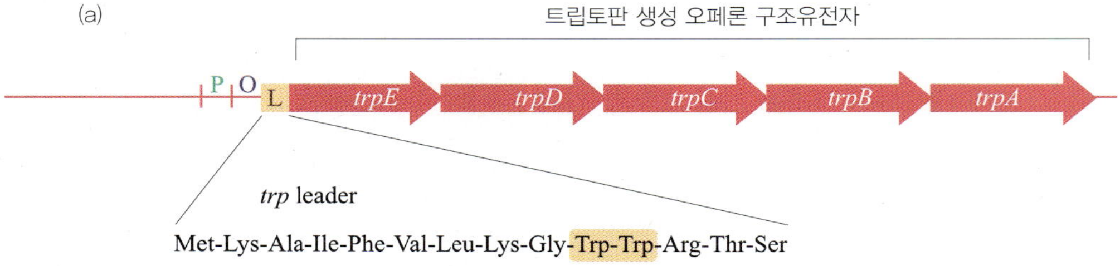

(b)

트레오닌	Met-Lys-Arg-Ile-Ser-Thr-Thr-Ile-Thr-Thr-Thr-Ile-Thr-Ile-Thr-Thr-Gly-Asn-Gly-Ala-Gly
히스티딘	Met-Thr-Arg-Val-Gln-Phe-Lys-His-His-His-His-His-His-His-Pro-Asp
페닐알라닌	Met-Lys-His-Ile-Pro-Phe-Phe-Phe-Ala-Phe-Phe-Phe-Thr-Phe-Pro

그림 5-5 불완전전사 중단

(a) *E. coli*에서 트립토판 합성효소를 생성하는 *trp* operon은 *trpE* 구조유전자 앞에 leader peptide를 코딩하는 L 부위를 갖는다. *trp* operon의 전사체에서 L 부위는 트립토판 코돈을 두 개 갖고 있으며, 전사와 동시에 진행되는 번역단계에서 세포 내에 존재하는 트립토판 농도에 따라 이 코돈 위에서 리보솜이 머무는 시간이 달라지게 되며, 전사가 계속 진행되거나 불완전하게 중단된다(P : promotor, O : operatior, L : leader sequence).

(b) 유사한 기전으로 다양한 아미노산 생합성효소를 생성하는 operon의 발현이 불완전전사 중단 기전에 의하여 조절된다. 각 operon의 전사체는 해당 아미노산이 많이 포함된 leader peptide를 코딩하는 L 부위를 갖는다.

자료 : Madigan MT, Martinko JM(2006). *Brock Biology of Microorganisms*, 11th ed. Pearson Education, Inc.

의 전사체에는 leader peptide를 coding하는 L 부위를 갖고 있으며, 각 L 부위는 각각 아미노산을 코딩하는 코돈들이 많이 위치한다. 따라서 각 operon의 전사체가 번역될 때 각각의 세포 내에 존재하는 각각의 아미노산 농도에 따라 리보솜의 머무르는 시간이 달라지며, 리보솜이 각 아미노산 코돈에서 머무르는 시간에 따라 전사체의 이차구조가 바뀌게 되고, 결국 전사가 불완전하게 중단되거나 또는 계속 진행된다.

2. 포괄적 조절 및 조율

하나의 조절자 또는 조절체계에 의하여 다양한 유전자가 함께 조절되는 현상을 포괄적 조절(global regulation)이라고 한다. 한 예로 *E. coli*의 경우, 생장배지 내에 글루코스(glucose)가 존재할 때에는 말토스나 락토스 등의 좀 더 대사하기 어려운 탄수화물을 이용한 에너지 생산 대사과정에 참여하는 효소들을 생성하는 유전자들은 낮은 수준에서 발현된다. 하지만 글루코스가 존재하지 않을 때는 CAP(catabolite activator protein 또는 cAMP receptor protein의 약자로 CRP라고도 함)가 락토스나 말토스 등의 다양한 탄수화물을 이용하여 에너지를 생성하는 데 필요한 유전자들의 발현을 포괄적으로 증진시킨다. 생장배지 내에 글루코스가 존재하면 세포 내에 cyclic AMP(cAMP)의 농도가 낮아지나, 만약 포도당이 존재하지 않으면 세포 내에 cyclic AMP(cAMP)의 농도가 증가하게 된다그림 5-6. CAP는 단독으로는 활성이 없어 유전자 발현을 활성화시키지 못하나, cAMP와 결합하게 되면 비로소 활성을 갖게 되고 다양한 탄수화물 대사 효소를 생성하는 유전자 등의 발현을 포괄적으로 증진시키게 된다.

이러한 포괄적 조절의 또 다른 예로 *E. coli*에서 시그마 팩터 54(sigma 54, RpoN)와 조절인자 NtrC에 의하여 포괄적으로 조절되는 다양한 질소대사 관련 유전자들의 발현을 들을 수 있다. 이외에도 활성산소(reactive oxygen species)들의 농도가 증가하는 스트레스에 반응하고 적응하기 위하여 필요한 다양한 유전자들의 발현이 OxyR이라는 조절인자에 의하여 포괄적으로 조절된다. 이처럼 하나의 포괄적 조절인자(global regulator)가 다양한 유전자를 조절하는 것은 각 유전자들의 발현이 조화롭게 조율(coordination)될 수 있다는 측면에서 미생물에게 필요한 조절기전일 것이다표 5-1.

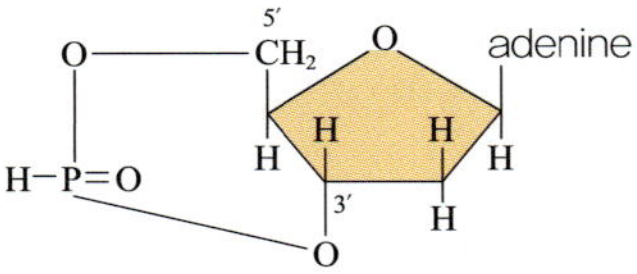

그림 5-6 cyclic AMP(cAMP)의 구조

cAMP는 catabolite activator protein과 결합하여 다양한 유전자들의 발현을 증진시킨다.

자료 : Madigan MT, Martinko JM(2006). *Brock Biology of Microorganisms*, 11th ed. Pearson Education, Inc.

표 5-1 *Escherichia coli*에 알려진 포괄적 조절체계의 예

조절체계	신호	조절단백질의 주요 활성	조절되는 유전자의 수
호기적 호흡	O_2의 존재	Repressor(AcrA)	50개 이상
혐기적 호흡	O_2의 부재	Activator(FNR)	70개 이상
대사 억제	Cyclic AMP의 농도	Activator(CAP)	300개 이상
열 처리	온도	Alternative sigma(σ32)	36개
질소 이용	NH_3 부족	Activator(NR1)/alternative sigma (σ54)	12개 이상
산화적 스트레스	산화제	Activator(OxyR)	30개 이상
SOS 받음	손상된 DNA	Repressor(LexA)	20개 이상

자료 : Madigan MT, Martinko JM(2006). *Brock Biology of Microorganisms*, 11th ed. Pearson Education, Inc.

3. 단백질 활성의 조절

앞에서 기술한 다양한 조절 기전을 통하여 발현된 유전자의 전사체인 mRNA는 번역 과정을 통하여 각 유전자의 최종산물(gene products)인 효소 등의 단백질을 생성하게 한다. 하지만 경우에 따라서 이렇게 생성된 단백질의 활성 역시 조절된다. 그림 5-7에서 활성이 조절되는 효소를 예로 소개하고 있다. 즉, 이렇게 활성이 조절되는 효소는 활성부위(active site) 외에 조절부위(effector site)를 갖고 있는데, 조절부위에 영향인자(effector)가 결합하면 활성부위의 활성이 변한다. 이러한 효소를 서로 다른 부위들을 갖고 있는 효소라는 뜻으로 알로스테릭(allosteric) 효소라고 한다.

만약 효소의 조절부위에 영향인자가 결합하여 효소의 활성이 증가하면 활성(activation)이라고 하고, 만약 활성이 감소하면 저해(inhibition)라고 한다. 이렇게 미생물은 효소를 생성하는 유전자의 전사를 조절함으로써 세포 내 효소의 수준을 조절하는 방법 외에도 이미 생성된 효소의 활성을 조절하여 변하는 환경에 대응하여 좀 더 신속하고 세밀하게 대사작용을 조절할 수 있을 것이다.

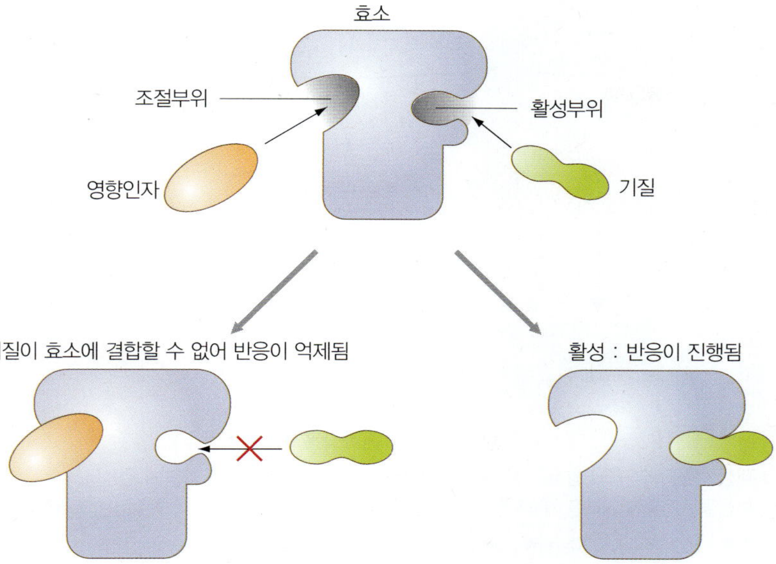

그림 5-7 효소활성의 조절

알로스테릭 효소의 경우 영향인자가 조절부위(effector site)에 결합하면 활성부위(active site) 구조에 영향을 주게 되어 효소의 활성을 조절하게 된다.

자료 : Madigan MT, Martinko JM(2006). *Brock Biology of Microorganisms*, 11th ed. Pearson Education, Inc.

4. 대사 조절

미생물을 포함하는 유기체(organism)를 무생물과 구분하는 특성 중 하나는 유기체는 물질대사를 하여 생장한다는 것이다. 즉, 그림 5-8에서 볼 수 있듯이 주위의 기질(substrates)을 이용하여 에너지를 생성하고 생성된 에너지를 이용하여 세포 구성물질(cellular constituents)을 생성한다. 주위에 물질을 단량체(monomer) 등의 좀 더 energy level이 낮은 물질로 분해하여 에너지(ATP)를 생성하는 과정을 이화과정(catabolism)이라 하고, 생성된 에너지를 이용하여 고분자(macromolecules) 등의 세포 구성물질을 생성하는 것을 동화작용(anabolism)이라 한다.

즉, 자연계에서 주어진 환경에서 미생물은 최대한의 효과적인 생장을 그 목표로 이러한 이화작용과 동화작용의 균형을 잘 조절할 것이다. 하지만 미생물이 생성하는 유용한 물질을 획득하고자 하는 목표로 미생물을 배양하는 경우 기질이나 에너지가 미생물 자체의 생장보다는 유용한 물질을 생성하는 데 사용될 수 있도록 미생물의 조절기전을

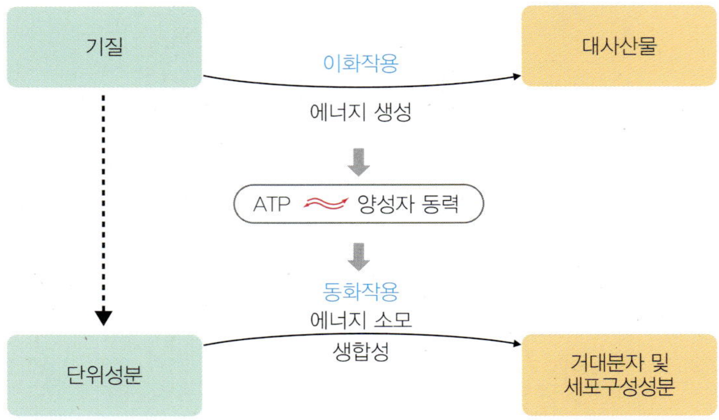

그림 5-8 이화작용과 동화작용

미생물은 이화작용을 통하여 전구체를 분해하여 에너지(ATP와 양성자 동력)를 얻는다.
미생물은 이렇게 얻어진 에너지를 이용하여 전구체로부터 세포 구성물질을 합성하는 동화작용을 한다.

자료 : Madigan MT, Martinko JM(2006). *Brock Biology of Microorganisms*, 11th ed. Pearson Education, Inc.

제어하여야 할 것이다. 이러한 목표를 달성하기 위하여 본 절에서는 미생물의 대사경로, 특히 식품산업에서 중요한 역할을 하는 대사경로의 조절기전을 소개하고자 한다.

1) 피드백 조절

주로 동화작용에서 대사의 최종산물이 주로 대사경로의 초기단계에서 작용하는 효소의 생성 또는 활성을 조절함으로써 대사경로를 조절하는 기전이다. 이때 대사경로의 최종산물이 해당 효소의 생성유전자의 발현을 억제하여 효소 생성을 억제하면 피드백 억제(feed-back repression)라고 하며, 만약 대사경로의 최종산물이 해당 효소의 활성을 억제하면 피드백 저해(feed-back inhibition)라고 한다. 하지만 많은 경우 억제와 저해는 동시에 작용하여 세포가 필요한 만큼의 최종산물이 존재할 경우 필요 이상의 최종산물의 생성효소의 생성이나 활성을 조절하여, 최종산물의 생성을 효과적으로 억제하고 더 이상의 값비싼 전구물질의 낭비적인 사용을 억제한다. 그림 5-9에서 볼 수 있듯이 최종산물의 세포 내 농도가 증가하면 첫 번째 효소인 효소 A의 생성을 억제와 불완전전사 중단에 의하여 중단할 뿐만 아니라 이미 생성된 효소 A의 활성이 최종산물에 의하여 저해되기도 한다.

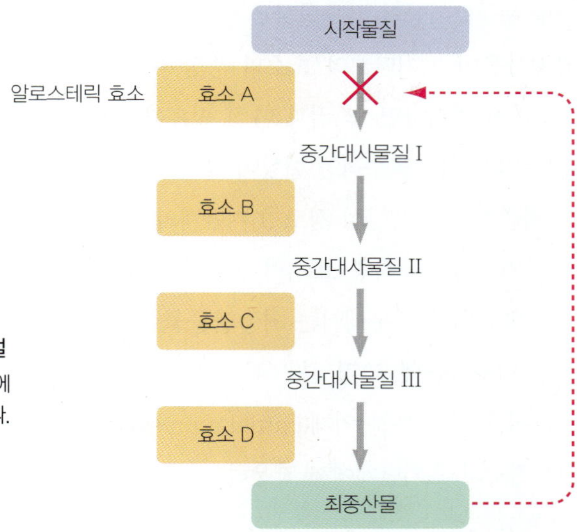

그림 5-9 단순 대사경로의 피드백 조절
대사경로의 최종산물이 대사경로의 초기단계에서 작용하는 효소의 생성 또는 활성을 조절한다.
자료 : Madigan MT, Martinko JM(2006). *Brock Biology of Microorganisms*, 11th ed. Pearson Education, Inc.

2) 가지대사경로

많은 대사산물 생성의 생합성 경로(biosynthetic pathway)의 경우 일정 부분의 생합성 경로를 공유하고 다시 나뉘어져 서로 다른 최종산물을 생성하는 가지대사경로(branched pathway)로 구성되어 있다그림 5-10, 5-11. 따라서 이러한 가지 생합성 경로의

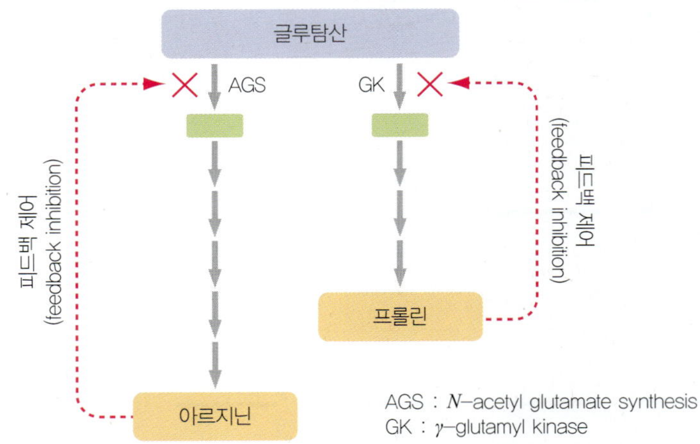

그림 5-10 가지대사경로의 조절
각 가지대사경로에서 생성된 최종산물이 각 가지의 분기점에서 작용하는 효소의 활성을 조절한다.
자료 : Madigan MT, Martinko JM(2006). *Brock Biology of Microorganisms*, 11th ed. Pearson Education, Inc.

경우 두 개 이상의 최종산물을 생성한다. 이러한 경우 필요한 수준으로 생성된 하나의 최종산물이 초기단계의 효소의 생성이나 활성을 피드백 억제나 피드백 저해에 의하여 완전하게 억제하면 그 결과 아직 필요한 수준으로 생성되지 못한 다른 최종산물의 생성도 억제되는 부수적인 현상이 생긴다. 따라서 이러한 가지 생합성 경로의 경우 각각의 최종산물이 생합성 경로 초기단계의 효소 생성이나 활성을 피드백 조절보다는 각각의 분기점에 작용하는 효소의 생성이나 활성을 억제한다그림 5-10.

그러나 일부 경우에서는 최종산물들이 생합성 경로 초기단계의 효소의 생성이나 활성을 억제하는데, 그럴 경우 각각의 최종산물은 효소의 생성이나 활성을 완전하게 억제하질 못하고 부분 억제(partial repression or inhibition)를 한다. 각각의 최종산물이 대사경로의 초기단계에서 작용하는 효소의 활성을 부분 억제하는 방법은 다음과 같이 다양하다그림 5-11.

(1) Differential regulation by isoenzymes

알로스테릭 효소 중 catalytic 활성은 동일하나 서로 다른 effector에 의하여 조절되

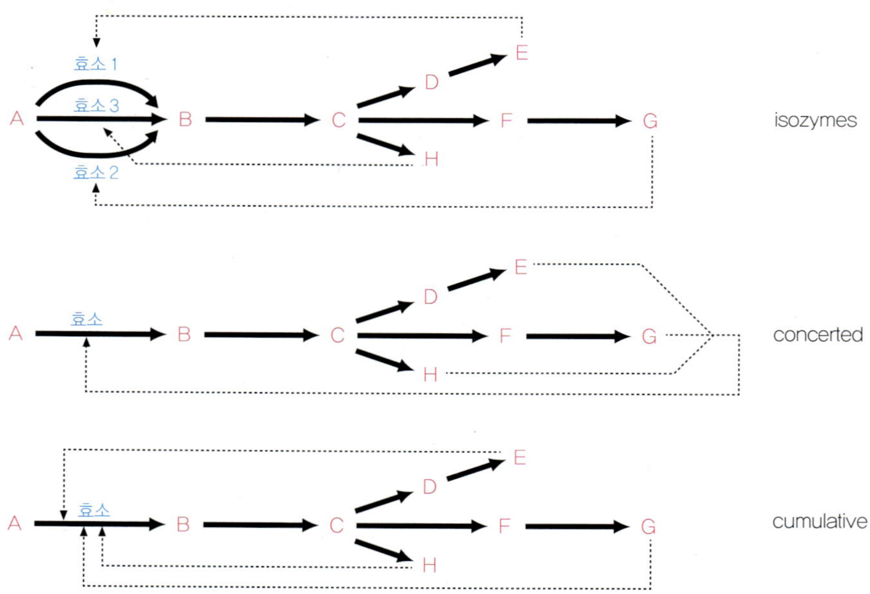

그림 5-11 가지대사경로의 조절
각 가지대사경로의 최종산물이 초기단계 효소의 활성을 다양한 방법을 통하여 부분적으로 조절한다.
자료 : Wang DIC et al.(1979). *Fermentation & Enzyme technology*. John Willey & Sons.

는 효소를 아이소자임(isoenzyme)이라 한다. 그림 5-11에서 볼 수 있듯이 전구체 A를 B로 전환하는 반응은 효소 1, 효소 2, 효소 3 세 가지의 아이소자임에 의하여 촉매된다. 그러나 각 아이소자임들은 최종산물 E. G. H에 의하여 피드백 저해된다. 만약 최종산물 E가 충분하게 생성되었으나 아직 G와 H가 부족한 경우 아이소자임 E1만 피드백 조절을 받아 활성이 억제된다. 그러나 아직 효소 2와 효소 3은 활성을 유지하기 때문에 최종산물 E가 충분하게 생성된 후에도 G와 H를 계속 생성할 수 있다. 만약 최종산물 E, G, H 모두가 충분한 수준으로 생성되어 세포 내에 축적될 경우 아이소자임 효소 1, 효소 2, 효소 3, 모두가 억제되므로 결국 A를 B로 전환하는 반응은 더 이상 진행되지 않을 것이고, 최종산물 E, G, H의 생성은 중단될 것이다.

(2) Concerted feedback regulation

알로스테릭 효소 중 활성부위는 하나이나 조절부위는 여러 개를 갖고 있는 효소가 있다. 이들 효소의 활성은 하나의 영향인자에 의하여 조절되지를 않고 여러 개의 영향인자 모두가 각각의 조절부위에 동시에 결합할 경우에만 효소의 활성이 억제된다. 이렇게 효소의 활성을 다양한 최종산물 등의 영향인자가 모여서 조절하는 것을 concerted regulation이라 한다. 예로, 그림 5-11에서 A를 B로 전환하는 효소의 활성은 최종산물 E, G, H 중 하나에 의하여서는 조절되지 않으나 세 개의 최종산물 모두가 세포 내 수준이 충분하게 높을 경우 억제되어 최종산물 E, G, H의 생성을 중단하게 한다.

(3) Cumulative feedback regulation

활성부위는 하나이나 조절부위는 여러 개를 갖고 있는 알로스테릭 효소의 조절기전이다. 이들 효소의 활성은 각각의 영향인자에 의하여 조절되지만 그 조절 정도는 부분적이고, 각각 영향인자의 영향은 축적되어 여러 개의 영향인자 모두가 각각의 조절부위에 동시에 결합할 경우에만 효소의 활성이 완전하게 억제된다. 이렇게 효소의 활성을 다양한 최종산물 등의 영향인자들의 효과를 축적하여 조절하는 것을 cumulative regulation이라 한다. 예로, 그림 5-11에서 A를 B로 전환하는 효소의 활성은 최종산물 E, G, H 각각에 의하여서 조절되나 그 효과는 부분적이다. 미생물은 세 개의 최종산물 모두가 세포 내 수준이 충분하게 높을 경우 각각 최종산물의 효소 활성 억제 효과를 축적하여서 결국 효소의 완전한 억제를 달성하며, 결국 최종산물 E, G, H의 생성을 중단하게 한다.

3) Quorum sensing regulation

세균은 낮은 밀도로 존재할 때와 높은 밀도로 존재할 때 서로 발현하는 유전자의 종류가 다르다. 이렇게 미생물의 밀도에 따라 유전자의 발현을 조절하는 현상을 세포 밀도인식 유전자 발현 조절(cell-density dependent gene regulation) 또는 quorum sensing이라고 한다. Quorum sensing에 의한 유전자 발현 조절에 대한 연구는 공생 발광세균인 *Vibrio fischeri*와 *Vibrio harveyi*의 발광 유전자(luminescence genes)인 *lux* operon의 조절기전을 통하여 가장 많이 연구되었다. 즉, 예로 *V. fishceri*가 바닷물 속에서 낮은 밀도로 존재할 때는 자신의 LuxI에 의하여 생성되는 신호물질인 autoinducer(AI)가 주위로 확산되며, 세포 내 AI의 농도는 낮게 유지되며 LuxR은 AI와 결합하지 못하여 활성을 갖지 못한다그림 5-12(a). 하지만 만약 *V. fischeri*가 숙주의 발광기관(light organ) 내에 제한된 공간 내에서 높은 밀도로 존재할 때는 세포 내 AI의 농도가 일정 수준 이상으로 농축되고 결국 quorum sensing 조절자인 LuxR 단백질과 결합하게 된다. 활성이 없던 LuxR에 AI가 결합하면 LuxR-AI 복합체는 비로소 활성형으로 전이되어 *lux* operon의 발현을 증진시킨다그림 5-12(b). 이러한 sensing에 의한 발광 유전자의 발현은 *V. fischeri*가 숙주의 발광기관에서 빛을 내지만 바닷물 속에서는 필요 없이 빛을 내지 않도록 해준다.

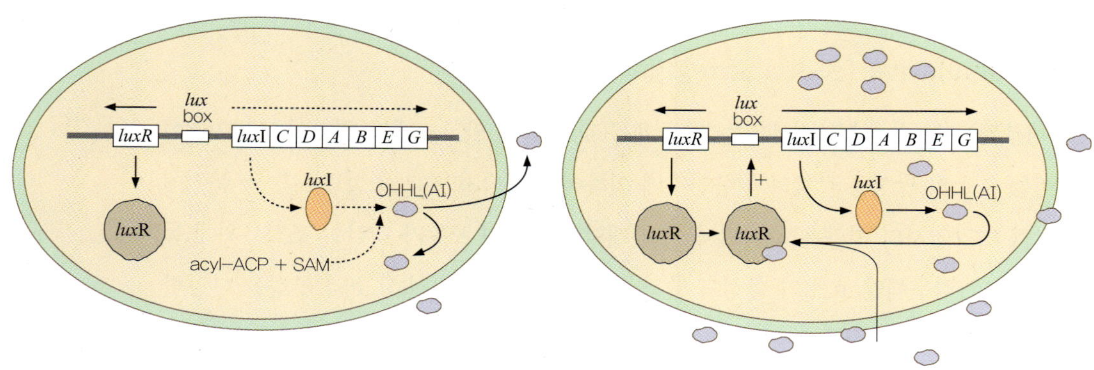

그림 5-12 *Vibrio fischeri* LuxI/LuxR quorum sensing 조절기전

(a) *V. fischeri*가 바닷물에 낮은 밀도로 존재할 때 세포 내에 AI의 농도가 낮아 발광 operon의 조절자인 LuxR은 활성이 없는 형태로 존재하며 발광 operon은 발현되지 않는다.

(b) *V. fischeri*가 공생생물의 발광기관에 높은 밀도로 존재할 때 세포 내 AI의 농도가 특정 수준 이상으로 증가하게 되면, LuxR은 AI와 결합하여 활성을 갖게 되며, 발광 operon의 발현을 활성화시킨다.

자료 : S. H. Choi(2009). unpublished data.

이러한 quorum sensing은 식품미생물의 대사산물 생성 유전자의 발현에도 관여한다고 보고되고 있다. 한 예로, *Lactobacillus lactis*에 의한 펩타이드 항미생물물질(anti-microbial agents)인 니신(nisin)의 생성이 quorum sensing에 의하여 조절된다고 보고되고 있다.

Chapter 6

발효의 원리

1. 배양방법의 분류
2. 발효공정의 일반적 단계
3. 발효조의 구조 및 종류

식생활에 있어 미생물을 이용한 발효는 주로 효모를 이용한 알코올 발효나, 젖산균을 이용한 젖산 발효와 같이 산소의 공급을 필요로 하지 않는 혐기성 발효와 초산균을 이용한 초산 발효, 곰팡이를 이용한 고지(koji) 제조, 치즈 표면의 곰팡이 발효 등과 같이 산소를 필요로 하는 호기적 발효로 구별해 볼 수 있다.

이러한 발효식품들은 초기에 전통적인 발효 생산으로 시작하였으나, 1933년 플라스크를 진탕시킴으로써 공기의 공급을 촉진시켜 단시간 내에 미생물을 균일화하게 증식시키는 방법이 개발되었는데 이것이 진탕배양법이다. 정치배양법은 오늘날에도 식초 생산에 이용되고 있으나 진탕배양법의 원리는 그 후 심부배양법의 기초가 되었다.

배양 형식은 미생물을 적당한 영양원과 기타 조건을 조절한 액체배지에서 생육시키는 액체배양과 적당한 수분을 함유하는 고체배지에서 생육시키는 고체배양으로 대별되며, 발효형식은 회분배양과 연속배양 또는 유가배양 등으로 구분할 수 있다.

1. 배양방법의 분류

1) 배지의 종류에 따른 배양법

(1) 액체배양법

① 표면배양법

표면배양은 호기적 정치배양으로 용기 내의 배양액량에 대하여 그 표면적을 크게 하여 기—액 계면에서 액체 측으로 산소 이동을 촉진시켜 용존산소 형태로 미생물에 공급하는 배양법이다.

액체 표면배양은 영양물질이 함유되어 있는 액체를 살균한 후 종균을 접종하여 배양함으로써 액체의 표면에서 균을 번식시키는 방법으로 균막은 항상 공기와 접촉되어 있고 또 액체표면에서 용해한 용존산소를 미생물이 잘 이용할 수 있으므로, 특별히 산소를 공급할 필요가 없다. 이와 같이 표면배양은 호기적 발효에 사용되며, 한 가지 유의할 점은 균이 번식할 수 있는 표면이 한정되어 있기 때문에 발효액의 층이 너무 깊지 않도록 하여야 한다. 이 방법은 현재 식초 발효나 구연산 발효에 이용되고 있다.

② 진탕배양법

통기배양법의 일종으로서 왕복진탕기 또는 회전진탕기에 삼각플라스크 또는 둥근바닥 플라스크 등을 고정시켜 배양액을 연속 진탕함으로써 통기와 교반을 효과적으로 할 수 있다. 통상 배양병에는 수십~수백 mL의 배양액을 넣어 배양하며, 될 수 있는 한 순수한 균을 다량 접종하는 것이 좋다.

③ 심부배양법

표면배양에서는 공기 측에서 배양액 측으로 산소 이동이 발효 촉진의 제한인자로 되는 수가 많다. 그래서 공기를 강제적으로 배양액 중에 공급하고 미립화한 기포를 가능한 한 배양액 중에 체류시키는 방법을 택하면 표면배양에 비하여 배양액에 산소의 용해를 촉진할 수가 있다. 발효조는 종형으로 발효조의 저부에서 통기하여 송입된 공기를 교반날개에 의하여 미립화하여 산소용해를 촉진한다. 이와 같이 발효조 저부에서 자연확산에 의하여 산소를 용해시키는 통기 교반 배양법을 심부배양법이라고 한다. 이때 공기는 압축기에 의하여 발효조 저부에 송입하나 발효조의 입구에서 공기여과기로 공기 중에 존재하는 잡균을 제거하여 무균공기로 보내진다.

교반은 산소를 용해시키는 것을 주목적으로 다른 배양액 특히 존재하는 미생물을 발효조 내에 균일하게 분산시키고 또한 열 분산의 촉진, pH를 조절하기 위하여 첨가된 산 또는 알칼리의 균일 분산 등을 위해서도 중요하다.

(2) 고체배양법

고체배양법은 적당한 수분을 가지는 고체기질의 표면에 미생물을 직접 배양하는 방법이다그림 6-1. 고체배양은 실험실에서 흔히 한천 고체배지 등을 사용하지만, 공장에서는 영양물질이나 수분을 조정한 한천배지와는 달리 농산물이나 그 폐기물을 이용하므로 이들에서는 미생물 세포 내의 삼투압과 균형이 맞는 조건을 만들기 어려우므로 모든 미생물이 잘 생육하지는 못한다. 그러나 일반적으로 곰팡이는 세포 내 삼투압이 세균에 비하여 높으므로 잘 생육을 할 뿐만 아니라 곰팡이의 포자형성은 호기성하에서 잘 되므로 고체의 표면배양이 적합한 면도 있다. 따라서 농산물 또는 그 폐기물에 수분을 적당하게 포함시킨 상태로서 발효원료로 사용한다면 세균 등의

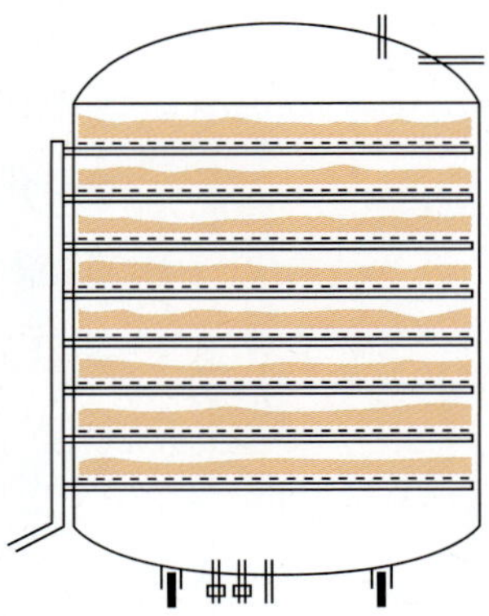

그림 6-1 고체배양법

생육을 방지하면서 곰팡이를 우선적으로 생육시킬 수가 있어 발효 생산이라든지 균체 단백을 부가한 사료로의 변환 등을 기대할 수 있다. 고체배지와 공기와의 접촉형식에 따라 다음의 세 가지로 분류할 수 있다.

① 정치배양

배지를 수 cm 이하의 얇은 층으로 하여 배양하고 배지의 온도는 배양실의 실온으로 제어한다. 공기는 자연 환기 또는 표면 강제통풍으로 흘려보낸다.

② 통기배양

퇴적배양이라고도 한다. 금망 또는 다공판 위에 배지를 수십 cm의 두께로 퇴적하고 바람을 상향 또는 하향으로 배지층을 관통하여 흘려보낸다. 풍온에 의하여 배지의 온도제어를 한다.

③ 유동층배양

금망 또는 다공판 위에 분말상태의 배지를 실어 상향 바람으로 유동층의 상태를 형성시켜 배양한다. 풍온에 의하여 배지의 온도제어를 한다. 층 두께는 수 m까지 가능하다.

2) 기질의 공급방식에 따른 배양법

(1) 회분배양

회분배양은 보통 처음 공급한 원료기질이 모두 소비될 때까지 목적물의 발효생산을 계속시키는 방법이며, 현재 대부분의 발효공업이 회분 발효 형식을 택하고 있다. 그 기본공정은 적당한 배지를 넣은 플라스크에 종균을 배양하여 이것을 종모 발효조에 옮겨 필요량의 균체를 증식시켜 육성한 종모를 모든 조건을 조정하고 살균한 원료를 넣은 주 발효조에 적당량을 이송, 접종하여 균의 증식과 목적물의 발효 생산을 한다.

(2) 연속배양

발효조에 신선한 배지를 연속해서 일정한 속도로 공급하면서 동량의 배양액을 연속적으로 배출시켜 발효조 내의 액량을 항상 일정하게 유지하도록 고안한 배양방법이다.

표 6-1 연속배양의 장단점

장점	단점
① 고효율	① 생성물 농도 낮음
② 생산비 낮음	② 오염문제
③ 품질관리가 용이	③ 균주의 변이, 퇴화
④ 자동화가 용이	④ 공정조작 의존성 큼
⑤ 여러 단계별 이용	
⑥ 기초 연구의 좋은 도구	

보통 회분배양에서는 기질농도, 용존산소의 농도, 대사생성물의 농도, pH 등의 환경조건이 배양조건의 배양시간과 더불어 각각으로 변화하지만, 연속배양에서는 이들 인자가 항상 일정하게 유지되고 또한 인위적으로 증식속도를 임의로 조절할 수 있는 것 등이 특징이라 하겠다. 연속배양의 장단점은 표 6-1과 같다.

① 케모스탯(chemostat)

기질 농도, 생산물 농도, pH 등 배양액 중의 모든 화학성분 농도, 즉 환경인자를 일정하게 유지하는 연속배양법

② 터비도스탯(turbidostat)

배양액 중의 균체 농도를 지표로 해서 균체 농도가 일정하게 유지되도록 배지 공급 및 배출 속도를 제어하는 방법으로 광전비탁계로 배양액의 탁도를 조절하여 균체 농도를 일정하게 유지하는 연속배양법

(3) 유가배양

회분배양에서 배양액을 빼내는 일없이 배지를 연속 또는 간헐적으로 공급하는 배양법을 유가배양법이라고 한다. 유가배양법의 장점은 배양액 중의 기질 농도를 임의로 제어할 수 있다는 것이다.

유가배양법에서 기질은 적당한 속도로 첨가되며 또한 유출이 없기 때문에 공급되는 기질의 양과 미생물에 의한 소비량과의 균형을 유지함으로써 기질을 자유롭게 제어할 수 있다.

- 증식 저해를 가져오는 물질을 기질로 하는 경우
- 어떤 기질의 농도가 높아지면 목적 생산물의 생성이 억제되는 경우
- 영양요구성 균주의 배양에서 요구물질을 첨가하는 경우

이상의 배양에서 이들 특정물질의 농도를 적당한 값으로 유지시켜 증식 또는 대사산물의 생산을 유지시키는 데 필요한 양을 공급함으로써 효율 좋은 발효생산을 행하는 데에 적합한 배양방법이다.

① 균등 유가배양법(정속 유가배양법)

기질의 공급 속도를 일정하게 유지하며 배양하는 유가배양법

② 지수적 유가배양법

미생물의 대수증식기를 장시간 유지시켜 배양시간을 단축시키거나 고농도 배양을 위한 대수증식을 유지하도록 기질을 공급하는 유가배양법

③ 피드백 조절의 유가배양법

배양계의 변화를 조사하여 그 변동을 지표로 유가속도를 조정하는 최적의 유가배양법

3) 특수배양법

(1) 동조배양법

세포집단을 분별여과, 원심분리와 같은 기계적인 방법이나 온도, 영양조건 등 미생물의 생리적 조건을 조정하여 일정한 성장기의 세포만을 선택적으로 모아 이것을 배지에 옮기면, 몇 세대에 걸쳐 일정한 시간 간격마다 단계적으로 생균수가 두 배로 증가하게 된다.

이와 같이 세포가 집단으로 균일한 분열을 반복해 가는 배양법을 동조배양(synchronous culture)이라 하며, 분열 직후에서 직전까지의 세포의 생리·생화학적 연구에 널리 쓰인다.

① 생리적 조건의 조정에 의한 동조화

- 정지기 배양 방식 : 신선한 배지에 접종하여 동조적으로 배양
- 배양온도의 조정방식 : 성장적온 이하로 성장저해시킨 후 적온으로 상승하여 동조적으로 배양
- 영양조건의 조정방식 : *E. coli*의 변이주를 사용하여 티민만 가하지 않은 배지에 배양시킨 후 티민을 첨가하여 동조적으로 배양
- 광선의 조정방식 : 단세포인 클로렐라(chlorella) 세포의 생장을 광에 의존하는 단계와 무관계의 단계를 이용하여 동조적으로 배양

② 기계적 또는 물리적 방법에 의한 동조화

- 기계적 선별법 : 아메바(amoeba) 같은 비교적 큰 세포는 현미경으로 관찰하면서 어느 일정한 성장기의 세포만을 모은다.
- 분획 원심분리법 : 세포는 성장의 시기에 따라 크기가 다르므로 분획원심법에 의하여 대소의 세포균을 분획할 수 있다.
- 분획 여과법 : 종이 크로마토그래피(paper chromatography)를 이용하여 세포를 여과하는 방법이다.

(2) 투석배양

투석배양은 투석막을 통해서 분자량 등 조절된 물질을 통과시키면서 미생물을 배양하는 방법이다.

① 셀로판 백(cellophane bag)법

청주효모와 청주유산균과의 혼합배양을 목적으로 셀로판 막으로 막은 이중 배양관을 사용한다. 셀로판 백은 내외관 간의 솜마개로 지지하기 때문에, 이 방법은 정치배양에서는 적합하지만, 진탕배양이나 통기배양 등에는 변형을 통해 배양하여야 한다.

② 게르하르트(Gerhardt)의 투석 플라스크

진탕배양에 의하여 행하기 때문에 용량에 한계가 있지만, 투석막, 균종 또는 배지조성, 기타 조건을 다수 동시에 검토하는 데 유리하다.

2. 발효공정의 일반적 단계

발효산물 생산을 위한 발효공정의 전반적인 단계는 첫째는 종균의 보존관리, 둘째는 종균의 증식, 셋째는 발효 전 배양단계, 넷째는 발효 생산단계로 나눌 수 있다그림 6-2.

1) 1단계 : 종균의 보존

생산균주의 장기간에 걸친 보존은 실제적인 발효를 위해서 꼭 필요한 조치로서 보관균주는 일정 주기로 새로운 배지에 옮겨줌으로써 생존은 물론 생산물을 생성하는 능력도 보존되어야 한다. 생산력이 높은 균주들은 균주 선별과정 동안에 일차대사에 손상을 받기 쉽고 이러한 균주는 연속적인 이식과정 동안 자연돌연변이에 의해 종종 퇴화되는 경우가 있다.

보존의 목적은 세포분열 없이 가능한 한 오랫동안 균주를 유지시키는 것이다. 보존균주들은 매 사용 시 활성도를 반드시 검사하여야 한다. 균주에 따라서는 선별과정을 주기적으로 해야 하는 것도 있다. 모(母)균주들로부터 활성균주를 선별해내는 것이다. 활성균주들은 오염도와 산물 생산능력을 검사한 후 사용될 때까지 보존 관리해야 한다. 또한 각 균주들마다 각 공정에 따라 최적의 보존방법을 개발해야만 한다.

2) 2단계 : 종균배양

보존되고 있는 미생물을 액체배지에서 진탕배양하거나 또는 포자 형성이 필요할 때

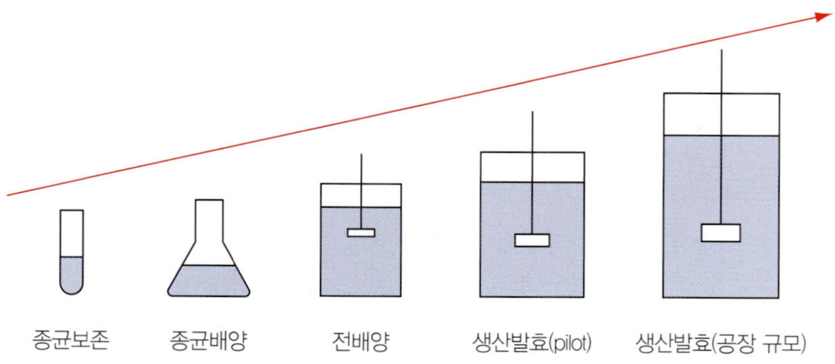

그림 6-2 scale up

는 고체배지에서 배양시킨다. 배지 종류, 배양온도와 같은 배양의 초기에 사용되는 조건은 균종에 따라 다르겠으나 동결건조한 균은 일주일 전후 배양하고, 냉동보관한 세균은 1~5일, 곰팡이는 1~7일이면 성장하기 시작하는 것을 관찰할 수 있다.

소규모 발효조를 위한 종균을 얻기 위해서는 많은 플라스크를 써서 진탕배양한다. 접종하기 위해 포자와 배지를 합한 전체배지는 트윈80과 같은 계면활성제를 써서 잘 섞어주고, 소규모 발효조로 옮겨준다.

종균의 적당한 배양은 그 후에 있을 최종 생산공정의 규모에 매우 중요한 관건이 된다. 종균배양할 때 관여된 유도 및 억제현상도 생산율에 영향을 미칠 수 있다.

3) 3단계 : 전배양

대규모 발효조에 필요한 종균배양액을 공급하기 위해서 전배양을 해야 한다. 만약 본발효 생산에 너무 소량의 종배양액을 접종하게 되면 성장이 지연되고 산물의 생성속도가 만족스럽지 못하게 된다. 생산발효의 최적종균농도에 따라 전배양의 단계수가 결정된다. 이런 전배양액은 통상 생산발효액량의 5~10%를 준비하여야 한다.

4) 4단계 : 생산발효

발효에 따라 다양한 크기와 여러 종류의 반응조가 사용된다. 정밀 발효산물 생산에 는 1~20 kL의 발효가 쓰이나 항생물질 생산에는 보통 40~150 kL의 발효조가 쓰이고 효소 생산에는 100 kL 이상이 쓰이며 아미노산 생산에는 450 kL 발효조가 쓰이기도 한다. 생산용 영양배지는 사용되는 성분들뿐만 아니라 어떻게 영양배지가 조성되는가 하는 것도 중요하다. 최적화시켜야 하는 요소는 다음과 같다.

- cm^3 = 1 mL
- 10 cm×10 cm×10 cm = 1,000 cm^3 = 1 L
- $m^3 = (100)^3 cm^3 = 10^6 cm^3$ = 1 kL

- 성분물질의 조성 및 양, 탄소/질소의 비율, 불순물, 각 발효조 간의 차이 등
- 성분물질의 현탁액의 등급, 멸균 전후의 pH 값, 전체배양액의 성분이나 개개의 구성물질에 대한 멸균과정의 영향
- 접종 전의 온도 및 통기율의 증가에 의한 멸균 배양성분의 변화

3. 발효조의 구조 및 종류

1) 발효조의 기본적 조건

산업적 발효공정에서 대규모 발효조를 사용한 초기대상은 제1차 세계대전(1914~1918) 시 아세톤의 심층배양에 의한 발효 생산과 1930년대 유럽에서의 압착효모의 생산이었다. 그 외의 1940년대까지의 주된 발효산물 생산은 주로 에탄올, 글리세롤, 아세트산, 시트르산 등의 발효 대사산물과 효소류를 들 수 있다. 1940년대 이후 페니실린의 발효 생산에서 본격적인 발효조가 건설되었는데(1943년), 이때의 규모는 45,000 kL였고, 교반방법과 통기방법에 대한 기술적인 검토가 시작되었다고 할 수 있다.

발효조 설계 시 고려해야 할 기능적 측면에서의 기본은 미생물을 증식시키기 위해 충족되어야 할 환경을 조절하는 것이다. 그리고 미생물 증식에 따른 목적산물을 효율있게 생산시키기 위해서는 다음에 열거하는 몇 가지 조건을 갖추어야 한다. 즉,

첫째, 발효조는 무균조작에 의해 필요한 기간 동안 가동되어야 한다.

둘째, 미생물의 증식과 대사산물의 생성을 충족시킬 수 있게 통기 및 교반을 할 수 있어야 하며 이때의 동력 소비는 최소화시킬 필요가 있다.

셋째, 발효조건에 맞는 온도와 pH 조절이 가능해야 한다.

넷째, 발효조 설계 시 잡균, 시료 채취, 청소 관리 및 운전을 용이하게 할 수 있도록 고려해야 한다.

다섯째, 발효조의 크기를 발효 생산량, 공간 및 공정 전체와 조화되도록 설계해야 하며 경제적인 재료를 사용해야 한다.

2) 발효조의 기본 구조

산업적인 발효조는 호기성 발효가 주축을 이루고 있으며 가장 많이 채택되고 있는 형태는 원통형으로서 밑바닥에 공기분산 유입구(sparger)가 장치되고 그 위쪽에 교반장치가 부착된 것이다. 발효조의 크기는 일반적으로 1 L에서 300 kL 이상에 달하는 것까지 다양하다그림 6-3, 6-4.

무균 조작이 필수적인 발효조는 증기멸균을 하기 때문에 이 조건에 충족할 수 있게

재료를 택해야 한다. 소형 발효조(1~30 L 규모)의 경우 원통에는 유리나 스테인리스를 사용하면 편리하다. Pilot 규모와 공장 규모의 발효조는 가압살균이나 부식, 독성성분을 고려하여 재료를 택하게 되는데 요즈음은 스테인리스를 사용한다.

발효조 제작 시 발효조의 두께는 규모에 따라 증가되어야 하는데 대용량의 경우, 용기 양쪽은 7 mm 후판을 사용하고 상하부는 10 mm 후판을 사용하여 반구형으로 제작하는 것이 보통이다. 발효조의 설계 건조 시 온도조절을 위한 설비에 유의해야 한다. 미생물대사와 기계적인 교반작용에 의해 발열이 일어나는데, 이를 냉각하기 위해 소규모 발효조는 온도조절 수조에 넣어 조절할 수 있으나 대규모 발효조에서는 내부에 냉각 혹은 가열용 코일을 장치하거나 혹은 500 L 정도의 발효조는 재킷을 외부에 붙여서 냉각수를 순환시킨다.

원통형의 탱크에 교반기(agitator), 유체조절판(baffle plate), 공기분산 유입관(air sparger), 냉각 및 가온장치 등으로 구성된 표준형 발효조 장치가 가장 널리 사용된다. 그 외에도 pH 전극, 자동소포 전극, 용존산소농도 측정 전극 등의 삽입구, 산 · 알칼리 · 소포제 첨가 삽입구, 온도계 삽입구, 시료 채취구, 배지 주입구, 배출구 등이 있다. 그리고 pH 조절 및 소포제 첨가, 온도 조절을 위한 자동조절장치가 연결되어 있다. 장치의 주요부분에 대하여 살펴보면 다음과 같다.

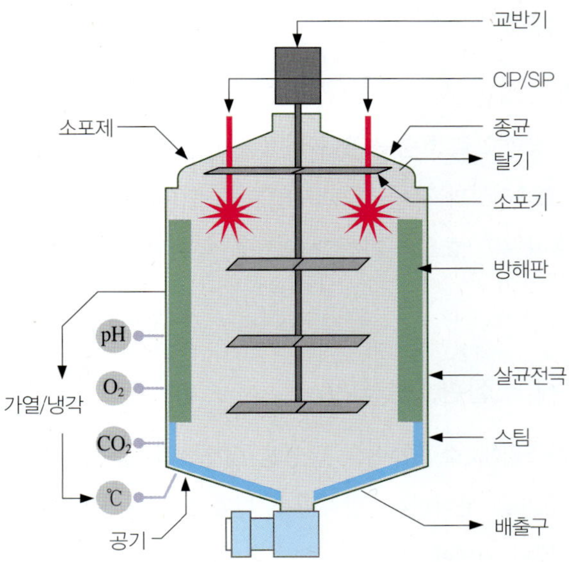

그림 6-3 발효조의 기본 구조

(1) 교반기

교반기(agitator)는 발효액 전체의 혼합이 잘 이루어지도록 하고 동시에 발효조 안에 주입된 기포를 세분화시켜 발효액 중에 산소공급의 효율을 높이는 기능을 한다. 교반기에는 교반날개(impeller)와 소포기(foam breaker)가 부착되어 있으며 교반날개에는 패들(paddle)형, 터빈(turbine)형 등이 있으며, 교반기의 제일 밑에만 교반날개가 부착된 1단식과 그 위에 수개가 더 부착된 다단식이 있다.

① 패들형 교반기

주로 발효액을 교반기의 회전 원주 방향으로 흐르게 하며, 교반효율을 높이기 위해서는 교반날개(impeller)의 길이를 크게 할 필요가 있다. 보통 Di/Dt=0.7 정도로 설계하는 경우가 많다(Di : 교반기의 지름, Dt : 발효조의 지름).

회전 시의 저항이 크므로 비교적 저속으로 운전한다. 특히, 수직방향으로의 흐름을 일으키고자 할 때에는 교반날개에 경사를 주어야 한다. 방해판(baffle plate)이 있으면 교반날개에 경사가 없는 경우에도 비교적 수직방향으로 흐르게 된다.

② 프로펠러형 교반기

주로 교반축(agitation shaft) 방향의 흐름을 일으키고, 저항이 적으므로 교반날개의 길이를 작게 하여 고속회전시키면 혼합효율을 높일 수 있다. 일반적으로 Di/Dt=0.3~0.4로 설계한다.

③ 터빈형 교반기

주로 회전반경의 방향으로 흐름을 일으키며 패들형과 프로펠러형의 특징을 겸한 흐름을 나타낸다. 프로펠러형과 같이 Di/Dt=0.3~0.4가 되도록 설계한다. 저항이 적어 고속회전시킬 수 있으며, 통기효율이 가장 높으므로 일반적으로 많이 사용되는 교반날개형이다.

(2) 방해판(유체 조절판, baffle)

어떤 크기의 교반조라도 소용돌이의 발생을 방지하고, 통기효과를 증대시키기 위하여 통상 4매의 방해판을 부착한다. 방해판은 발효조 직경의 약 1/10폭의 금속판으로서, 탱크 중심을 향해서 기벽에 수직으로 부착한다.

방해판은 탱크 벽면과의 사이에 공간을 주어서 부착해야 방해판의 주위와 배후의 흐름이 좋아져서 방해판이나 탱크벽에 균체가 부착하는 것을 방지할 수 있다.

(3) 공기분산 유입관(통기관, sparger)

공기분산 유입관은 공기를 발효 중의 배양액에 분산시키는 장치이다. 공기분산 유입관을 단독으로 사용하든지, 기계교반과 병용할 것인가에 따라서 공기분산 유입관으로부터 나오는 기포의 크기에 커다란 차이를 주게 된다. 이 때문에 장치의 설계에 중대한 영향을 준다. 공기분산 유입관은 대별해서 구멍 많은 통기관(porous sparger), 천공관(orifice sparger), 노즐 통기관(nozzle sparger : 말단이 개방되거나 부분적으로 막힌 파이프)의 세 가지 형태가 있다.

① 구멍 많은 통기관

소결유리(유리 여과기) 또는 소결금속 등은 실험실용의 교반기가 없는 소형 발효조(jar fermenter)에 사용되고 있다. 이 타입의 통기관으로부터 만들어지는 기포의 전표면적은 통풍장치(aerator)에 사용되고 있는 소재의 구멍 크기보다 10~100배로 한다.

② 천공관

교반기가 부착되어 있든 없든 여러 가지 발효조에서 파이프에 다수의 구멍이 있는 노즐 통기관이 사용되고 있다. 소형 교반기 부착 발효조에서는 크기가 교반기 직경의 3/4 정도의 원형 또는 십자형의 통기관을 최하단 교반날개의 밑에 부착한다. 대부분의 통기관은 원형 또는 십자형의 파이프의 하면에 공기 송출구멍이 뚫어져 있다.

③ 노즐 통기관

실험용의 소형 발효조로부터 커다란 공업용 발효조에 이르기까지 현대적인 발효조는 노즐 통기관을 사용하고 있다. 이상적으로는 파이프가 교반기 밑 중앙에 위치하도록 설치하고 커다란 기포의 격렬한 유출이 일어나지 않도록 교반날개와 파이프 선단이 될 수 있는 한 거리를 유지하게 한다.

④ 교반기와 통기관의 복합형

허버트 등(Herbert et al., 1965)은 1 L의 소형 발효조에서 통기관으로부터 도입된 무균공기를 터빈형 교반기에 의하여 기포가 세분화되도록 고안하였다. 이 기포는 다시 유체 조절판에 의한 발효액류의 교란으로 발효액 중으로의 혼합과 체류시간이 증대되어 산소 용해속도가 증가되도록 고안된 것이다.

(4) 글랜드(gland)부와 베어링(bearing)

교반기 샤프트를 발효조의 결합부와 완전하게 밀봉(seal)시키는 것은 발효조의 제작에 있어서 가장 어려운 문제인데, 이것은 발효조를 장기간 무균상태로 보존하면서 운전하는 데에 필수적인 것이다. 발효조의 무균성을 확보하기 위해 수많은 방식이 개발되었다. 교반기의 샤프트는 위, 가로 또는 밑으로부터 발효조에 설치할 수가 있다. 상부 구동구조가 널리 사용되고 있지만, 탱크 상부에 첨가물조를 붙일 필요가 있다든지 고속 회전에서의 중심 동요가 일어나지 않도록 짧은 샤프트의 밑부분 구동구조가 필요로 하는 경우가 많다.

발효조의 글랜드부의 무균밀봉에는 packed-gland seal(stuffing box, 스터핑박스), bush seal, mechanical seal, magnetic drive(자기회전)의 네 가지 방법이 있다.

① Packed-gland seal

Packed-gland seal은 탱크의 글랜드부에 석면(asbestos)이나 면사(cotton yarn)의 패킹을 여러 층으로 샤프트에 밀착시켜 밀봉한 것이다.

고속회전에서는 패킹의 마모가 심하며, 기밀성의 보존 유지를 위해서는 양을 증가해서 단단하게 얽어매는 것이 필요하다. 이 패킹은 열처리를 해서 구석구석까지 살균하는 것이 불가능하기 때문에 정기적으로 점검을 하고 필요에 따라서는 패킹을 교환하여야 한다.

② Bush seal

Bush seal법은 실험실용 소형 발효조(jar fermenter)를 위해서 개발된 것으로서 테프론(teflon)의 간단한 부시(베어링통)를 기름 시일(oil seal)과 병용 또는 기름 시일 없이 사용한다. 이 시일은 베어링의 회전체 시일 부분과 고정체 부시 시일 부분과의 맞춤회전으로서 무균밀봉을 행하고 있다. 베어링의 맞춤회전 부분에는 윤활유의 급유구멍이 열려 있어서 살균에 앞서서 윤활유를 급유한다.

③ Mechanical seal

Mechanical seal은 주로 대형 발효조에 사용한다. 이 밀봉은 두 가지 부분, 즉 하나는 베어링 하우징(bearing housing)에 고정한 부분, 또 하나는 샤프트와 함께 회전하는 부분으로 구성되며, 이 두 가지는 스프링이라든지 벨로즈(bellows)로 압착되어져 있다. 두 가지가 만나는 회전체의 표면은 탄소 표면처리, 고정체의 표면은 stellite강 표면처리처럼 고도로 정밀한 기계적 처리로 되어 있다. 살균 시에 얻어지는 증기 물방울은 이 베어링의 윤활제로서 기능을 하며, 또한 운전 중의 마찰열을 냉각하는 효과가 있다.

④ 자기회전

교반기의 샤프트가 탱크의 윗뚜껑 밑을 관통하기 때문에 무균성의 확보가 곤란하다면 교반축을 탱크에 통과시키지 않고 회전동력을 전달하는 자기회전식(magnetic drive)을 채택하는 것이 이상적이다. 자기회전은 회전축과 회전자석으로 구성되어 있다.

회전자석은 회전축과 함께 발효조 윗뚜껑의 밖에 있는 하우징(housing)의 베어링에 의해서 부착되며, 한편 발효조 내의 회전자석은 교반기 측의 말단에 외부자석과 대면해서 부착되어 있다.

tip

발효조에는 얼마만큼의 배지를 채울 수 있을까?

실험실 규모에서는 발효조의 직경과 거의 같은 깊이의 배지에서 배양되나 공업적 규모에서는 발효조 직경의 2배의 깊이로 하는 경우도 있다. 즉 L/Dt=1~2이다.
거품이 발생하여도 배양액이 공기 배출구로부터 넘쳐 나가지 않도록 발효조 상부에 충분한 공간을 남겨 두어야 한다.

(6) 밸브

발효조 및 부대설비에 사용되는 밸브(valve)는, 액체나 기체의 흐름을 여러 가지 방법으로 조절하는 데에 사용된다. 밸브에는 ① 완전하게 열든지 또는 완전하게 닫는 데에 사용하는 단순한 on과 off 밸브, ② 유량을 대체적으로 조절하는 밸브, ③ 섬세한 조작에 의해서 유량을 정확하게 조절하는 밸브, ④ 액체나 기체가 한쪽으로만 흐르는 구조를 가진 안전밸브가 있다.

발효조의 설계라든지 건설에 있어서 어떠한 밸브를 사용할 것인가를 결정하는 경우에는 다음과 같은 점을 생각할 필요가 있다.

밸브의 종류
밸브에는 게이트(gate) 밸브, 글러브(globe) 밸브, 피스톤(piston) 밸브, 플러그(plug) 밸브, 니들(needle) 밸브, 버터플라이(butterfly) 밸브, 볼(ball) 밸브, 핀치(pinch) 밸브, 격막(diaphragm) 밸브, 체크(check) 밸브 등이 있다. 체크 밸브는 장치의 어떤 부분이 파괴된다든지 해서 기체나 액체가 역류하는 것을 방지하는 밸브이다.

- 밸브는 사용목적에 적합한지? 예를 들면 무균계에서의 사용에 적당한지, 크기는 적절한지, 압력손실은 허용범위에 있는지 등
- 밸브는 사용하는 공정의 엄격한 환경조건에 견딜 수가 있는지? 밸브의 재질은 공정에 적합한 것이 아니면 안 된다. 특히 공정에 부식성의 물질을 사용한다든지 하는 일이 있을지 어떨지, 또는 공정 내에서의 생성여부를 아는 것도 중요하다. 최고 사용온도, 최대 사용압력을 아는 것은 필수적이다.
- 밸브에 용접장소나 플랜지(flange)가 있는지?
- 밸브는 원격조정(remote control)이 될 수 있는지?
- 비용 및 교환성은 어떤지?

밸브의 종류는 수없이 많이 있지만, 그 모두가 발효조에 사용되는 데에 적당하지만은 않다.

① 압력조절 밸브(Pressure-control valve)

무균적인 발효공정을 설계하는 데에는 용수, 증기, 공기 등은 각각의 장치에 따라서 각각 다른 압력이라든지 유량을 유지하기 위해서 감압 밸브나 압력유지 밸브가 사용된다.

- 감압 밸브 : 감압 밸브는 배관의 압력을 고압으로부터 저압으로 감소시키는 경우에 사용되며, 공급압력의 변동이나 소비량의 변동에 관계없이 감압측의 압력을 언제나 일정하게 유지하는 것이 가능하다.
- 압력유지 밸브 : 배관의 고압측 압력을 유지하려고 하는 것이다. 밸브가 열림으로써 압력이 상승한다. 즉, 이 밸브는 감압 밸브의 역작용을 하는 것이다.

② 안전 밸브(Safety valve)

안전 밸브는 공기나 증기의 파이프 라인이나 탱크에 있어서, 그 압력이 설계 압력이나 법규로서 정해진 압력을 결코 넘지 못하도록 압력을 조정하는 것이다. 가장 간단한 안전 밸브는 기체나 액체의 압력이 상승하면 축(spindle)이 올라가서 밸브의 장치가 열리는 구조로 되어 있다. 그리고 압력이 내려가면 축에 연결된 용수철의 힘에 의해서 원래

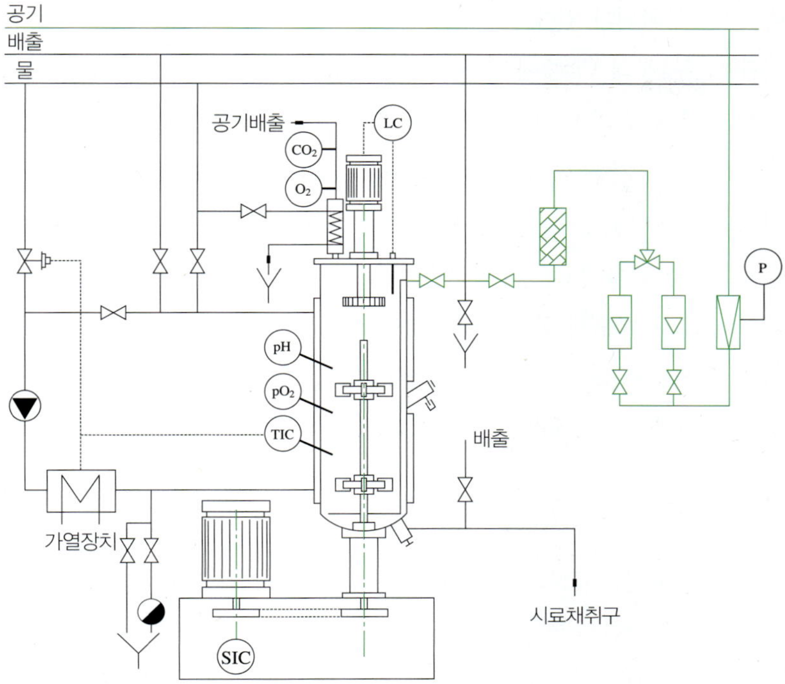

그림 6-4 발효조의 주변장치

로 돌아가서 밸브장치가 잠긴다.

(7) 냉각장치

냉각장치(cooling equipment)에는 재킷(jacket)형, 코일(coil)형, 다관식형 등이 있으며, 냉각수 또는 냉매를 통하여 발효열을 냉각조절한다.

3) 여러 발효조의 종류와 특징

(1) 왈도프형 발효조

왈도프(Waldhof)형 발효조는 독일, 일본, 미국에서 아황산펄프 폐액으로부터 효모 생산을 위한 연구 중에 개발된 것으로 Zellstofffabrik Waldhof의 원형을 개조하여 생산용 탱크를 설계하게 된다. 이것은 발효조 중심부에 원통(draft tube)이 있고, 그 아래와 발효조 바닥 부위에 6개의 통기관이 고정된 통기회전원판(aeration wheel)이 통기회전축(shaft)에 부착되어 있다. 통기원판을 회전시키면서 공기를 회전축을 통해서 원판의 통기관 노즐로부터 액 중에 분산시키면서 통기시켜 아래쪽으로 흐르면서 원통 밖으로 배출되고, 원통 밖의 액면은 높아져서 액은 원통 내부로 향하여 낙하하는 운동을 반복하게 된다. 이와 같은 액의 순환에 의해서 함께 주입된 공기는 미세한 기포로 분산되어 산소의 이용효율이 높아지고 배양 중에 발생하는 거품은 기계적으로 처리된다. 적당량의 원료액을 연속적으로 공급하면서 그 양 만큼 파이프(over-flow pipe)를 통해서 발효조 밖으로 나오게 하면 연속배양(continuous culture)을 할 수 있다. 발효열에 의한 온도 상승은 발효조 안에 있는 냉각코일에 냉각수를 통과시켜 조절한다. 실제로 아황산펄프 폐액(sulfite pulp waste)으로부터 사료효모를 제조하는 데 사용하였다.

(2) Acetator와 Cavitator

식초 제조를 위해 통기교반되고 있는 발효조에서 초산균이 활성을 가지려면 발효조의 구석구석까지 충분한 공기가 들어가지 않으면 안 되는 문제를 자동 아스피레이터(self-aspirator)식의 통기장치(aerator) 사용에 의해 해결하여 개발된 방식이다. 이 통기장치에서는 중앙이 빈축의 선단에 부착된 회전자의 회전에 의해서 일정량의 공기를 빨아들여 그것을 균일하게 회전자의 단면방향으로 분산 방출시킨다. 또한 이 장치에서는 압축기가 필요하지 않으며, 마중물(priming water) 등도 필요하지 않다.

초산 발효에서는 거품이 일어나는 일이 많은데, 화학소포제는 통기효율을 저하시키기 때문에 사용할 수 없으며, 또한 식초 제조에 첨가물을 넣는 것도 바람직하지 않다. 따라서 발효조에 기계적인 소포장치를 부착시켰는데, 거품이 생기면 회전자가 1,000~1,450 rpm으로 회전하면서 거품을 부수어 발효조로 돌아가게 한다. 원심력으로 거품이 부서지고 난 후 기상과 액상은 분리되어 액상은 발효조로 순환되고, 기상은 배출된다. 이 발효조는 독일의 본에 있는 Heindrich Frings사가 제작하여 1981년에 세계에 acetator를 판매하게 된다. 스위스의 Chemap AG는 초산생산을 위해 Vinegator를 생산하고 있는데, 이 장치는 자동 아스피레이터 교반기에 의해 중앙 흡입관으로 액체의 순환을 좋게 해준다. 또한 압축기에 의해 여분의 공기가 제공되며 기계소포장치에 의해 기포가 부서지는 방식이다.

(3) 탑형 발효조

탑형 발효조(tower fermenter)를 한 마디로 정의하기는 어려우나 주된 특징은 탑의 높이와 지름의 비, 또는 종횡비(aspect ratio)로 나타낼 수 있다. 원통 부분의 종횡비가 적어도 6:1, 전체로서는 10:1 이상으로서 그 중에 기체의 흐름이 일정한 방향을 가지고 있고, 기계적 교반을 가지고 있지 않은 동체를 가진 발효조를 탑형 발효조로 정의하고 있다그림 6-5. 몇 종류의 탑형 발효조가 알려져 있는데, 그 형을 기본으로 하여 몇 가지의 그룹으로 나누어 볼 수 있다.

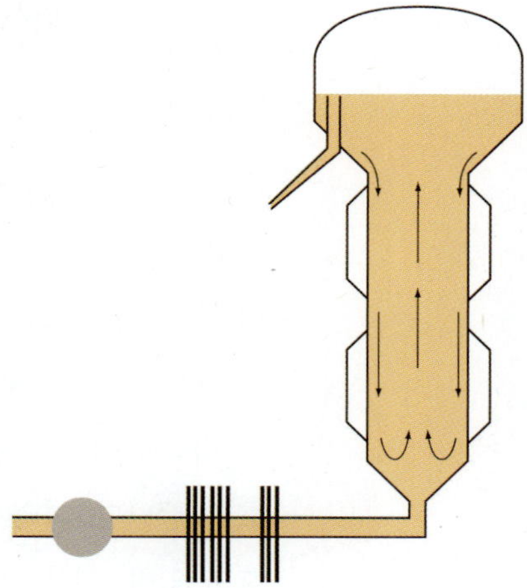

그림 6-5 탑형 발효조

가장 간단한 탑형 발효조는 하단에서 튜브를 통해 공기가 분산되는 형태이다(bubble column, 기포컬럼). 이 형의 발효조는 회분식으로 높이와 지름의 비가 16:1의 유리제 원통으로 용량 3 L의 실험실 규모로 구연산의 제조에 최초로 사용되었다. 멸균된 습한 공기를 하부의 소결유리로부터 통기한 방식이었다. 이 형태의 발효조는 36 L까지 규모를 확대하였다. Pfizer사는 구연산과 tetracycline을 생산하는 균사발효공정에 항상 교반기가 부착되어 있지 않은 탑형 발효조를 사용한다. Pfizer사는 23 m 높이의 탑형 발효조로 생산하다가 Arthur Daniels Midland에 구연산 생산을 위해 매각하였다. 또한, 부피가 200~950 kL인 탑형 발효조의 생산도 보고된 바 있다.

수직형 탑형 발효조는 탑내의 적당한 간격으로 다공판(perforated plate)이 자리를 잡고 있는데, 이것은 효모의 생육을 양호하게 유지하기 위해서이다. 효모를 침강시키는 부분은 여러 가지 형이 있는데, 결국 여기에서는 공기의 상승을 방지함으로써 효모를 침강시켜서 깨끗한 맥주를 얻는 것을 목적으로 하고 있다. 이 발효 시스템은 1단계 시스템으로부터 다단계의 것까지 여러 가지를 생각할 수 있으며, 20,000 L의 용량을 가진 탑형 발효조로서 하루만에 90,000 L의 맥주를 생산할 수 있는 설비가 가동된 바 있다. 이 방식은 *E. coli*의 연속배양, 빵 효모배양, 활성 슬러지 등에 이용된 바 있다.

(4) 원통—원뿔형 발효조

라거(Lager)맥주 양조에 원통-원뿔형(cylindro-conical) 발효조를 사용한다는 생각은 Nathan에 의해서 최초로 1960년대에 처음 사용되었다. 현재도 전세계에서는 양조

시 이 방법을 채택하고 있다. 이 발효조는 스테인리스 스틸의 수직형 원통형으로 상부는 반구형으로 되어 있고, 하부는 약 70°의 각으로 된 원추형으로 되어 있다.

종횡비는 3 : 1이고, 발효조의 높이는 10~20 m이다. 필요에 따라 작업량이 결정되나 일반적으로 150,000~200,000 L 정도이다. 특별히 응집되는 효모를 사용하지 않는 한 교반시키지는 않는다. 그러나 맥아즙을 채울 때 균질하게 하기 위해서 작은 교반기를 사용하기도 한다. 발효조 내에서 맥아즙은 효모를 접종하여 40~48시간 발효시킨다. 발효조 내에서 생성되어 급속히 상승하는 이산화탄소에 의해서 혼합이 행해지며, 발효조 내의 적절한 위치에 전극을 설치하여 온도를 제어한다. 다수의 냉각수 재킷을 발효조 벽면에 설치하여 효모가 응집되도록 냉각수 재킷을 통해 찬물을 순환시킴으로써 발효가 끝난다. 따라서, 냉각시키는 동안 빠른 속도로 침전될 수 있는 효모를 선택할 필요가 있다. 이와 같은 효모는 일부 다시 빼내서 다음 발효조의 종균으로 사용한다. 효모를 침강분리한 맥주는 2차 발효와 숙성공정단계로 보내어진다. 이러한 발효조는 그 밖에 다음과 같은 장점이 있다.

- 탱크 중의 원료 취급량이 증대되기 때문에 공정시간을 단축할 수 있다.
- 1차 발효와 숙성을 같은 탱크에서 행할 수 있다.
- 침강된 효모는 용이하게 분리할 수 있다.
- 이산화탄소에 의한 가스세정(gaswashing : 기체 중에 함유된 불순물을 액체 중을 통해서 세정, 제거하는 것)에 의해서 숙성시간을 단축할 수 있다.

(5) 기포탑형 발효조

호기적 배양을 위해 개발된 발효조이나 기계적인 교반을 하지 않고 원통상의 발효조 내에 공기를 하부에서 공급하는 방식이다. Draft tube가 없는 것은 가장 간단한 형으로 활성오니처리에 이용하는 폭기조(aeration tank)와 같이 발효조 하부에서 공기를 주입하는 방식이다그림 6-6. Draft tube가 있는 것은 기포탑형 발효조(air-lift fermenter)의 기본이 되는 형으로 발효조 내부에 draft tube를 설치한 방식이다. 발효조 내부에 draft tube를 설치하여 발효조 하부에서 주입된 공기의 기포는 tube 내측을 상승하므로 액의 상승류가 생겨 tube 내측과 외측에 대류가 일어나게 된다. 기포는 이 액류를 따라 발효조를 순환하며 체류시간이 길어지고 미세하게 된다. 따라서 기-액계면의 증대와 산소이동이 촉진되는 방식이다. 기포탑형 발효조도 산소이동 속도를 증대시킬 목적으로 공기 송입구나 draft tube 내에 다공판을 설치하는 등 개량한 발효조가 있다.

기포탑형 발효조에서도 살균, 온도조절 등 기본적으로는 통기 발효조와 같은 기능을 가져야 하지만 다음과 같은 장단점이 있다.

- 기계적 교반을 하지 않으므로 동력 소비가 경감된다.
- 교반기가 없으므로 교반축과 발효조 간의 접속부도 없어 잡균 오염이 감소한다.
- 구조가 간단하므로 대형화가 쉽다.
- 기계적 교반을 하지 않으므로 고점성의 배양에는 부적당하다.

(6) 유동층 발효조

유동층형의 발효조(fluidized bed fermenter) 그림 6-7에는 응집성 효모를 사용하는 연속맥주양조와 고체상의 기질을 사용하는 제국장치가 잘 알려져 있다. 전자는 혐기적 과정(anaerobic process)이고 고체.액체계 유동층이며, 후자는 호기적 과정(aerobic process)으로 기체-고체계 유동층이라 볼 수 있다.

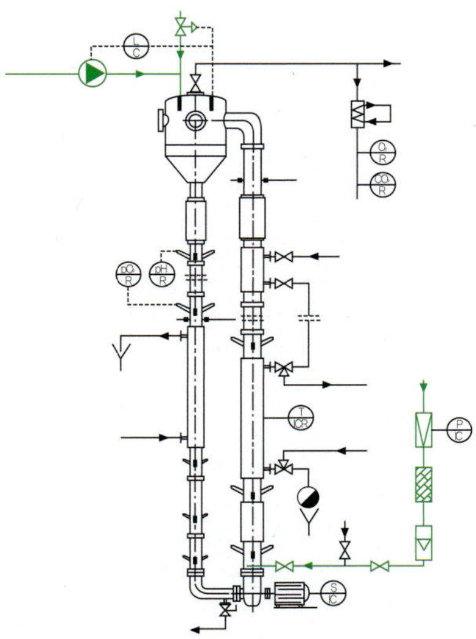

그림 6-6 기포탑형 발효조

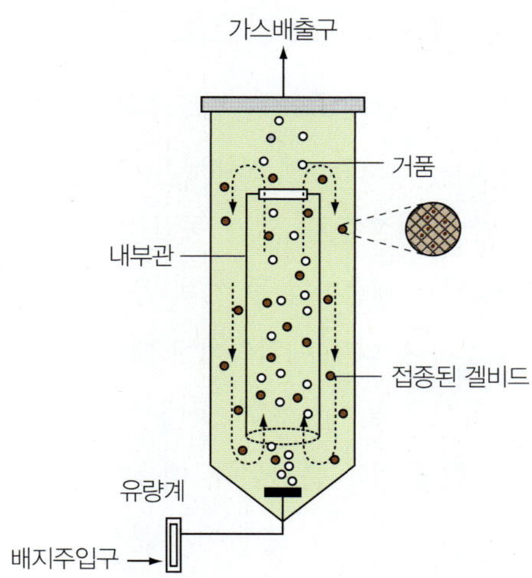

그림 6-7 유동층 발효조

연속 맥주양조에 사용되고 있는 고체계 유동층인 유동층형 발효조는 응집성 효모의 flock(크기는 1 mm 정도)이 배지의 상승운동에 의하여 현탁한 상태로 유지되고, 탑의 정상에 있는 침강장치에 의하여 탑 본체로 다시 돌려보내게 되므로 맑은 맥주를 얻을 수 있다. Flock과 기체 간의 밀도차가 적으므로 유량(flow rate)은 선속도(linear velocity)로서 0.01~0.1 cm/sec 정도로 낮게 해야 한다. 이 범위의 유량에서는 flock은 유동하고 있으나 완전하게 발달되면 유동층이라 하기 어렵고 팽창층(expanded bed)이라는 상태에 있다. 이 반응기의 특징은 정상상태에서 직경이 적은 flock이 상부에, 직경이 큰 flock은 하부에 있는 상태를 이루며, 또한 flock의 hold up이 위로 갈수록 감소하게 된다. 효모균체의 농도는 배지의 조성, 농도, 사용 균주, 배양온도에 의존하나, 습윤중량으로 나타낼 때 탑의 밑쪽은 30~35%, 탑 위쪽에서는 5~10% 정도이다. 효모가 차지하는 체적분율은 평균 50% 정도이다. 이와 같은 높은 균체농도에 의하여 맥주를 속양시킬 수 있어서 회분식 조작법에서는 60~80시간 소요되나 이 방식으로는 4~6시간이 보통이다. 또 하나의 특징은 탑 밑부분과 탑 윗부분의 배양액의 비중이 점차 감소한다는 점이다. 포도당, 과당(fructose), 설탕(sucrose), 맥아당 등의 발효에 의하여 처음에는 급속히 비중이 저하되고, 그 후 잔존맥아당(maltose)의 발효에 의하여 탑 중간부분과 윗 부분 사이에서 서서히 저하된다. 알코올 발효에 의하여 발생되는 이산화탄소 거품에 의하여 flock과 발효액의 혼합이 일어나게 된다.

(7) Deep-jet 발효조

Deep-jet 발효조는 발효조로부터 배양액을 다상펌프(multiphase pump)로 뽑아내어 gas entrainer에 보내넣고, 여기에서 공기를 빨아들여 발효조에 반송함으로써 통기교반에 대신할 수 있는 동력을 제공해 주는 연속 발효조이다. Gas entrainer 노즐은 주입기와 배출기의 두 가지 용도로 사용된다. 주입기에서 배지의 공급분사는 압축공기 분사에 의해 에워싸이게 되며, 출구를 나온 기체는 5~100 m/s의 노즐속도로 보다 큰 튜브로 들어가서 그 곳에서 팽창되어 커다란 기포를 형성하는데, 이들은 물 제트의 전단력에 의해 분산된다. 배출기에서는 액체분사가 커다란 나팔형 노즐(converging-diverging nozzle)로 들어가 분사주변의 기체를 끌고감으로써 나팔형 분사로 빨려들어간 기체는 그곳에서 분산된다. 공업용 deep-jet 발효조는 Vogelbusch사(오스트리아)

로부터 판매되고 있다. 부분적으로 통기된 배양액은 다상펌프에 의하여 배양액 냉각기를 통해서 발효조의 상부에 설치된 gas entrainer에 도달하게 되면, 공기를 충분하게 포함한 배양액은 점점 끝이 가늘게 된 파이프에 의해서 고속으로 분사되어 발효조 내에 교반을 일으킨다. 배기가스의 2/3는 탱크 상부로부터 배출되며, 나머지는 펌프에 의해서 순환된다. 이 발효조의 산소전달속도는 1 kW/h/kg의 펌프동력에 대해 4.5 g/l·h가 얻어지며, 유청(whey)으로부터 효모의 공업적 생산에 이용된다.

(8) Cyclone column형 발효조

처음에는 사상균의 배양을 목적으로 사이클론형 발효조를 개발하였는데, 배양액을 펌프에 의해 사이클론(cyclone)의 하부로 공급하여 사이클론의 상부로 순환시켜 배양액이 비교적 엷은 막으로 발효조 벽을 타고 흘러내리게 한다. 배지와 공기는 탑의 밑부분 가까운 곳으로부터 공급되며, 배기는 탑의 상부로 배출된다. 이 발효조의 이점은 가스교환이 잘 행해진다는 것, 거품 발생이 없다는 것, 균사가 관 벽에 부착되지 않는다는 것 등이다. 이 발효조는 세균, 곰팡이, 효모 등의 배양에 의해 백신을 생산할 수도 있다.

(9) 충전탑형 발효조

충전탑형 발효조(packed tower)는 고정화 미생물을 활용한 발효조이다그림 6-8. 수직의 원통형 발효조 내부에 대팻밥(beech shaving), 코르크, 골재, 폴리에틸렌 등의 비활성 물질로 채워 넣은 후 배지와 종균을 충전탑의 하부나 상부로 공급하게 되면 미생물이 충전물에 고정되어 엷은 막으로서 생장하게 된다. 이때, 새로운 배지를 한쪽 입구로 주입시키면 충전탑을 흘러가면서 반응을 하여 반대편 출구로 발효액이 유출되는 발효조이다. 이 방식으로 잘 알려져 있는 것은 식초 제조 발효조로, 너도밤나무 대팻밥을 충전시킨 충전탑으로써 초산균(*Acetobacter*)에 의해서 에탄올로부터 식초를 만드는 것인데, 이는 1940년부터 시작되었다. 알코올의 연속생산, 하수와 폐수처리에 사용되기도 한다.

그림 6-8 충전탑형 발효조

(10) 회전원판형 발효조

회전원판형 발효조(rotating-disc fermenter)는 유출수 처리에 처음 사용하였다. 천천히 회전하는 원판의 표면에 균막을 부착시켜 유출수를 산화처리하는 원리이다. 앤더슨(Anderson) 등은 40 L의 소형 발효조를 만들어 *Aspergillus*, *Rhizopus*, *Mucor*, *Penicillium* 등의 곰팡이를 폴리프로필렌(polypropylene)의 원판에 생육시켜 구연산 등을 생산하는 데 이용하였다.

Chapter 7

유산균

1. 유산균의 정의

유산균(lactic acid bacteria)은 전통적으로 미호기성이며, 그람양성 세균으로 6탄당에서 주로 젖산을 생성하는 균으로 정의되어 왔다. 유산균의 일반적인 특성은 그람양성, 낮은 GC 함량, 내산성, 무포자 형성이며, 모양은 간균이나 구균의 형태를 나타낸다. 유산균 발효에 의한 산 생성은 식품의 저장성을 좋게 하며, 관능적인 측면에서도 좋게 하기 위하여 이용되어 왔다. 이들 중 일부는 박테리오신을 생산하여 저장성을 추가적으로 부여하기도 한다. 유산균은 GRAS(generally recognized as safe)로 인정되며, 최근에는 다양한 건강증진 효과들이 밝혀지면서 프로바이오틱스라는 새로운 산업을 창출하기에 이르렀다. 주요 유산균으로는 *Lactobacillus*, *Leuconostoc*, *Pediococcus*, *Lactococcus*, 그리고 *Streptococcus* 등이 있으며, 이외에도 *Aerococcus*, *Carnobacterium*, *Enterococcus*, *Oenococcus*, *Sporolactobacillus*, *Teragenococcus*, *Vagococcus*, *Weisella* 등은 유산균과 *Lactobacillales*로 분류된다그림 7-1. 또한 용도에 따라서 유산균은 다양한 전통 발효식품에서 사용되는 종균(starter)과 건강기능성이 검증되어 기능성식품의 원료로 사용되는 프로바이오틱스(probiotics)로 구분하기도 한다.

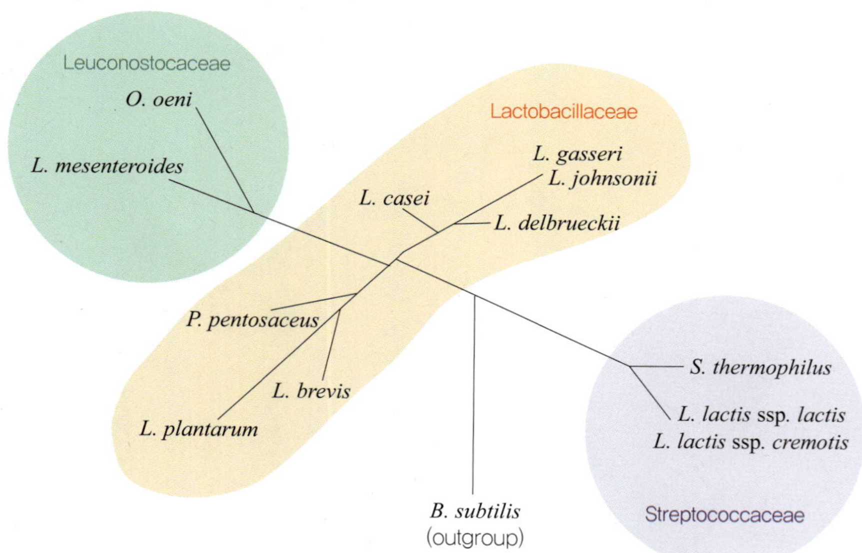

그림 7-1 유산균의 분류 및 대표 균주
자료 : Makarova K. et al.(2006). *PNAS*. 103: 15611–15616

본 장에서는 유산균의 일반적인 특징과 분류 및 식품산업에서 중요성이 부각되는 프로바이오틱스 균주에 대하여 다루기로 한다.

2. 유산균의 분류

유산균에 대한 분류는 다음 표 7-1과 같다.

3. 유산균의 대사

유산균의 당 대사경로 그림 7-2는 그 대사산물에 따라 크게 두 가지로 분류할 수 있다. *Lactococcus*, *Enterococcus*, *Streptococcus*, *Pediococcus*, group I lactobacilli 등은 Embden-Meyerhof-Parnas (EMP) 대사경로를 통하여 포도당으로부터 젖산만을 생산한다. 이들을 정상 젖산 발효(homo lactic fermentation) 유산균이라 한다.

또한 5탄당 인산경로(pentose phosphate pathway)를 이용하여 젖산 이외에 이산화탄소와 알코올, 초산 등의 대사산물을 생산하는 *Leuconostoc*, *Oenococcus*, *Weissella*, 그리고 group III lactobacilli 등의 유산균은 이상 젖산 발효(hetero lactic fermentation) 유산균으로 분류한다.

4. 주요 유산균

1) 유산구균

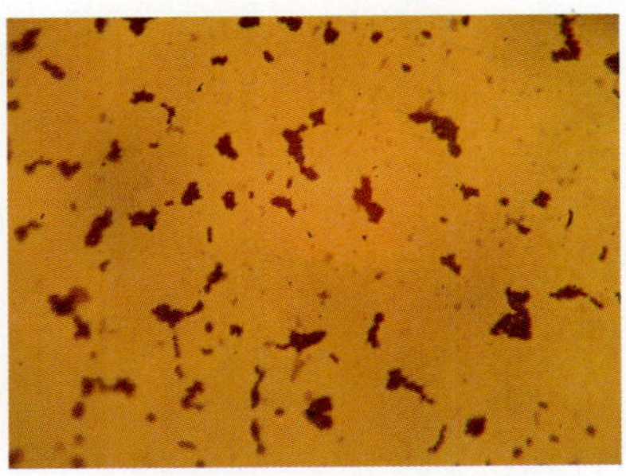

*Lactococcus*에는 *Lc. lactis* subsp. *lactis*, *Lc. lactis* biovar *diacetilactis*(구연산으로부터 diacetyl과 이산화탄소를 생산하여 풍미 증진에 기여), *Lc. lactis* subsp. *cremoris* 등이 포함되며, 이들은 주로 중온성(mesophile)으로 약 30℃에서 생육한다. 고온성으로는 *Streptococcus*: *Str. salivarius* subsp. *thermophilus*가 있으며, 이는 약 37~45℃에서 잘 생육한다. 이들은 phosphoenolpyruvate-

표 7-1 유산균의 분류

Family	Aero-coccaceae	Carno-bacteriaceae	Entero-coccaceae	Lactobacillaceae					Leuconostocaceae				Streptococcaceae		
genus				Lactobacilus			Paralactobacillus	Pediococcus	Weissella	Leuconostoc	Oenococcus	Fructobacillus	Streptococcus		Lactococcus
species				*L. diolivorans*	*L. acetotolerans*	*L. curvatus*		*P. acidilactici*	*W. cibaria*	*L. gasicomitatum*	*O. kitaharae*		*S. macacae*	*S. acidominimus*	*Lc. garvieae*
				L. equi	*L. acidifarinae*	*L. delbrueckii*		*P. argentinicus*	*W. confusa*	*L. gelidum*	*O. oeni*		*S. macedonicus*	*S. agalactiae*	*Lc. lactis*
				L. equigenerosi	*L. acidipiscis*	*L. kunkeei*		*P. cellicola*	*W. ghanensis*	*L. holzapfelii*			*S. marimammalium*	*S. alactolyticus*	*Lc. piscium*
				L. fabifermentans	*L. acidophilus*	*L. larvae*		*P. claussenii*	*W. halotolerans*	*L. inhae*			*S. massiliensis*	*S. anginosus*	*Lc. plantarum*
				L. faeni	*L. agilis*	*L. leichmannii*		*P. damnosus*	*W. hanii*	*L. kimchii*			*S. milleri*	*S. anthracis*	*Lc. raffinolactis*
				L. farciminis	*L. algidus*	*L. letivazi*		*P. dextrinicus*	*W. hellenica*	*L. lactis*			*S. minor*	*S. australis*	
				L. farraginis	*L. alimentarius*	*L. lindneri*		*P. ethanodurans*	*W. kandleri*	*L. mesenteroides*			*S. mitis*	*S. caballi*	
				L. fermentum	*L. alvei*	*L. malefermentans*		*P. ethanolidurans*	*W. koreensis*	*L. palmae*			*S. mutans*	*S. canis*	
				L. fornicalis	*L. amylolyticus*	*L. mali*		*P. inopinatus*	*W. minor*	*L. pseudomesenteroides*			*S. oligofermentans*	*S. castoreus*	
				L. fructivorans	*L. amylophilus*	*L. manihotivorans*		*P. parvulus*	*W. paramesenteroides*				*S. oralis*	*S. constellatus*	
				L. frumenti	*L. amylotrophicus*	*L. mindensis*		*P. pentosaceus*	*W. salipiscis*				*S. orisratti*	*S. criae*	
				L. fuchuensis	*L. amylovorus*	*L. mobilis*		*P. siamensis*	*W. soli*				*S. orisuis*	*S. criceti*	
				L. gallinarum	*L. animalis*	*L. mucosae*		*P. stilesii*	*W. thailandensis*				*S. ovis*	*S. cristatus*	
				L. gasseri	*L. animata*	*L. murinus*			*W. viridescens*				*S. parasanguinis*	*S. dentirousetti*	
				L. gastricus	*L. antri*	*L. nagelii*							*S. parauberis*	*S. dentisuis*	
				L. genomosp. C1	*L. apis*	*L. namurensis*							*S. pasteuri*	*S. devriesei*	
				L. genomosp. C2	*L. apodemi*	*L. nantensis*							*S. pasteurianus*	*S. didelphis*	
				L. ghanensis	*L. aviarius*	*L. nodensis*							*S. peroris*	*S. downei*	
				L. graminis	*L. backi*	*L. oligofermentans*							*S. phocae*	*S. dysgalactiae*	
				L. guizhouensis	*L. bifermentans*	*L. oris*							*S. pluranimalium*	*S. entericus*	
				L. halophilus	*L. bobalius*	*L. panis*							*S. pneumoniae*	*S. equinus*	
				L. hammesii	*L. brevis*	*L. pantheris*							*S. porcinus*	*S. ferus*	
				L. hamsteri	*L. brevisimilis*	*L. parabrevis*							*S. pseudopneumoniae*	*S. gallinaceus*	
				L. harbinensis	*L. buchneri*	*L. parabuchneri*							*S. pseudoporcinus*	*S. gallolyticus*	
				L. hayakitensis	*L. cacaonum*	*L. paracasei*							*S. pyogenes*	*S. gordonii*	
				L. helveticus	*L. camelliae*	*L. paracollinoides*							*S. ratti*	*S. halichoeri*	
				L. heterohiochii	*L. capillatus*	*L. parafarraginis*							*S. salivarius*	*S. henryi*	
				L. hilgardii	*L. casei*	*L. parakefiri*							*S. sanguinis*	*S. hyointestinalis*	
				L. homohiochii	*L. ceti*	*L. paralimentarius*							*S. sciuri*	*S. hyovaginalis*	
				L. hordei	*L. coleohominis*	*L. paraplantarum*							*S. seminale*	*S. icataluri*	
				L. iners	*L. collinoides*	*L. pentosus*							*S. sinensis*	*S. infantarius*	
				L. ingluviei	*L. composti*	*L. perolens*							*S. sobrinus*	*S. infantis*	
				L. insectis	*L. concavus*	*L. plantarum*							*S. suis*	*S. iniae*	
				L. intestinalis	*L. coryniformis*	*L. pontis*							*S. thermophilus*	*S. intermedius*	
				L. japonicus	*L. crispatus*	*L. psittaci*							*S. thoraltensis*	*S. luteciae*	
				L. jensenii	*L. crustorum*	*L. rennini*							*S. uberis*	*S. lutetiensis*	
				L. johnsonii	*L. saerimneri*	*L. reuteri*							*S. urinalis*		
				L. kalixensis	*L. sakei*	*L. rhamnosus*							*S. vestibularis*		
				L. kefiranofaciens	*L. salivarius*	*L. rossiae*							*S. viridans*		
				L. kefiri	*L. sanfranciscensis*	*L. ruminis*									
				L. kimchii	*L. satsumensis*										
				L. kitasatonis	*L. secaliphilus*										
				L. ultunensis	*L. senmaizukei*										
				L. uvarum	*L. sharpeae*										
				L. vaccinostercus	*L. siligionis*										
				L. vaginalis	*L. sobrius*										
				L. vermiforme	*L. spicheri*										
				L. versmoldensis	*L. suebicus*										
				L. vini	*L. thailandensis*										
				L. zeae	*L. tucceti*										
				L. zymae											

자료 : National Center for Biotechnology Information(http://www.ncbi.nlm.nih.gov/Taxonomy/taxonomyhome.html/index.cgi)

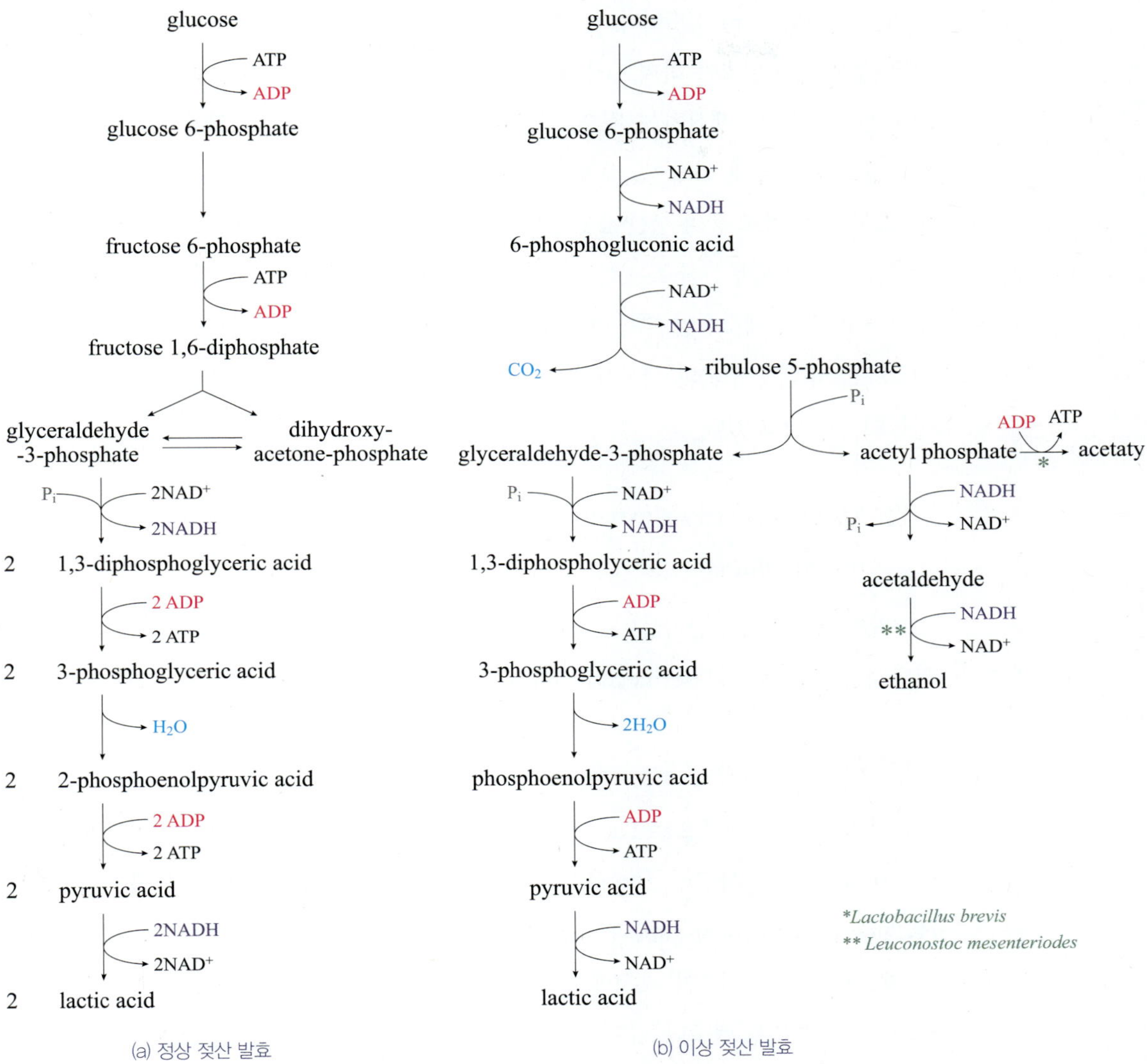

그림 7-2 유산균의 유산균의 정상 젖산 발효와 이상 젖산 발효

phosphotransferase system (PEP-PTS)을 보유하고 있어서 우유의 락토스를 잘 이용하도록 적응되어 왔으며, 발효유 및 치즈의 제조에 전통적으로 이용되어 왔다.

(1) *Lactococcus lactis*

그람양성이며 전통적으로 버터 및 치즈의 생산에 이용되어 왔다. 모양은 쌍구균이나 짧은 연쇄상으로 보이며, 경우에 따라서는 달걀형(ovoid)으로 보이는 경우도 있으며,

크기는 0.5~1.5 μm 정도이다. *Lc. lactis*는 포자를 형성하지 않으며 운동성도 없다. 이 균은 정상 젖산 발효를 하며, L(+) 젖산을 생산하는 것으로 알려졌으나 아주 낮은 pH에서는 D(-) 젖산도 생산하는 것으로 보고되었다. 이 균은 어떤 조건에서는 병원균으로 알려졌으며, 최근에 인체 및 동물 감염에 대한 사례가 보고되고 있다. *Lc. lactis*는 버터, 요구르트, 치즈 등의 생산에 가장 중요한 균주이다. 이 균은 락토스의 대사과정에서 ATP를 만들면서 부산물로 젖산을 생산하는데, 이것이 우유를 응고시키는 데 관여하게 된다. 이외에도 채소절임, 맥주나 와인, 빵 발효, 두유 발효, 버터밀크 등에도 사용된다. 최근에는 유전자 수준의 연구를 통해 식품산업뿐 아니라 제약산업에도 응용하려는 연구들이 진행되고 있다.

(2) *Streptococcus salivarius* subsp. *thermophilus*(*Streptococcus thermophilus*)

그람양성이며 통성혐기성으로 사이토크롬(cytochrome-), 옥시데이스(oxidase-) 및 카탈레이스 음성(catalase-negative)이며, 무포자, 비운동성이고 정상 젖산 발효를 한다.

(3) *Pediococcus*

그람양성의 젖산균으로 Lactobacillaceae에 속하는 구균 형태로 일반적으로 쌍구균(pairs) 또는 사련구균(tetrads)으로 존재한다. 이 균은 정상 젖산 발효를 한다. *Pediococcus*는 *Leuconostoc*과 *Lactobacillus* 등과 함께 채소 발효나 사워크라우트의 제조에 이용된다. 이 과정에서 양배추 내의 당은 젖산으로 발효되어 산미와 저장성을 부여한다. 맥주나 와인의 제조과정에서는 일반적으로 오염균으로 인식된다. *Pediococcus*는 사일리지의 제조에서 종균으로 사용되기도 한다.

(4) *Leuconostoc*

그람양성이며 Leuconostocaceae과(科)에 속한다. 형태적으로는 달걀형 구균(ovoid cocci)의 형태를 취하며, 종종 사슬구조를 형성한다. 이 균은 카탈레이스 음성이며 이상 젖산 발효를 취하고, 설탕에서 덱스트란이라는 다당류를 생산한다. *Leuconostoc*은 *Pediococcus*나 *Lactobacillus*와 함께 양배추 발효와 사워크라우트의 제조에 관여한다.

(5) *Oenococcus*

그람양성이며, Leuconostocaceae과(科)에 속한다. 이 균은 와인의 제조에 있어서 말로락트 발효(malolactic fermentation)를 담당하며, 여기에는 ***Oenococcus oeni***와 ***Oenococcus kitaharae***가 있다. 이 과정에서 포도즙의 말산(malic acid)은 젖산과 이산화탄소(CO_2)로 전환되어 포도주의 산도가 감소하고 향미가 증진된다.

2) 유산간균

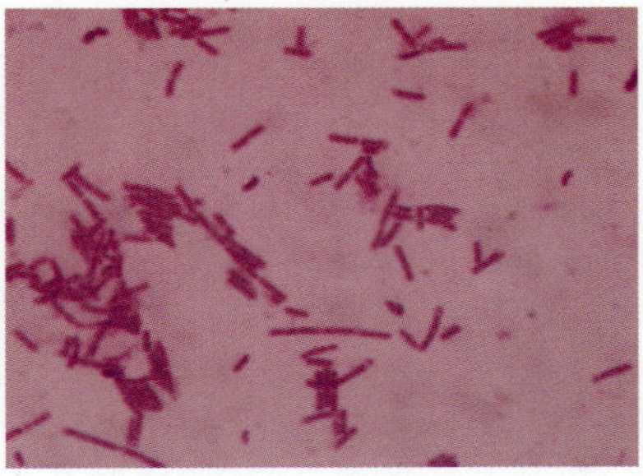

*Lactobacillus*는 그람양성이며 통성혐기성 혹은 미호기성이며, 유산균의 주요 균으로 락토스나 다른 당을 젖산으로 발효한다. 호모형으로는 ***Lb. acidophilus, Lb. casei, Lb. delbrueckii*** subsp. ***bulgaricus, Lb. delbrueckii*** subsp. ***lactis, Lb. helveticus, Lb. plantarum*** 등이 있으며, ***Lb. brevis, Lb. fermentum***은 헤테로형이다. 인체에서는 여성의 질이나 소화기 내에 존재하며 장내 균총을 형성한다. *Lactobacillus*는 요구르트, 치즈, 사워크라우트, 피클, 맥주, 와인, 김치, 초콜릿 등 발효식품의 생산에 광범위하게 이용되어 왔으며 사일리지 등 동물사료 생산에도 이용되어 왔다. 그러나 ***L. casei***와 ***L. brevis***는 맥주 생산에 있어서는 부패균으로 간주되기도 한다. ***Lactobacillus*** spp. 중에는 항염증, 항암활성 등 치료효과를 갖는 균들이 보고되고 있다. 이들을 섭취할 경우 특정 암세포의 크기나 숫자 등을 줄일 수 있는 연구결과들이 발표되었다.

(1) *Lactobacillus acidophilus*

S. salivarius, Lactobacillus delbrueckii spp. ***bulgaricus*** 등과 함께 acidophilus-type 요구르트의 제조에 이용된다. 이 균은 내산성이 강하여 pH 4~5 이하에서도 생육하며, 최적 생육온도는 약 30℃이다. ***L. acidophilus***는 인체의 소화기, 구강, 질 등에 존재한다. ***L. acidophilus*** 중 어떤 균은 프로바이오틱(probiotic)으로 인정된다. 이들은 장이나 질 내에 정착하여 영양소에 대한 경쟁과 대사물로 젖산이나 H_2O_2 등을 생산하여 유해균을 억제하는 역할을 한다. 또한 ***L. acidophilus***는 나이아신(niacin), 엽산(folic acid), 피리독신(pyridoxine) 등의 비타민을 생산하여 인체에 제공하기도 한다.

(2) *Lactobacillus plantarum*

사워크라우트, 피클, 염지 올리브, 김치, 사워도우 등 채소 발효와 몇몇 치즈, 발효 소시지 등의 생산에 폭넓게 사용되어 왔다.

(3) *Lactobacillus brevis*

*L. brevis*는 헤테로형 유산균으로 발효를 통하여 젖산, 이산화탄소, 아세트산, 알코올을 생산한다. 서식환경은 매우 다양하며 사일리지 발효나 사우어도우, 젖산 발효를 이용한 맥주의 생산에 이용되어 왔다.

(4) *Lactobacillus casei*

이상 젖산 발효균(Group III)으로 6탄당에서는 EMP를 거쳐서 젖산을 생산하는 정상 젖산 발효를 하고, 5탄당에서는 6-phosphogluconate/phosphoketolase pathway를 거쳐서 젖산과 초산을 만드는 이상 젖산 발효를 한다. 일반적으로 *L. casei*는 45~47%의 G+C 함량을 보이며, 15℃에서 성장하나 45℃에서는 자라지 못하고 리보플라빈, 엽산, 판토텐산, 나이아신 등의 비타민을 필요로 한다. 산업적으로는 발효유의 제조나 프로바이오틱스로서 이용되기도 한다.

(5) *Lactobacillus delbrueckii*

정상 젖산 발효균(Group I)으로 6탄당에서 EMP를 거쳐 젖산만을 생성한다. ***L. delbrueckii***는 ***L. delbrueckii*** subsp. ***delbrueckii***, ***L. delbrueckii*** subsp. ***lactis***, 그리고 ***L. delbrueckii*** subsp. ***bulgaricus*** 등의 아종을 갖는다. ***L. bulgaricus***는 호열성으로 최적 생육온도가 42℃이다. 이 균은 요구르트, 스위스 치즈, 이탈리아 치즈 등의 제조에 이용되어 왔다.

(6) *Lactobacillus gasseri*

L. acidophilus 그룹에 속하며 정상 젖산 발효를 하고, 인체의 장에서 발견되는 유산균으로 장내에서의 생존성이 우수하며, 프로바이오틱스로서의 기능을 가지는 것으로 알려지고 있다.

3) 비피더스균

*Bifidobacterium*은 일반적으로 유산균으로 취급하지만 분류학적으로 Actinomycetales에 속하고 DNA 염기 조성에 있어서 G+C 함량이 높은 그람양성균이다. 비피더스균은 동물의 장, 구강, 질 등에 존재하며 특히 모유아의 장에서 최우세 균총으로 발견된다. 모유를 섭취하는 유아의 장내 균총 중의 90% 이상이 *Bifidobacterium*으로 이루어져 있다. 그러나 이유식 섭취 이후에 *Bifidobacterium*의 숫자는 감소하며 전체 균총 중의 10~20% 수준으로 존재하다가 노인이 되면서 더욱 감소한다. 비피더스균은 무포자 간균으로 나뭇가지 모양, Y자형, 곤봉 모양 등 생육 환경에 따라 다양한 형태를 가지며, 산소가 있으면 자라지 못하는 절대혐기성균이다. 인체 유래의 비피더스균은 생육 최적온도가 36~38℃인데 비해 동물 유래의 비피더스균은 41~43℃의 최적온도를 보이며, *B. thermoacidophilum*은 49.5℃의 최적 생육온도를 보인다. *Bifidobacterium*은 다수의 탄수화물을 발효에 이용하고 에너지를 생산한다. 탄수화물의 종류에 따른 발효능에 따라 균을 구별하고 동정하는 기준에 이용한다. 당들은 *Bifidobacterium*에 특이적으로 존재하는 F6PPK 효소 작용을 받으며 BIFIDUS pathway를 거쳐 주된 산물로 초산(cetate)과 젖산(lactate)을 3:2로 생산한다그림 7-3. *Bifidobacterium*에 의하여 생산되는 초산과 젖산은 항균 활성을 보유하기 때문에 장내에서 유해세균의 정착을 억제

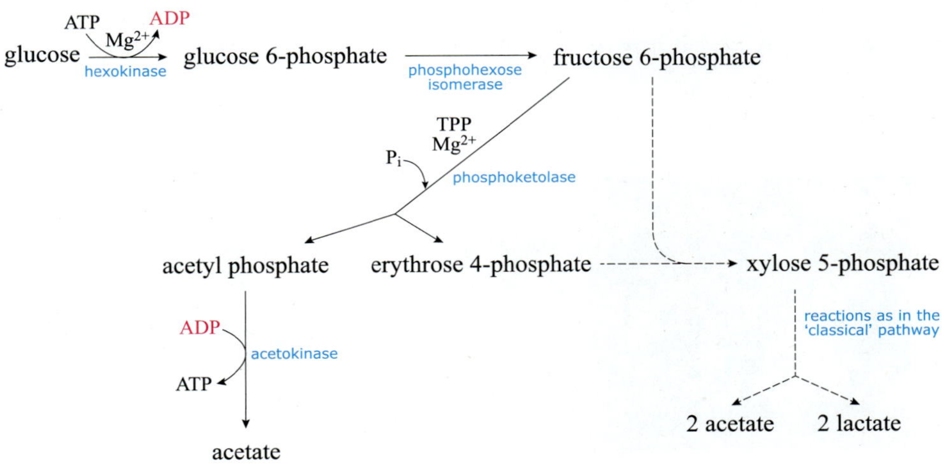

그림 7-3 *Bifidobacterium* 경로

하는 데 관여하며, 장내의 연동 운동을 촉진하고 장내의 상피세포를 통하여 체내로 흡수되어 에너지원으로 작용한다. 그러나 발효유 제조 시 생산되는 초산은 일정량 이상에서는 초산취를 발생시켜 제품의 관능적 품질의 저하요인으로 작용한다. 따라서 장내 환경과 제품 제조 시 생산되는 초산과 젖산 등의 유기산 생산에 대한 적절한 조절방법에 대한 연구가 요구된다. 그러나 생산된 산의 종류와 비율은 항상 일정한 것은 아니고 균의 종류와 배양의 환경조건에 따라 달라질 수 있다.

(1) 인체의 장내 세균과 프로바이오틱스

사람의 장에는 많은 수의 장내 세균이 살고 있다. 이들은 소화과정의 유지에 중요한 역할을 하고 있으며 장의 운동을 돕기도 하고 병원성균의 서식으로부터 장을 보호하는 역할도 한다. 인체의 장내에 음식물의 양과 세균의 양이 반반씩 존재하고 매일 배설하는 분변 내용물도 수분을 제외하면 약 40%가 세균이다. 사람의 변을 현미경으로 관찰하면 변은 거의 세균 덩어리로 이루어져 있음을 알 수 있다그림 7-4.

이들은 99%가 편성 혐기성 세균으로 인체의 건강에 지대한 영향을 미치고 있다. 사람은 출생하자마자 약 4시간 후부터 장에 세균이 자라기 시작한다. 세균의 균총은 산모의 균총, 분만 방법, 분만 환경 등에 영향을 받고 특히 모유 수유에 의한 영향을 많이 받는다. 초기에는 대장균, *Streptococcus* 등이 우세하다가 약 3주 후부터는 세균들이 안정화되어 *Bifidobacterium*이 우세하게 되는데, *Bifidobacterium*은 유아와 성인에게 모두 가장 유익한 균이다. 유아가 모유 또는 분유를 섭취하느냐에 따라 장내에 섭취하는 균의 종류가 달라지고 장내 환경 및 병의 이환율에 영향을 미친다. 특히, 모유를

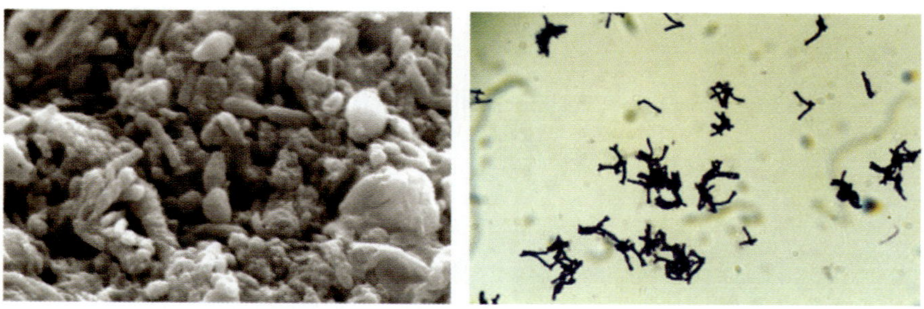

그림 7-4 장내용물의 전자현미경 사진(좌)과 비피더스균의 광학현미경 사진(우)

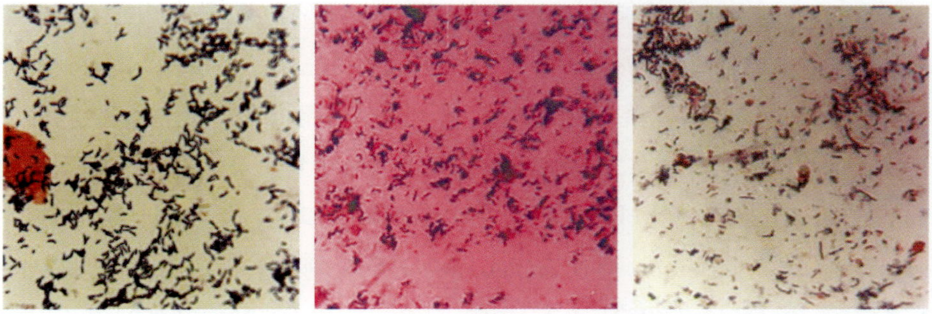

생후 50일 된 영아의 변　　　33세 여성의 변　　　63세 노인의 변

그림 7-5 **연령에 따른 장내 균총의 변화**

먹는 아기는 *B. infantis*, *B. breve*, *B. longum* 등의 *Bifidobacterium*이 전체 장내 세균의 90% 이상을 차지하게 되어 대장균 등 유해균으로부터 보호받고 면역 능력도 향상된다. 분유를 섭취하면 상대적으로 clostridia, enterococci나 enterobactereria와 같은 유해성 세균들이 증가한다. 이유식 이후에 장의 균총은 복잡해지며, *Bifidobacterium*은 줄고 *Bacteroides*라는 다소 유해한 균이 가장 많은 상태가 된다. 나이가 들어가며 *Bifidobacterium*의 종류도 바뀌어 *B. adolescentis*가 많은 상태로 변하게 되며 노인이 되면 *Bifidobacterium*은 더욱 줄게 되고 유해균의 대표인 *Clostridium perfringens*라는 세균이 증가한다. 이와 같이 노인의 장내 균총이 유해하게 변하는 것은 장의 운동력이 줄어들고 장내 세균에 의한 유해물질 생산이 늘어나기 때문이다그림 7-5.

*Bifidobacterium*은 숙주 특이성이 있는데 인체의 장내에 주로 서식하는 종류로서는 *B. adolescentis, B. longum, B. bifidum, B. breve, B. infantis* 등이 대표적이다. 장내 균총의 변동을 일으키는 요인으로서는 연령, 식이, 스트레스 등의 환경인자와 약물 및 항생제 복용 등이 있는데, *Bifidobacterium*은 유아형과 성인형의 차이가 현저한 것으로 알려졌다. 유아에는 *B. bifidum, B. breve, B. longum, B. infantis* 등이 주를 이루나 성인의 경우에는 *B. adolescentis*가 현저히 증가한다. 연령에 따른 *Bifidobacterium*의 변화가 일어나는 원인은 아직 확실하지 않다. 60년대에 흔히 발견되던 균주가 70년대에는 거의 검출되지 않았다고 보고된 경우도 있다. 산모의 비피더스가 유아에게 옮겨갔을 확률이 큰데 왜 비피더스의 조성이 산모와 유아에서 차이가 있는지 계속 조사해봐야 할 것이다. *B. adolescentis*는 우유에서의 증식능은 약하나 다양한 기질을 영

양성분으로 이용할 수 있는데 이러한 성질이 이유식 이후에 다양한 음식물 성분이 장내로 유입됨에 따라 *B. adolescentis*의 경쟁력이 높아지는 이유인 것으로 생각된다. *B. bifidum*은 이용 기질의 종류가 매우 작은 데 비하여 우유에서의 배양 능력은 양호한 편이다. 따라서 유아의 경우 *B. bifidum*의 장내 환경이 양호한 상태이지만 이유식과 아울러 *B. adolescentis* 등의 타 균주에 비하여 경쟁력이 약화되는 것이 아닌가 생각된다. 이들 인체 *Bifidobacterium* 중 *B. adolescentis* 균주를 제외한 *B. longum*, *B. bifidum*, *B. infantis*, *B. breve* 균주들이 주로 상업용 균주로 활용되고 있다. 발효유 제조 시 *B. adolescentis*는 배양적성이 좋지 않기 때문에 상업적 종균으로는 별로 활용되지 않는다. 다양한 스트레스에 대한 내성은 일반적으로 *B. longum* 균주가 일반적으로는 강한 편이지만 균주별 차이가 크기 때문에 산업용 균주로서 특정한 종을 이용하기보다는 요구되는 성질에 따라 적절한 균주를 선택 하는 것이 일반적인 접근 방법이다.

5. 유산균의 유전학

1) 지놈 연구

최근에 지놈 염기서열이 밝혀진 유산균으로는 *L. lactis*, *S. mutans*, *S. pneumonia*, *S. agalactiae*, *S. pyogenes*, *S. thermophilus*, *B. longum*, *L. brevis*, *L. casei*, *L. gasseri*,

표 7-2 비피더스균의 지놈 비교

	BBB	BLO	BLD	BAD	BLA
Genome size (bp)	2,223,664	2,256,640	2,375,792	2,089,645	1,933,695
Genes	1,903	1,798	2,062	1,700	1,604
CDSs	1,835	1,727	1,990	1,631	1,528
rRNA	9	12	13	15	7
tRNA	52	57	58	54	52
GC(%)	62.65	60.86	60.15	59.18	60.49

BBB, *Bifidobacterium bifidum* BGN4
BLO, *Bifidobacterium longum* NCC 2705
BLD, *Bifidobacterium longum* DJO10A
BAD, *Bifidobacterium adolescentis* ATCC 15703
BLA, *Bifidobacterium animalis* subsp. *lactis* AD011

Lc. cremoris, Luc. mesenteroides, Oenococcus oeni, Pediococcus pentosacesus. L. plantarum, L. johnsonii, L. acidophilus 등이다. 이들은 모두 그람양성이며 전체 지놈의 크기는 약 1.8~3.3 Mb로 작은 편이다. *L. acidophilus*를 다양한 탄소원에서 배양하며 유전자의 발현을 관찰한 결과 해당과정에 관여하는 유전자의 발현이 가장 활발한 것으로 나타났다. 이는 해당과정에서 에너지를 얻는 유산균의 일반적인 현상으로 밝혀지고 있다. 유산균의 지놈 분석결과 이들은 광범위한 탄소원의 분해유전자를 보유하는 것으로 나타났다. *L. plantarum*의 경우 다양한 PTS트랜스포터를 가져 다양한 탄소원 이용능을 설명해준다. 특히 다양한 트랜스포터가 집중적으로 모여 있는 부분이 있어 이를 lifestyle adaptation island로 명명하였다. 이러한 현상은 *S. mutans, L. johnsonii, L. acidophilus* 등에서도 공통적으로 나타났다. 영양소를 섭취하기 위한 트랜스포터는 전체 유전체의 약 13~17%이며, 당보다는 아미노산과 펩타이드를 위한 트랜스포터가 더 많았다. 이들은 자체 내에서 아미노산을 충분히 합성하지 못하기 때문에 주위에서 이를 섭취하기 위한 다양한 펩티데이스, permease, transporter 등을 발현한다. 특히 장내 유산균(*L. acidophilus, L. johnsonii*)에서는 세포벽에 부착된 단백분해효소가 발견되었다. 같은 환경에서 서식하는 유산균 사이에서는 유전자의 이동현상도 발견되었다. 이는 주로 새로운 환경에 적응하기 위해 필요한 유전자를 얻는 과정으로 생각된다.

전체 지놈 정보를 이용하면 동일한 종 내에서도 서로 다른 특이 유전자와 공통적인 유전자 등을 확인할 수 있다. 이러한 정보는 특정 균주의 동정에 활용될 수 있다. 비교유전학은 유전자의 내용, 유사점과 차이점, 프로바이오틱스로서의 필수적이고 독특한 기능에 대한 단서를 제공한다. 즉, 장점막에 대한 부착관련 유전자, 유전자 전달에 관련된 prophage, 박테리오신, 조절유전자, 신호전달경로, 스트레스나 내산, 내담즙성 등 프로바이오틱스의 건강증진과 관련된 역할을 규명하는 데 도움이 된다. 하지만 아직도 기능에 대하여 모르는 부분이 지놈의 40% 이상에 달하고 있다. 또한 이러한 유전자정보에서의 단서는 *in vivo*실험을 통하여 검증되어야 한다. 최근에 *in vivo* 연구를 통해 인체 내에서 발현이 유도되고 조절되는 유전자를 규명하는 연구가 진행되고 있다.

2) 유산균 유전자 발현 시스템 연구

1970년대에 코헨과 보이어(S. Cohen & H. Boyer)의 연구로 시작된 형질전환 시스템은 주로 대장균을 중심으로 활발하게 개발되어 왔으며 현재도 분자생물학 등 생명공학 분야에서 매우 유용한 유전자 조작의 근간을 형성하고 있다. 하지만 대장균은 식용미생물이 아니며 LPS(lipopolysaccharide) 등 독성을 보유하고 있어 안전성이 최우선 고려대상이 되는 식품분야에서는 형질전환 시스템으로 적용할 수 없는 한계를 가지고 있다. 이와는 대조적으로 유산균은 GRAS로 분류되어 안전성이 확보된 것으로 간주되기 때문에 유산균을 활용한 식품용 유전자 발현 시스템(Food grade expression system)의 개발이 활발하게 이루어지고 있다.

유산균을 이용한 유전자 발현 시스템을 구축하기 위해서는 유산균을 이용한 안전한 숙주(host)와 식용미생물에서 유래한 유전자로 구성된 발현벡터(expression vector)의 개발이 선행되어야 한다. 유산균 발현 시스템의 기주로는 형질전환 효율이 높고 도입된 유전자를 안정적으로 유지할 수 있는 균주의 선발이 되어야 한다.

식품용 발현벡터를 구축하기 위해서는 기본 틀로 작용할 수 있는 플라스미드에 대한 연구가 우선되어야 한다. 즉, 식용 미생물에서 플라스미드를 분리하고 염기서열 분석을 통하여 복제에 필요한 부분을 발현벡터의 기본틀로 사용하여야 한다. 또한 외래유전자의 도입을 위한 MCS(multiple cloning site)와 도입된 유전자의 발현을 위한 발현조절부위(프로모터와 조절부위)가 필요하다그림 7-6. 그리고 식품에서는 항생제 내성 유전자를 선발유전자로 이용할 수 없기 때문에 식용미생물에서 유래한 선발유전자의 확보가 매우 중요하다.

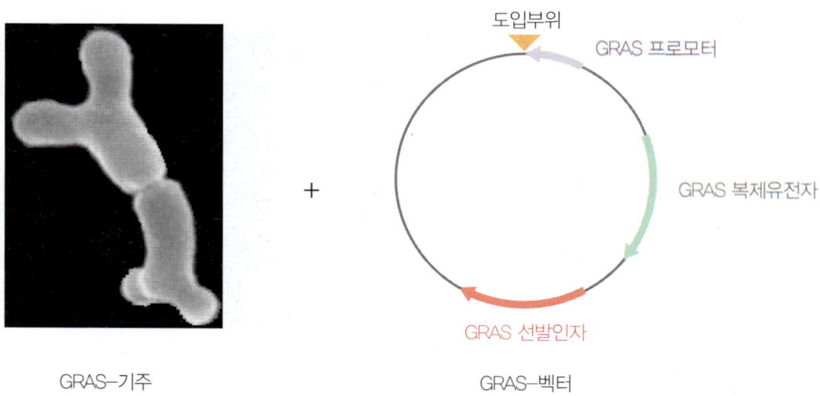

그림 7-6 유산균을 이용한 발현 시스템 구성도

(1) 유산균 유전자 발현 시스템 연구

유산구균에서는 주로 *Lc. lactis*를 이용한 발현 시스템의 연구가 주류를 형성하고 있다. McKay 등은 1983년에 *Lc. Lactis*에서 다양한 종류의 플라스미드(plasmid)를 발견하였으며 이를 활용한 다양한 셔틀벡터(shuttle vector)의 개발이 시작되었다. 셔틀벡터는 대장균과 유산균에서 각각 작동하는 복제기점과 선발인자로 이용할 수 있는 항생제 마커, 외래 유전자의 도입을 위한 다양한 클로닝부위, 외래 유전자의 발현을 위한 발현조절부위 등을 갖도록 재조합되었다. 이에 앞서 ***Streptococcus*** 및 ***Enterococcus*** 등에서도 플라스미드가 발견되었으며 이들을 활용한 형질전환 시스템의 개발이 이루어졌다. 유산균에 존재하는 플라스미드는 복제과정에서 생기는 중간체의 모양에 따라 theta-mode와 rolling circle replication mode(RCR-mode)로 나뉜다. 복제메커니즘은 그 플라스미드의 안정성에 영향을 미치는 것으로 알려져 있는데 일반적으로 RCR-mode의 플라스미드가 더 불안정한 것으로 보고되고 있다. 플라스미드 형태의 벡터에서 나타나는 불안정성을 극복하기 위해서 염색체에 homologous recombination에 의해서 도입되는 삽입벡터(integration vector)도 개발되었다. 이러한 발현 시스템들은 여전히 선발인자로 항생제 마커를 보유하고 있기 때문에 식품에 이용될 수 없는 한계를 가지고 있다. 이를 극복하기 위하여 선발인자를 식용유전자로 대체하는 food grade vector system에 대한 연구가 진행되어 박테리오신인 니신(nisin) 저항 유전자를 이용한 NICE(<u>n</u>isin <u>c</u>ontrolled <u>e</u>xpression) system이 개발되었다. 최근에는 외래 유전자의 발현조절에 관한 연구들이 진행되고 있다. 유용 미생물로써 많은 연구가 이루어진 발현조절에는 *lac* promotor, nisA promotor-NICE 등과 함께 pH 의존성 유도계이다. 외부의 산이나 염소이온 또는 글루탐산 농도가 높아지면 gad(glutamate decarboxylase) promotor가 활성화된다. 이를 이용하면 김치의 발효 환경인 0.5 M NaCl 첨가배지에서 균이 자라며 pH가 내려갈 때 gad promotor의 발현 유도를 통하여 유용 유전자를 1,000배 이상 유도하는 것이 가능하다. *Lc. lactis*에서 lactate dehydrogenase를 실활시키면 lactic acid 대신에 acetate, formate, ethanol, acetoin들을 생산시킨다. 이 균주에 ethanol 생산 유전자를 도입함으로써 ethanol 생산 능력이 현저히 높아진 균주가 도입되었다.

(2) 비피더스 발현 시스템 연구

비피더스균의 플라스미드에 관한 연구는 1982년에 이탈리아의 스고르바티(Sgorbati) 등에 의해서 시작된 이래 플라스미드의 유전자 지도의 작성과 염기서열 분석 등을 통해 셔틀벡터로 개발하고자 하는 연구가 진행되었다. 이러한 비피더스의 벡터 연구는 주로 이탈리아 볼로냐대학교의 연구 그룹과 일본의 야쿠르트사와 교토대학교 그리고 한국의 서울대학교 연구 그룹 등에 의해서 주도되고 있다. 이 연구 그룹 등은 비피더스에서 pKJ50, pKJ36, pMG1 등의 플라스미드를 분석하여 이들이 single-stranded DNA를 중간체로 하는 RCR-mode에 의해서 복제하는 것을 확인하였고 이를 이용한 비피더스와 대장균 간의 셔틀벡터를 개발하였다. 이를 이용하여 다양한 외래 유전자를 비피더스에 발현하였으며, 특히 비피더스 유래의 아밀레이스 분비신호를 이용한 발현 분비 시스템도 구축하여 비피더스에서 외래 유전자를 효과적으로 발현하고 분비하였다.

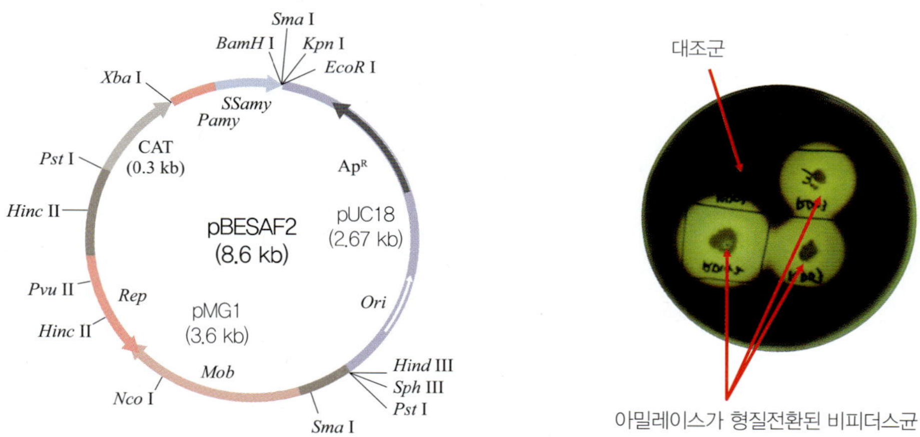

그림 7-7 비피더스 발현벡터(좌)와 이를 이용한 비피더스균의 형질전환(우, 아밀레이스가 도입된 비피더스균)

자료 : Park et al.(2005). *le Lait*. 85:1~8

Chapter 8

일차 대사산물

1. 미생물 대사의 개요
2. 다양한 유기분자의 원료 공급원 : 해당작용
3. 피루브산 유래 일차 대사산물 및 발효
4. 아미노산
5. 핵산
6. 세포 내 축적물질
7. 미생물 균체 생산

1. 미생물 대사의 개요

생물체의 대사(metabolism)란 생물체 안에서 일어나는 모든 생화학적인 활동을 뜻하는데 이화작용(catabolism)과 동화작용(anabolism) 두 가지로 나뉜다. 물질대사의 목적은 이화작용을 통한 에너지를 생산하여 생물체가 필요한 이동, 생체물질 합성 등을 수행하고 동화작용을 통하여 생물체가 필요한 세포물질을 생산하여 이들을 이용한 세포의 성장, 분열 등을 통한 세포의 증식(proliferation)을 하는 것이다. 일차 대사산물이란 이들의 작용을 통해 세포의 필수적인 대사활동을 통하여 얻어지는 물질 또는 부산물(알코올, 젖산)을 말한다. 본 장에서는 일차 대사산물의 종류와 이들의 생산과 관련된 생화학적 경로(pathway)들을 살펴본다.

이화작용이란 크고 복잡한 물질을 작고 단순한 물질로 분해하여 에너지를 얻는 방법이다. 에너지를 얻는 방법에는 이화작용 외에도 광합성 또는 무기물로부터 얻는 환원에너지 등 다양한 방법이 있다. 동화작용은 세포 내 물질을 변형, 자신이 원하는 물질을 얻는 것으로 주로 에너지를 투입해야 하는 활동이지만, 일부 동화작용에서는 보다 단순한 물질을 필요로 하여 에너지 투입이 없거나 오히려 동화과정 중 에너지가 생길 수 있다.

세포 내 대사과정의 큰 흐름을 살펴보면 해당작용(glycolysis)과 크렙스 회로(Krebs cycle) 또는 TCA 회로 과정에서의 생화학적 물질의 교환작용을 들 수 있다그림 8-1. 이 그림에서 보여 주듯이 크게 3단계로 분류할 수 있는데, 첫째, 거대분자로부터 단량체로 해당작용을 통한 물질교환, 그리고 TCA 회로로부터의 아미노산과 핵산과의 물질교환으로 분류된다.

미생물은 세포 밖에 있는 많은 고분자 물질을 분해하여 단순한 형태로 먼저 변경시키고 이를 흡수하여 대사를 수행한다. 탄수화물의 경우 전분, 글리코겐(glycogen) 등을 분해하여 단당류 또는 올리고(oligo)당으로 만들어 흡수한다. 일부 미생물은 셀룰로스(cellulose), 펙틴(pectin) 등도 분해하는 효소를 분비하여 이들을 사용한다. 지질의 분해과정(triacylglyceride $\xrightarrow{\text{지질 분해효소}}$ 글리세롤 + 지방산) 중 생산되는 글리세롤은 해당과정으로, 지방산은 β-산화과정으로 아세틸-CoA로 변화되어 TCA 회로로 들어간다. 단백질은 식품 부패세균 등에 의하여 아미노산으로 변화되고, 이들은 다시 탈아미노화되고 남은 탄소골격은 TCA 회로로 들어간다. 또한 필요한 아미노산은 이들 유

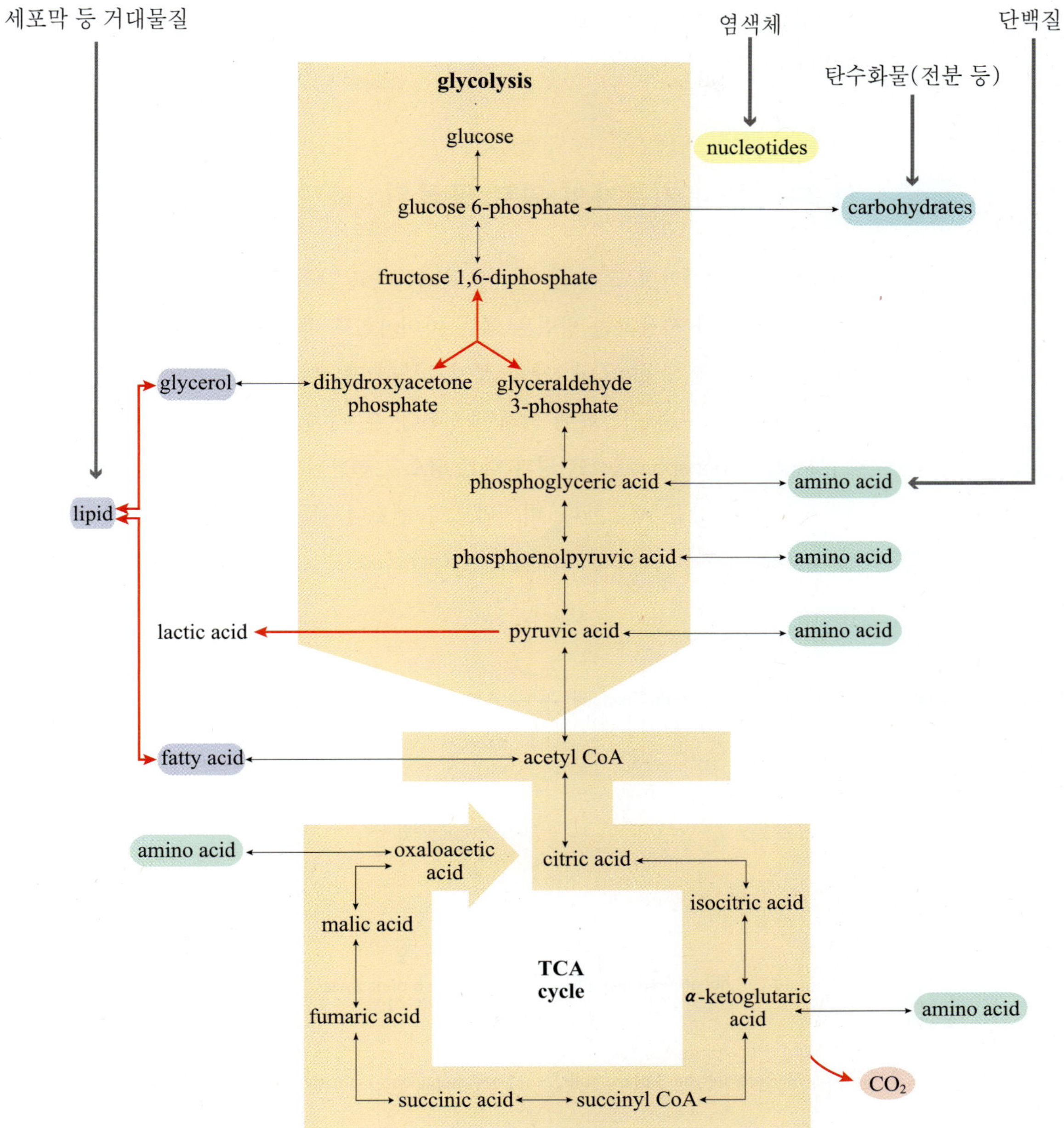

그림 8-1 세포 내 필수물질의 합성 및 분해

기산으로 α-케토글루타르산(α-ketoglutaric acid)으로부터 아미노기를 옮겨 생산할 수 있다그림 8-1.

2. 다양한 유기분자의 원료 공급원 : 해당작용

해당과정은 현재까지 크게 세 가지가 존재한다고 알려져 있다. 그 중 대부분의 미생물 및 생물체가 사용하는 방법은 엠덴-마이어호프 과정이다그림 8-1. fructose-1,6-diphosphate를 통해 glucose 1개의 분자로부터 총 NADH 2개, ATP 2개를 생산한다. ATP는 기질 수준 인산화에 의해 생성된다. 또 다른 해당과정은 5탄당 인산경로로 glucos-6-phosphate는 5탄당과 다른 당으로 전환된다그림 8-2. 이 경로는 NADPH, ATP, 5탄당, 4탄당을 제공한다. 마지막으로 엔트너-두도로프 경로에서 glucose는 5-phosphogluconic acid가 되고 피루브산(pyruvate)과 glyceraldehyde-3-phosphate

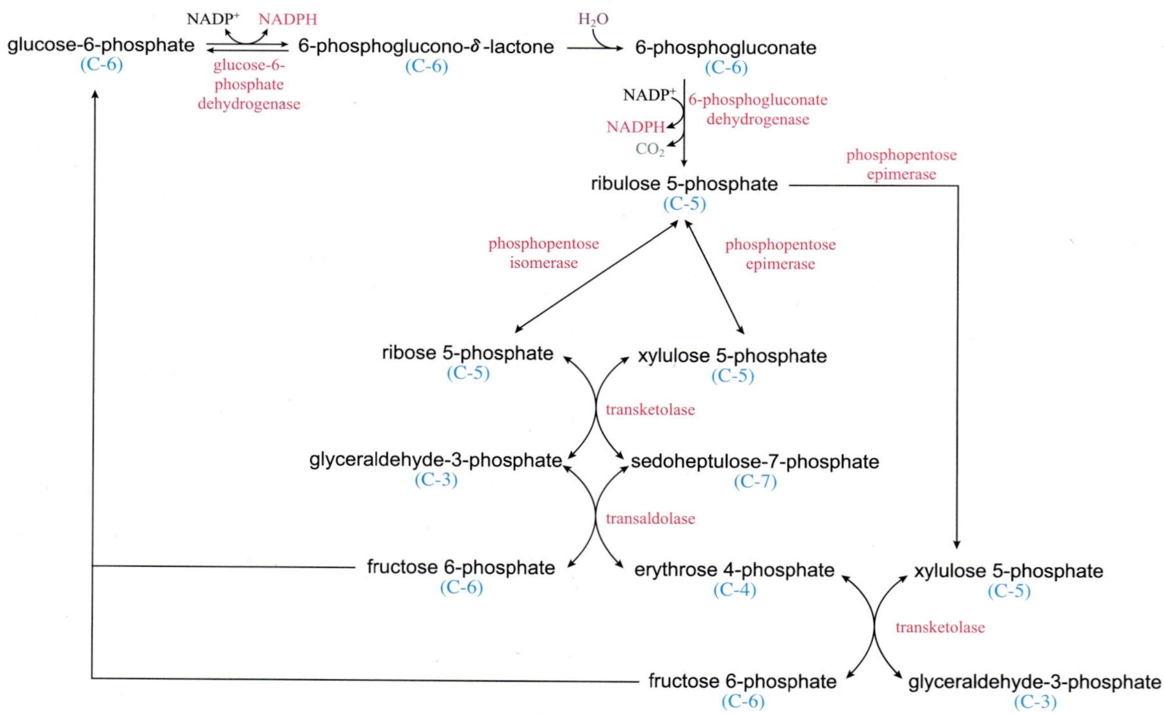

그림 8-2 5탄당 인산경로

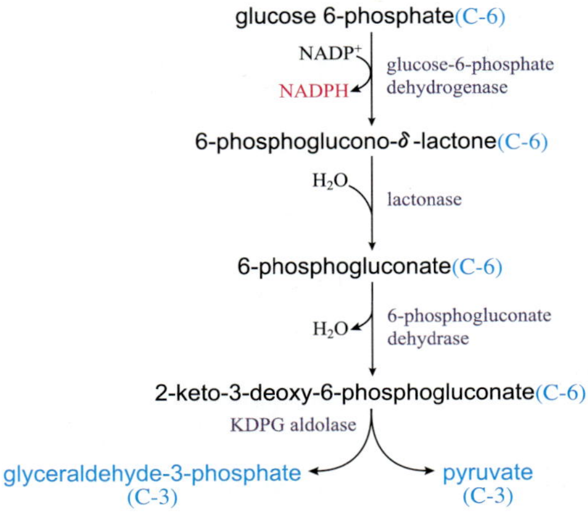

그림 8-3 엔트너–두도로프 경로

로 되어 엠덴–마이어호프 과정(EMP)에서 생성되는 물질과 같은 결과물을 얻고, 에너지로 NADPH를 얻는다그림 8-3. 이렇듯 다양한 방법의 해당과정들이 존재하여 미생물들이 필요로 하는 일차 또는 이차 대사산물을 이들 과정에서 생성되는 중간 대사산물 또는 최종 대사산물을 이용, 생산하게 된다.

3. 피루브산 유래 일차 대사산물 및 발효

피루브산(pyruvate)은 매우 중요한 대사물로 이로부터 생산되는 유기산 및 대사부산물은 산업적으로 매우 중요한 의미를 갖는다. 이들 물질을 살펴보면 acetate, butanol, butandien, ethanol, acetate, lactate 등이 있다표 8-1. 이들을 생산하는 미생물은 다양하며 한 종류가 모든 것을 생산하는 것이 아니라 미생물마다 특징 있게 이들을 생산한다.

1) 젖산

발효(fermentation)란 단어는 여러 의미로 쓰일 수 있는데, 여기에서는 무산소 상태에서의 미생물대사를 뜻한다. 무산소 상태에서 미생물들은 해당과정을 거쳐 생산된 산화된 유기분자를 전자수용체로 사용해 해당과정에서 생산된 NADH를 재산화하여 NAD를 재사용한다. 즉, 해당과정이 계속되기 위해서는 NAD가 지속적으로 공급되어

표 8-1 피부르산 유래 대사산물

	미생물	과정
pyruvate	*Streptococcus* *Lactobacillus* *Bacillus*	lactate
	Saccharomyces *yeast* *Zymomonas*	acetaldehyde → ethanol
	Propion-bacterium	oxaloacetate → malate → fumarate → succinate → succinyl CoA → me-malonyl CoA[b], propionate ← propionyl CoA ← me-malonyl CoA[a] ↲
	Clostridium	acetyl-CoA → acetyl-Ⓟ → acetate ↳ acetoacetyl-CoA → acetone → isopropanol ↳ butyryl-CoA → butyradehyde → butanol ↳ butyryl-Ⓟ → butyrate
	Escherichia *Enterobacter* *Samonella* *Proteus*	acetyl-CoA → acetaldehyde → ethanol
	Enterobacter *Serratia* *Bacillus*	∝-acetolacetate → acetoin → 2, 3-butanediol

야 하나, 이때 생산된 NADH가 무산소 상태에서는 사용될 수 없어 이를 재산화해서 사용해야 한다(발효). 또한 해당과정의 결과물인 피루브산은 미생물에 대한 독성이 높으므로 독성이 낮은 알코올이나 젖산으로 변환시키는 것이 미생물에 유리하기 때문에 발효(여기서는 무산소성 발효)를 수행한다. 여러 종류의 진균, 세균 등은 알코올 발효로 당을 에탄올과 이산화탄소로 만든다표 8-1.

피루브산이 젖산으로 환원되는 젖산 발효는 주로 젖산균이라 불리는 세균에 의해 일어나며, 동물에서도 일어나는 일반적인 현상이나 산업적 젖산 생산에는 젖산균이 이용된다. 젖산만을 생산하는 정상 젖산 발효와 이산화탄소, 초산, 알코올 및 젖산을 생산하는 이상 젖산 발효 두 가지의 발효가 있다그림 8-4. 요구르트 등은 정상 젖산 발효균(*Streptococcus*, *Lactococcus*, *Lactobacillus* 등의 유산균), *Bacillus*속, 조류(*Chlorella*), 물곰팡이(water mold), 원생동물과 동물의 골격근에서 일어난다. 김치 같은 것은 이상 젖산 발효균(*Leuconostoc* 등의 속)에 의해 일어나는데, 맛 또한 이들의 생산물에 의해 영향받아 김치에서의 초산과 이산화탄소 등은 김치의 맛을 좌우하는 중요한 인자이다.

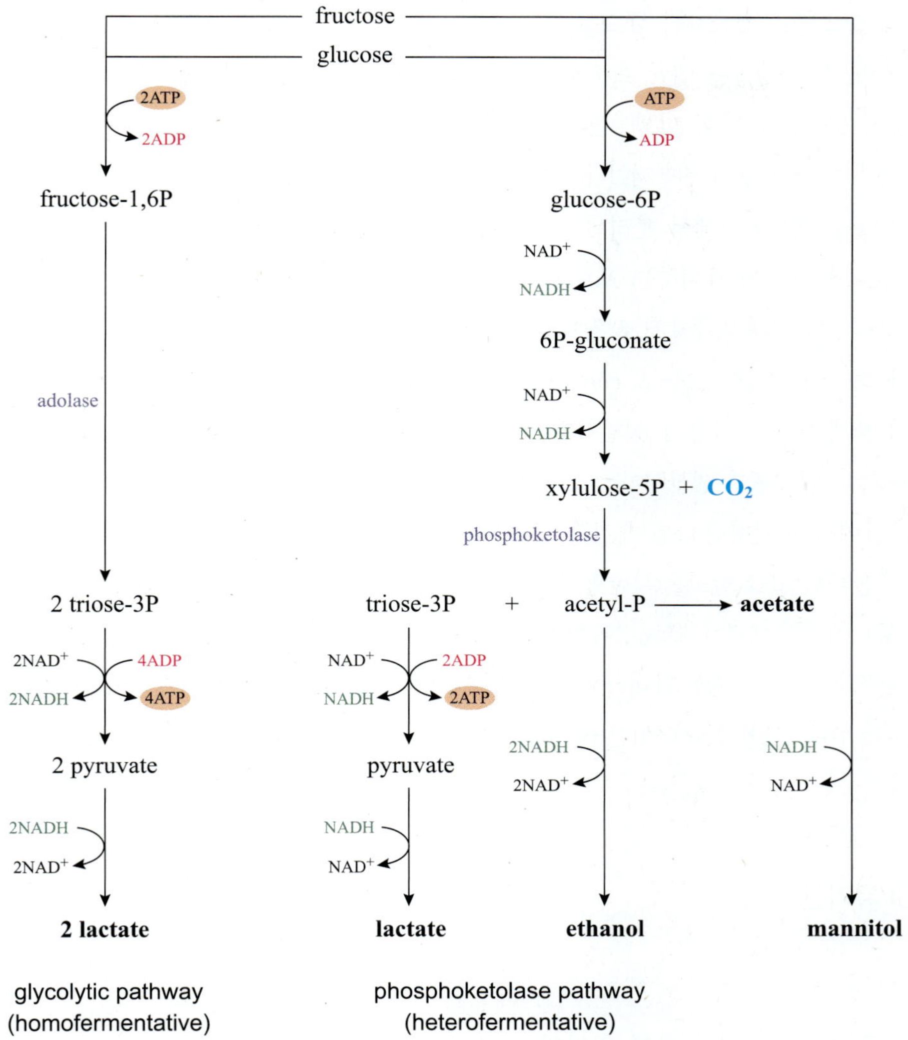

그림 8-4 homolactic과 heterolactic 발효

2) 알코올

알코올은 인간의 역사만큼 오랫동안 생산되었다. 알코올 발효는 단발효식(單醱酵式)과 복발효식(複醱酵式)이 있는데, 단발효식으로 만든 것에는 처음부터 당분을 포함한 과즙을 발효시켜 음료용으로 하는 포도주 등의 과실주가 있다. 복발효식은 곡류를 원료로 하여 이것을 다양한 방법으로 당화(糖化)시켜 발효시킨 것으로 맥주, 청주 등이

있다. 알코올을 생산하는 균으로는 가장 대표적으로 효모 *Saccharomyces cerevisiae*가 있다. 이 미생물은 진균 효모로 아마 전 세계에서 가장 상업적으로 널리 쓰이는 미생물이 될 것 같다. 이 미생물은 또한 진핵생물 중 가장 단순한 모델생물로 이의 유전학 등의 연구가 많이 진행되었다. 이전에는 이 미생물이 *S. carlsbergensis*(Denmark의 Carlsberg 맥주공장에서 분리된 하면발효 맥주효모), *S. ellipsoideus*(세포는 타원형이며 포도주 양조에 관여하는 포도주 효모), *S. coreanus*(우리나라 누룩과 탁주 술덧에서 분리되어 종래 탁주효모로 알려진 것), *S. sake*(일본 청주생산 균) 등의 이름을 가졌으나 최근에 이들이 모두 *S. cerevisiae*로 분류되었다. 이 균은 또한 빵 발효에 쓰이고 있어 세계 제일의 사용과 상업적인 영향을 갖는다고 할 수 있겠다. 세균 *Zymomonas mobilis*도 알코올의 생산성이 높아 에탄올의 생산에 일부 사용되고 있다. 알코올은 피루브산에서 이산화탄소를 제거하여 생산한다표 8-1. 여기서 효모를 사용하여 알코올을 생산하면 고급 알코올(부탄올, 핵산올, 프로판올 등의 지방족 알코올과 2-페닐에탄올 등), 에스터(에틸아세트산, 아이소아밀아세트산, 아이소뷰틸아세트산, 에틸카프론산, 페닐에틸아세트산 등), 알데하이드[아세트알데하이드(ethanal)], 다이케톤[다이아세틸(diacetyl)과 펜탄-2,3-다이온(pentane-2,3-dione) 등]의 풍미물질도 부산물로 생산된다.

3) 유기산

(1) 초산

포도주가 생산되어 왔던 기간만큼 초산도 생산되었다. 아세트산 생산을 위해 *Acetobacter*와 *Gluconobacter*의 균주를 사용한다. *Acetobacter*속에 속하는 균주들은 에탄올을 아세트산으로 더 나아가 이산화탄소와 물로 분해시킨다. 이에 비하여 *Gluconobacter*의 균주를 살펴보면, *Gluconobacter oxidans* 균주가 있고 이것은 *Acetobacter*와 달리 아세트산에서 이산화탄소와 물로 분해시키는 과정이 없다. 따라서 훨씬 유리한 아세트산 생산 균주가 되겠다. 생합성 과정을 살펴보면, 경로표 8-1를 통해 불완전 산화가 되고, 1 mol의 에탄올(12%, v/v)이 1 mol의 아세트산(12.4%, v/v)으로 변하게 된다. 호기성 반응이고 산소가 없으면 세균은 죽는다. 다른 방법에 의하여 *Clostridium*속 같은 미생물은 acetate를 생산하면서 ATP를 얻는다표 8-1.

(2) 구연산

구연산은 1893년 곰팡이(Filamentous fungi)에서 발견되었고, 1923년 실질적인 첫 번째 발효가 진행되었다. 그리고 1930년대에 이르러 식용유(deep-fat)를 이용한 발효가 이루어졌다. 산업적인 구연산 생산을 위해 흑국균(*Aspergillus niger*) 변이체를 사용하기도 한다. 생합성의 방법으로 포도당 이화(catabolism), 구연산염 합성, TCA 회로 구성요소의 보충을 들 수 있다그림 8-1.

(3) 기타 유기산

스위스 치즈의 고유한 향미를 생산하는 *Propionibacterium*에 의하여 프로피온산(propionic acid)이 생산된다. 이 경우에 이산화탄소를 생산하여 치즈 속에 원형의 공간이 생기는 치즈 구멍(cheese eyes)이 만들어진다. 기타 공업적인 사용을 위하여 부탄올 등이 생산되기도 한다표 8-1.

4. 아미노산

질소와 탄소 대사 그리고 이때 사용되는 에너지를 제어할 필요가 있기 때문에 아미노산 합성은 일반적으로 allosteric enzyme, feedback inhibition, feedback repression 등을 이용하여 조절된다. 미생물에 있어 무기태 질소원의 이용은 대부분 TCA 회로의 α-ketoglutarate로 전달되어 glutamate로 변환시켰다가 이로부터 다른 유기산으로 아미노 그룹을 전달하여 여러 가지의 아미노산을 생산한다그림 8-5.

아미노산은 기본적인 20가지의 아미노산을 포함 일부 중간물질 또는 특수한 아미노산 등 종류가 많아 이들의 생산경로는 여러 가지가 있다. 그 중 아스파트산(aspartate), 아스파라진(asparagine), 트레오닌(threonine), 아이소루신(isoleucine) 등의 아미노산과 글루타민(glutamine), 글루탐산(glutamate), 아르지닌(arginine), 프롤린(proline) 등의 아미노산은 TCA 회로로부터 생산된다그림 8-6. 피루브산은 일부 아미노산을 생산하는 데 축합반응으로 첨가되어 탄소원으로 작용한다. 세린(Serine), 글리신(glycine), 히스티딘(histidine), 시스테인(cysteine) 같은 아미노산을 해당작용의 중간 대사산물로부터 생산되고, 페닐알라닌(phenylalanine), 타이로신(tyrosine), 트립토판(tryptophan) 같

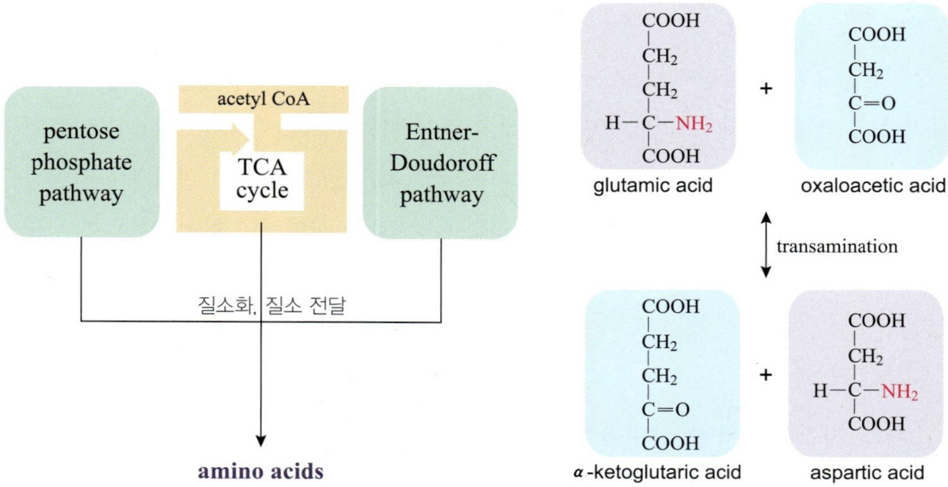

(a) 아미노산 합성 (b) 질소 전달(이전과정)

그림 8-5 유기산으로부터 아미노산의 생성

은 아로메틱 아미노산을 5탄당 인산경로에서 생산된 당을 이용해 생산된다그림 8-6. 미생물은 시스테인, 메싸이오닌 같은 황함유 아미노산을 합성하기 위하여 무기황산염을 황의 원료로 이용하여 환원과정에서 황화물로 환원시킨다. 미생물은 시스테인과 메싸이오닌을 황의 공급원으로 다른 황함유 물질을 생산하는 데 사용하기도 한다. 황은 아미노산뿐만 아니라 각종 조효소의 합성에 필요하다.

산업적으로 가장 중요한(조미료 등의 원료) 글루탐산(glutamic acid) 같은 TCA 회로로부터 생산되는 아미노산의 생산에 대하여 좀 더 자세히 살펴보자. 글루탐산은 풍미를 증가시키는 아미노산로서 1908년 일본에서 처음 밝혀내어 사용하기 시작하였다. 1957년 L-glutamic acid를 *Corynebacterium glutamicum*를 통하여 생산하기 시작했으며 연간 상당한 양이 생산되고 있다. TCA 회로에서 아미노산의 생산 방법은 포도당 이화(catabolism), 아미노산 전구체(α-ketoglutarate 또는 oxalacetate)의 합성, 다음 TCA 회로 구성요소 합성의 저해로 아미노산 전구체의 축적, 아미노기 전달로 아미노산(glutamine, aspartate) 합성, glycoxylate cycle 등을 통한 TCA 회로 구성요소의 보충이 중요한 과정이다.

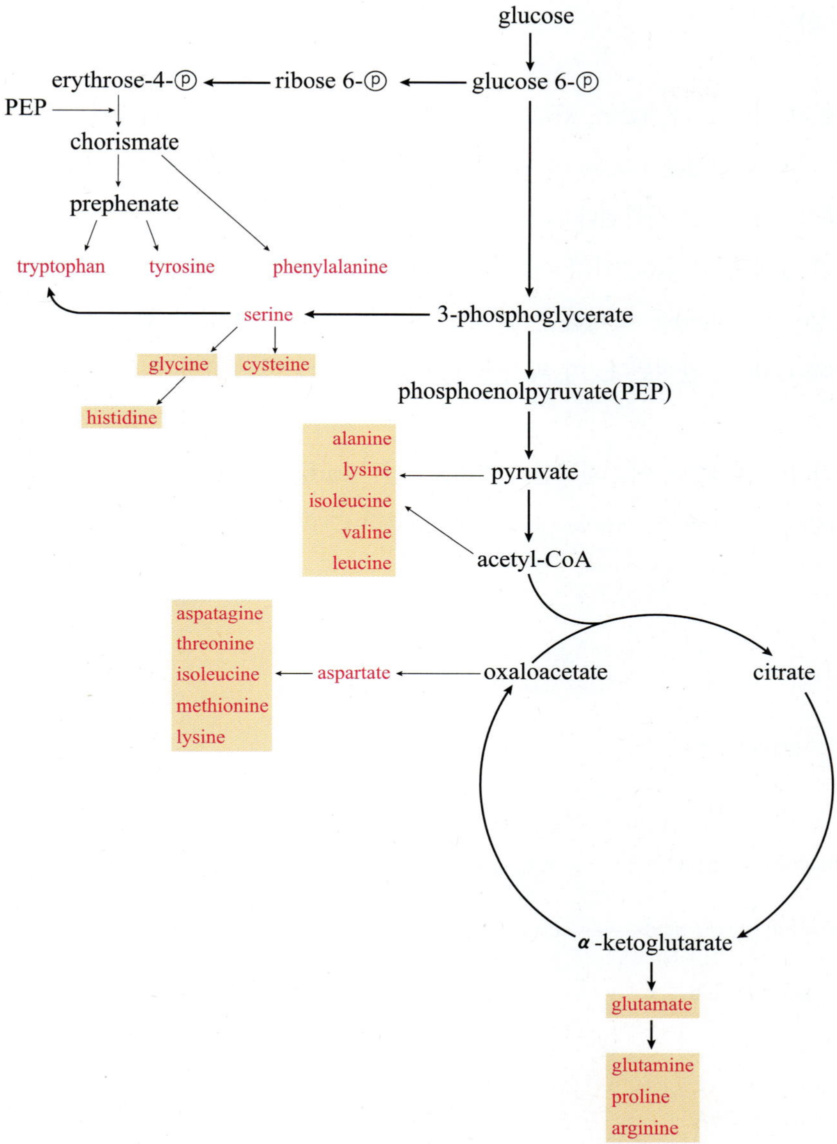

그림 8-6 아미노산의 생산

또 다른 중요한 아미노산으로는 사료 영양강화제로 사용되는 라이신과 트립토판을 들 수 있다. 라이신의 생합성 과정을 보면 박테리아와 진핵생물인 곰팡이나 진핵 해조류, 일반적인 식물에서의 합성경로가 다르다.

5. 핵산

퓨린과 피리미딘은 DNA, RNA 등의 핵산에서 발견되는 질소를 함유하고 있는 염기이다. 퓨린의 합성은 ribose-5-phosphate로부터 시작되고 피리미딘은 카바모일인산과 아스파트산으로 시작된다그림 8-7.

퓨린 생합성 과정은 7가지 다른 종류의 분자를 사용하여 퓨린골격을 형성하는데, 정미성(palatibility)을 부여하는 inosine-5′-monophosphate가 합성되고 이로부터 AMP와 GMP가 완성된다. 이 과정에서 비타민인 엽산이 중요한 역할을 수행한다그림 8-8.

피리미딘 생합성은 아스파트산과 카바모일인산(carbamoyl phosphate)로부터 시작되어 OMP(orotidine-5′-monophosphate)로부터 CTP와 UMP 및 dTMP가 형성된다그림 8-9.

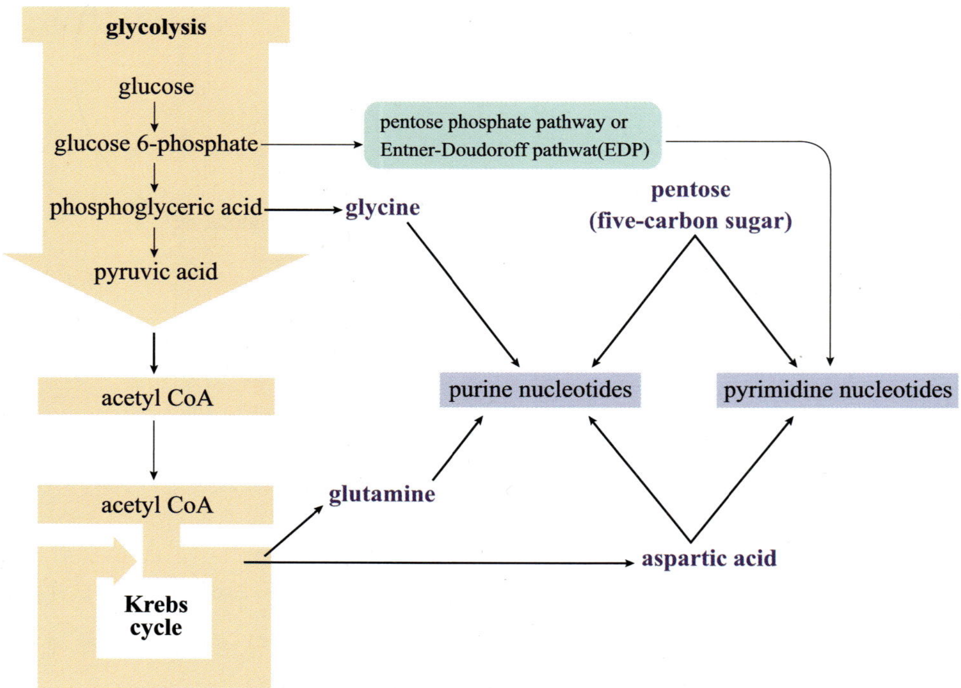

그림 8-7 핵산의 생산

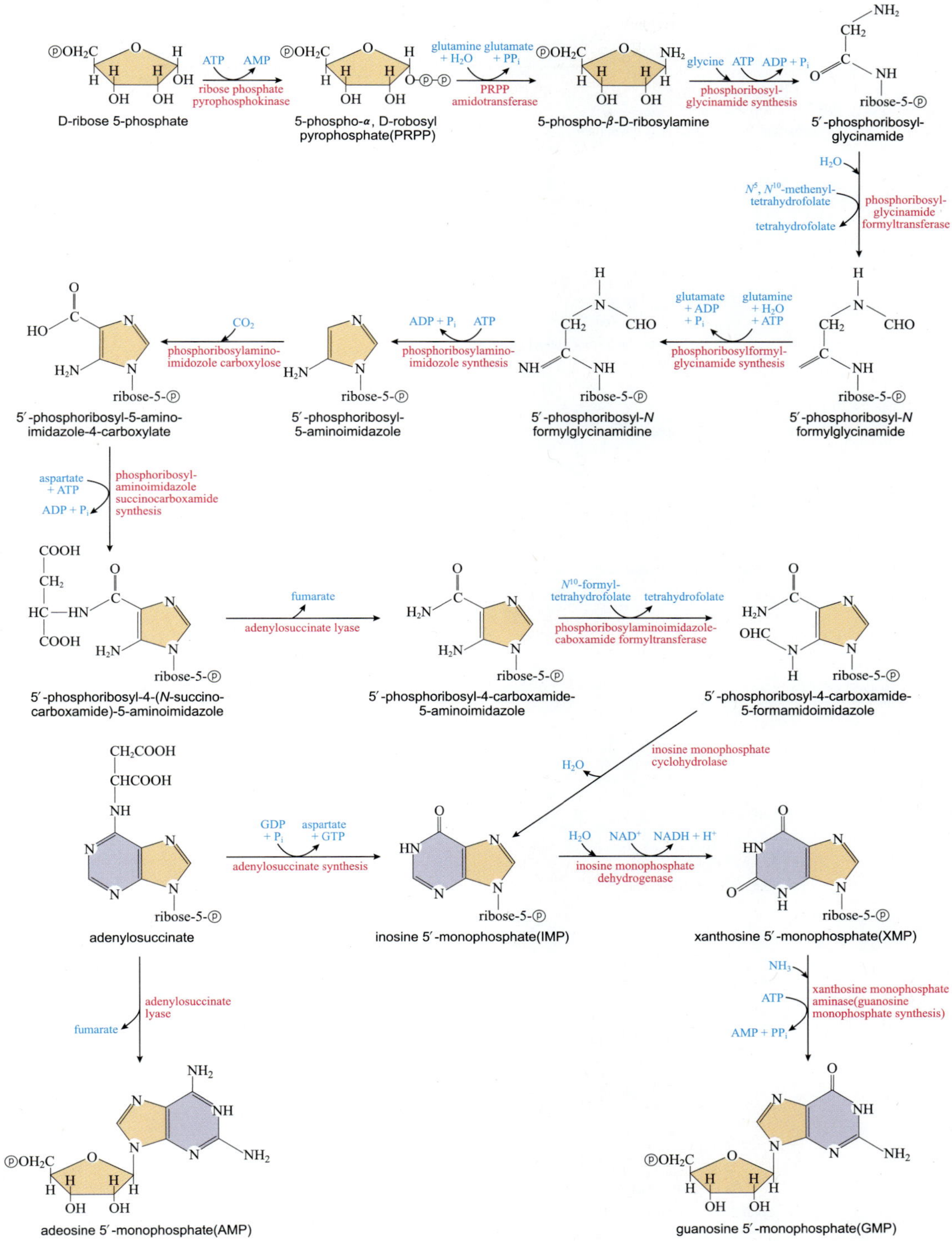

그림 8-8 퓨린의 합성경로

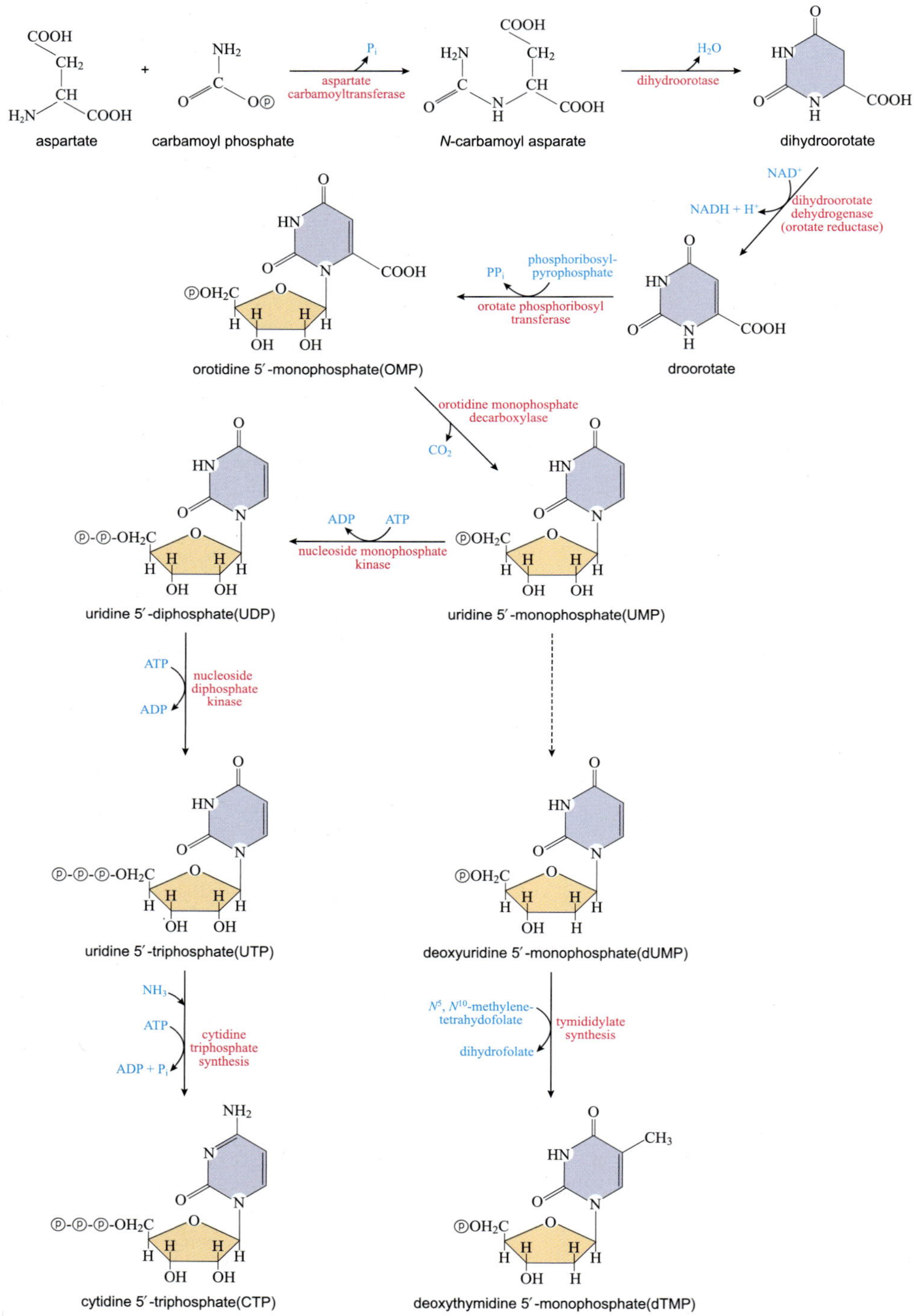

그림 8-9 피리미딘의 합성경로

6. 세포 내 축적물질

1) 지방

지방은 세포 내 저장물질로 유가의 급등에 따라 바이오 연료의 원료로 많은 관심을 받고 있다. 지방은 글리세롤과 지방산 3개로 이루어진 트라이아실글리세롤(triacylglycerol)이다그림 8-10. 여기서 지방산은 지방산 합성효소에 의해 acetyl-CoA, malonyl-CoA, NADPH 등을 사용 아실기 운반단백질에 연결시켜 지방산 사슬의 크기를 키운다그림 8-11.

2) 당과 다당류의 합성

당은 외부로부터 흡수되어져 사용되거나 또는 당신생합성(gluconeogenesis)을 통하

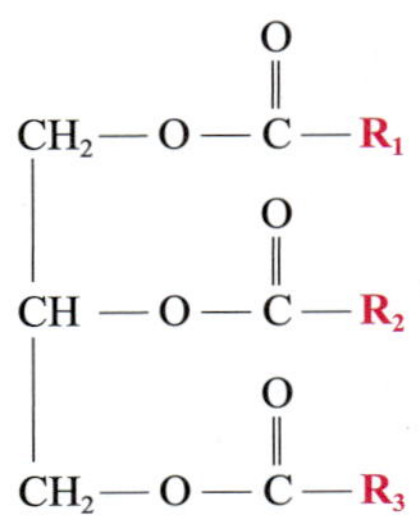

그림 8-10 트라이아실글리세롤
R 그룹은 탄화수소를 뜻한다.

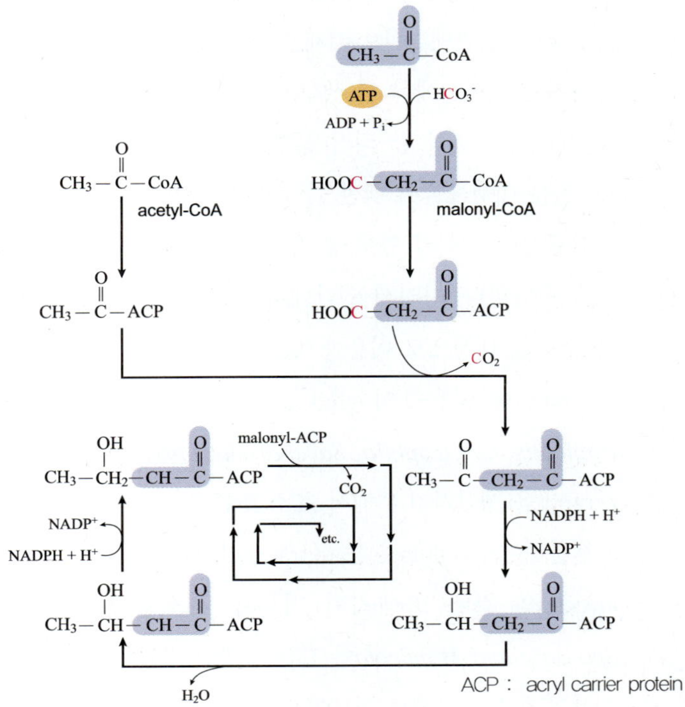

그림 8-11 지방산의 합성

여 생산된다. 이들 단당류는 이당류(sucrose, maltose 등) 및 다당류(starch, glycogen 등)로 합성되어 미생물 세포 내에서 저장되기도 한다.

7. 미생물 균체 생산

앞에서 살펴보았듯이 대부분의 일차 생산물이 미생물 자체의 성분이 될 수 있다. 따라서 미생물 자체를 이용하고자 할 때(발효 스타터로서, 단세포 단백질, 프로바이오틱스)는 여러 일차 대사산물의 복합적 동화작용(anabolism)으로 볼 수 있다.

1) Single-cell protein(SCP)

SCP는 1966년 MIT에서 연구가 시작된 것으로 미생물로부터 고품질의 단백질을 추출하여 식품에 첨가 또는 부족 단백질 보충을 위해 사용될 수 있다. 기본적으로 미생물의 아미노산 합성 능력과 세포물질을 형성하기 위한 단백질의 생산을 통해 미생물 자체를 하나의 단백질원으로(세포중량의 40~70%) 이용하는 일차 대사를 말한다.

하지만 미생물에 의해 생산된 대사산물이 독소나 발암물질을 생성할 수 있다. 미생물 세포는 소화가 잘 되지 않기 때문에 소화불량이나 알레르기 반응을 일으킬 수 있다. 많은 미생물들이 핵산 함량이 높고 인간과 동물에 의한 핵산의 소화과정에서 퓨린 화합물을 생성시켜 혈액 중 요산의 수준을 증가시켜 결정화가 진행되면 통풍, 신장 결석을 유발한다. 따라서 인간에게 사용하기 위해서는 여러 가지 처리가 필요하며 그 비용은 동물 대상으로 이용할 때보다 약 10배가량 증가한다.

Alkane을 이용하여 single cell protein을 생산할 수 있으며 효모 중에 *Candida tropicalis*, *C. oleophila*, *Saccharomycopsis lipolytica*가 있다. 나무에서의 single cell protein을 생산하기 위해서 효소 또는 산을 이용, 미생물이 이용할 수 있도록 한다.

셀룰레이스(cellulase)는 extracellular cellulase를 이용하는데 *Cellulomonas*, *Actinomycetes*와 같은 박테리아 기원의 효소와 *Trichoderma*, *Penicillium*, *Thermoascus*, *Sporotrichum*, *Humicola*와 같은 곰팡이 기원의 효소를 이용한다. 이 효소는 최소 세 개 이상의 효소 복합체로 이루어져 있다[Endo-β-1,4-glucanase(endocellulase), Exo-β-

1,4-glucanase, β-1,4-glucosidase(cellobiase)]. 효모를 이용하여 당밀 또는 유장을 이용한 대규모 발효를 통해 생산하기도 한다.

2) 발효제품의 스타터

술, 요구르트, 빵 등을 생산하기 위해서는 이들 제품의 생산과정 중 적절한 양의 미생물을 접종해야 한다. 이를 위하여 발효업계에서는 이들 제품에 접종하는 스타터를 생산 판매한다. 이들 또한 생균체로서 일차 대사산물의 집합체로 볼 수 있다. 가장 많이 생산되는 미생물로는 *S. cerevisiae, Lactobacillus* 등이 있다.

3) 프로바이오틱

프로바이오틱(probiotic)은 장내 미생물상을 건강하게 유지하여 건강을 촉진시키는 미생물을 뜻한다. 젖산균 중 *Lactobacillus acidophilus*와 *Bifidobacterium bifidum*이 특히 산업적으로 이용되고 있다. 또한 일반적으로 사용되는 요구르트 등도 같은 목적으로 소비될 수 있다. 생균제의 효과는 면역반응을 자극하여 면역글로불린 A(Immunoglobulin A) 생산을 증가시켜 면역을 증대시킨다. 또한 이들은 장내에서 다른 종류의 장내 미생물과 경쟁하는데, 다른 미생물들이 생산하는 물질과 비교하여 이들이 생산하는 산물은 인간이나 동물의 건강에 나쁜 영향을 미치지 않는다(예 : 젖산 등). 이에 비하여 대장균을 예로 들면 인돌, 스카톨 등의 변 냄새를 일으키는 물질을 생산하며 이들이 몸에 흡수되면 나쁜 영향을 미친다.

축산업계에서 항생제의 사용은 커다란 사회문제를 일으키고 있다. 따라서 항생물질 소비를 대신하기 위하여 프로바이오틱의 사용이 진지하게 검토되고 있다. 예를 들면 *Lactobacillus* 같은 유산균을 사료에 첨가하여 급식시키면 살모넬라증(salmonellosis : *Salmonella*에 의한 설사 등의 증세) 등의 발병이나 증세를 감소시킬 수 있다. 또한 어린 돼지 같은 경우에도 설사를 줄여 증체율을 올리고 폐사율을 떨어지게 하는 효과를 보인다.

4) 버섯

버섯 자체도 하나의 균사체로 보았을 때 앞에서 다뤘던 균체의 생산과 다를 바 없다. 다만 이들의 생산은 나무, 또는 폐기물로부터 고형 발효를 이용한다는 점이다. 이들은 식용 또는 약용으로 사용되며 표고버섯, 팽이버섯, 느타리버섯 등이 있다. 가장 비싼 고급 버섯으로는 송로버섯(*Tuber melanosporum*)이 유명하다.

Chapter 9 이차 대사산물

1. 미생물 이차 대사산물의 개요
2. 이차 대사산물 생합성 조절
3. 식품관련 주요 이차 대사산물

1. 미생물 이차 대사산물의 개요

미생물의 일차 대사산물은 미생물 증식과 동반하여 생성되는 물질로, 증식 및 생존에 필수적인 대사산물인데 비하여 이차 대사산물은 미생물의 증식과 대사에 필수적이지 않은 세포 내 대사과정을 거쳐 생성되는 대사산물이다. 항생물질, 독소, 색소, 풍미물질 등이 이에 속하며 건강기능성 식품에 응용되는 많은 생리활성물질 또한 이차 대사산물인 경우가 많다. 이차 대사산물의 생산 균주에서의 기능에 대해서는 많은 설명이 있으나 명확하지는 않다. 일반적으로 미생물의 증식속도가 낮아지거나 증식이 정지된 후에 생산되고 세포 밖으로 분비된다.

2. 이차 대사산물 생합성 조절

이차 대사산물의 생합성은 세포 내 효소의 생화학적 반응에 의해 이루어지므로 이차 대사산물 생합성 효소의 유도나 효소활성 조절에 의해 조절되고 있다. 일반적으로 미생물 증식이 활발한 경우에는 생산되지 않고 영양원의 고갈이 일어나 증식이 중지되거나 증식속도가 낮아졌을 때에 이차 대사산물의 생합성이 시작된다. 따라서 배지에 존재하는 탄소원, 질소원, 염류 등이 이차 대사산물 생합성에 중요하다. 또한 특정 이차 대사산물의 전구체나 촉진물질, 조절물질 등이 이차 대사산물의 생산성을 결정하는 중요한 요소로 알려져 있다.

3. 식품관련 주요 이차 대사산물

1) 독소

미생물에 의해 생산된 독소가 식품에 오염되면 식중독의 원인이 되며 세균성 독소에 의한 식중독은 잠복기가 매우 짧은 급성인 특징을 갖는다. 곰팡이 독소의 영향은 독소의 종류와 오염량에 따라 따르지만 발암성 등 증상이 서서히 발생하므로 주의가 요구된다.

(1) 세균 독소

① 포도상구균 장독소(*Staphylococcal* enterotoxin)

황색 포도상구균(*Staphylococcus aureus*)에 의해 생산되는 세포 외 독소로 모두 9종류(SEA, A, B, C_1, C_2, C_3, D, E, G, H)의 장독소가 동정되었다. 26.9~34.1 kDa 크기의 단순 단백질로 생산 유전자는 염색체 또는 플라스미드(plasmid)에 존재한다. 독소는 내열성이어서 불충분한 조리에 의해 파괴되지 않아 식중독의 원인이 될 수 있다. 주요 오염식품은 돼지고기, 소고기, 닭고기 등 가금육이며 수작업에 의해 가공된 제품이나 냉장보관에 이상이 생긴 경우 오염가능성이 높다.

포도상구균 장독소에 오염된 식품은 섭취 후 보통 4시간 이내에 증상이 나타나며, 증상은 메스꺼움, 구토, 복부경련, 설사, 식은땀, 두통, 쇠약 등이며 24~48시간 지속되나 치사율은 극히 낮은 편이다.

② 퍼프린젠스균 장독소

퍼프린젠스균(*Clostridium perfringenm*) type A에 의해 생산되는 장독소로 포자형성 시 함께 생성된다. 35 kDa의 분자량을 가지며, 열에 민감하여 조리 시 쉽게 파괴된다. 주요 오염식품은 고기 음식이며, 식중독 증세는 복부 통증, 설사, 메스꺼움, 고열 등이고 구토 증세는 적은 편이다. 증상은 보통 6~26시간 이내에 나타나며 보통 하루 또는 하루 이내에 사라진다. 노약자 등에게 문제가 될 수 있으나 치사율은 매우 낮은 편이다.

③ 보툴리눔 신경독소

보툴리누스균(*Clostridium botulinum*)에 의해 생산되는 독소로 신경독소이며, 50% 인간 치사량이 1 ng/kg 체중으로 가장 독성이 강한 독소로 알려진 치명적인 독소이다. A~G의 7가지 유형의 독소가 알려져 있으며 7S, 12S, 16S, 19S의 네 가지 크기로 생산된다. 포도상구균 장독소와는 달리 열에 민감하여 80℃, 10분 가열 또는 끓는 온도에서 가열에 의해 쉽게 파괴된다. 식중독 증세는 독소 함유 식품 섭취 후 12~72시간 사이에 나타나며, 증세는 메스꺼움, 구토, 피로, 어지러움, 두통, 피부·구강 및 목의 건조, 변비, 근육마비, 시력 손상, 심할 경우 호흡기 정지 및 사망에 이르나 고열 증상은 없다. 주요 오염식품은 보툴리누스균이 절대 혐기성균이므로 통조림식품이다.

④ 세레우스균 독소

세레우스균(*Bacillus cereus*)에 의해 생성되는 장독소로 설사형과 구토형 독소로 나눈다. 설사형 독소는 복합체로 용혈소(hemolysin) BL로 명명되고 다양한 음식에 오염된다. 오염된 음식 섭취 후 8~16시간 내에 증세가 나타나며 증세는 메스꺼움, 복부통증, 설사 등으로 퍼프린젠스균 식중독과 유사하다. 구토형 독소는 분자량이 5 kDa으로 작고 비교적 열에 강하다. 잠복기가 1~6시간으로 짧고, 증세는 포도상구균 장독소에 의한 식중독과 유사하다. 김밥과 같은 조리한 쌀 음식, 으깬 감자 등에 주로 오염된다.

(2) 곰팡이 독소

많은 곰팡이가 곰팡이 독소(mycotoxins)라 불리는 독소를 생산하는데, 일부는 돌연변이성 및 발암성을 가지며, 또한 특정 장기에 독성을 나타내기도 한다. 적어도 14종의 발암성을 띤 곰팡이 독소가 알려져 있고 그중 아플라톡신이 가장 강한 발암성을 가지고 있다.

① 아플라톡신

1960년 아프리카와 남아메리카에서 수입된 땅콩 사료를 먹은 100,000마리의 터키(turkey) 집단 폐사가 영국에서 발생하였다. 사료에서 *Aspergillus flavus*가 분리되었고

표 9-1 주요 곰팡이 독소의 독성 및 오염식품

곰팡이 독소	독성	오염식품
아플라톡신 (aflatoxin)	간장 장애(간염, 간암, 면역체계 약화 등), 장관 출혈, 신장 출혈	곡류, 두류, 땅콩, 목화과, 우유 등
오크라톡신 A (ochratoxin A)	신장 장애 (신장염, 신장암), 간장 장애, 장염, 기형	옥수수, 밀, 보리 등
제랄레논 (zeralenone)	과에스트로젠증, 생식기능 저하, 불임, 유선비대, 유산	옥수수, 보리 등
시트리닌(citrinin)	신장 장애	쌀, 보리, 밀, 옥수수 등
패튤린(patulin)	운동신경 마비, 폐 및 뇌 부종, 폐 출혈, 모세관 손상, 구토, 암	곡류, 맥아, 사과 및 사과주스
페니실린산 (penicillic acid)	간장 장애, 신장 장애, 혈관 팽창, 암	옥수수, 보리
푸모니신(fumonicin)	균형감 상실, 간 및 췌장 장애	옥수수
삼부톡신(sambutoxin)	장 출혈, 체중 감소	감자

이 곰팡이가 생산하는 독소가 원인임이 밝혀짐으로써 독소의 존재가 알려졌으며 이 독소는 아플라톡신으로 명명되었다(*A*spergillus *fla*vus toxin : Aflatoxin). 이외에도 *Aspergillus parasiticus*, *Aspergillus nominus* 등의 곰팡이에 의해 생산되며, 땅콩류, 목화과(cottonseed), 옥수수, 쌀 등에 오염된다. 아플라톡신 독소는 365 nm의 빛에서 나타내는 형광색(blue, green)과 크로마토그래피에서의 상대적 이동성(1, 2)에 따라 B_1, B_2, G_1, G_2 등으로 구분한다.

곰팡이가 오염된 곡류뿐만이 아니라 오염된 동물사료를 먹은 젖소에서 분비된 우유에도 아플라톡신이 전이될 수 있는데, 아플라톡신 B_1은 소의 간 효소에 의해 M_1으로

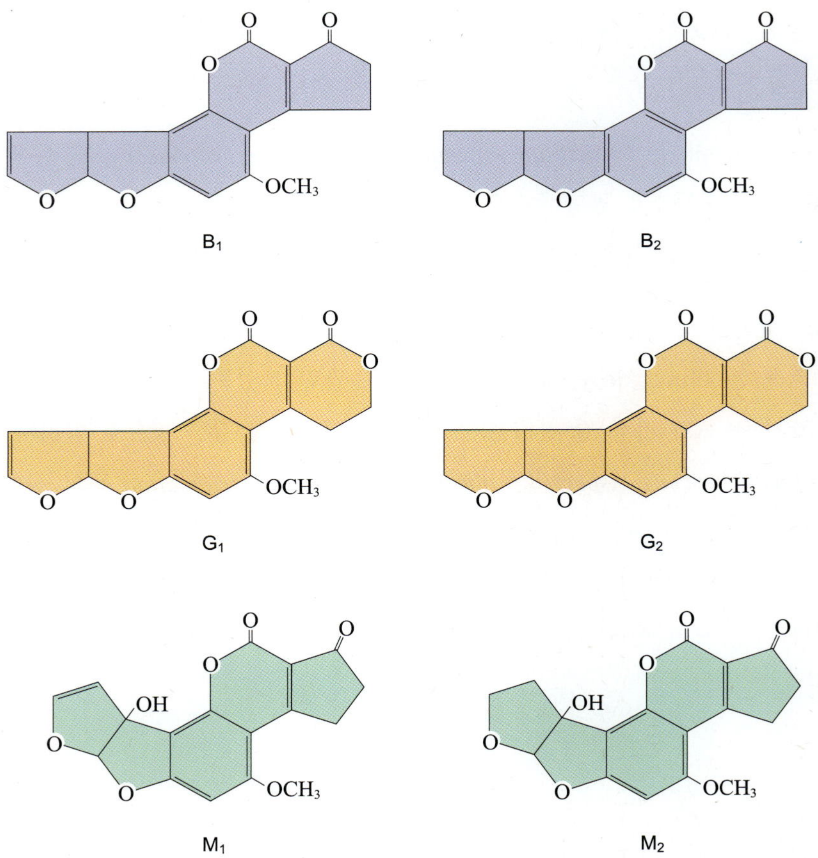

그림 9-1 아플라톡신의 구조

주로 *A. flavus*에 의하여 생성되며, 기본적으로 B형과 G형은 자외선에서 푸른색과 초록색을 띤다. M형은 아플라톡신을 섭취한 동물의 젖에서 발견된다.

전환되어 액상 유즙으로 분비된다. 아플라톡신은 자연계에서 발견되는 가장 발암성이 큰 물질의 하나로 알려져 있으며, 간암을 일으키고 아플라톡신 B_1이 가장 독성이 크며, 독성 순서는 $B_1 > M_1 > G_1 > B_2 > M_2 \cdot G_2$이다. 또한 아플라톡신은 면역 억제 효과를 보여 감염질병에 감수성을 높이는 것으로 알려져 있다.

미국 FDA는 식품, 사료, 땅콩 및 땅콩 가공제품, 기타 견과류에서 아플라톡신 허용량을 20 ppb, 우유에서는 0.5 ppb로 엄격히 제한하고 있다. 아플라톡신은 클로로폼이나 메탄올 용매로 추출 후 TLC 또는 HPLC에 의해 쉽게 검출할 수 있으며, ELISA나 항체를 이용한 키트(kit) 등이 개발되어 있다. 또한 항체와 형광검출기법을 결합한 바이오센서가 개발되어 비교적 빠르게(2분 이내), 낮은 농도(50 μg/kg)까지 검출할 수 있다.

아플라톡신의 생합성은 polyketide 경로를 거쳐 생산되며, 대부분의 생합성 관련 유전자들은 *A. flavus*와 *A. parasiticus* 유전체에 하나의 유전자 집단으로 존재한다.

② 시트리닌

시트리닌(citrinin)은 *Penicillium citrinum*, *P. viridicatum*, *Monascus* sp. 등에 의해 생산되는 곰팡이 독소로 곰팡이에 오염된 쌀, 밀 등 곡류, 빵, 햄 등에서 검출된다. 발암성을 가지며 신장 및 간에 독으로 작용한다그림 9-2.

③ 오크라톡신

오크라톡신(ochratoxin)은 최소 구조적으로 관련이 있는 7종류를 포함하며, 그 중 오크라톡신 A가 가장 잘 알려져 있고 독성 또한 가장 강한 것으로 알려져 있다. *Aspergillus ochraceus*, *Aspergillus alliaceus*, *Penicillium viridicatum* 등의 곰팡이에 의해 생산되는 곰팡이 독소로 주로 옥수수, 콩 등 곡류에 오염된다. 오크라톡신 중독은 오염된 곡류의 섭취나 돼지 신장, 피를 원료로 한 음식, 소시지 등의 섭취에 의해서도 야기될 수 있으며, 신장 및 간의 독으로 작용하며 그 구조는 그림 9-3과 같다.

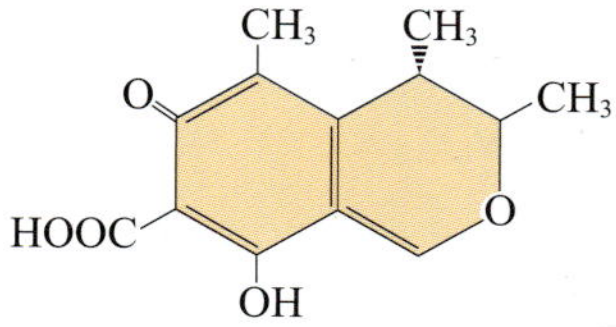

그림 9-2 시트리닌의 구조

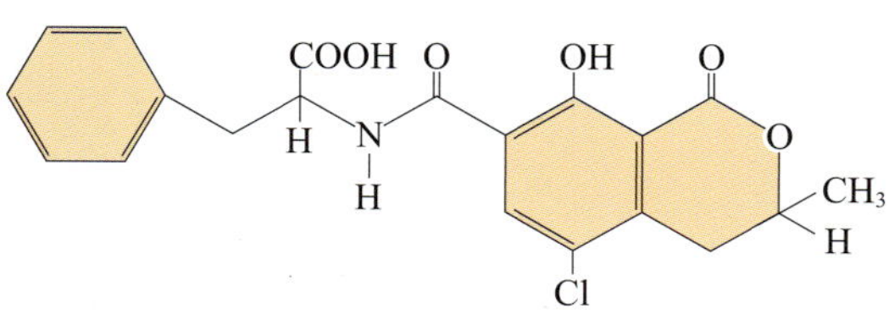

그림 9-3 오크라톡신 A의 구조

④ 패튤린

패튤린(patulin, clavicin, expansin)은 다른 곰팡이 독소에 비해 위험성이 적은 것으로 알려져 있으나 발암성을 가진다. 과일의 부패를 일으키는 *Aspergillus clavatus*와 *Penicillium patulinum*이 대표적인 생산균주이며 *P. claviforme*, *P. expansum*, *A. terreus*, *Byssochlamys nivea* 등에 의해서도 생성되며 그 구조는 그림 9-4와 같다. 식품에서는 곰팡이가 자란 빵이나 소시지, 과일, 사과주스 또는 집에서 만든 잼의 표면에 곰팡이가 자라는 경우에 발견된다.

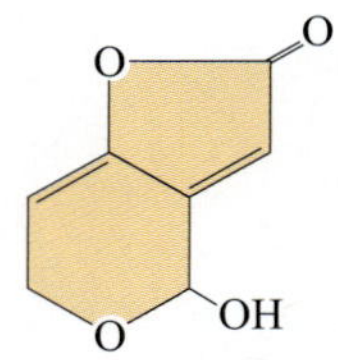

그림 9-4 패튤린의 구조

⑤ 패니실린산

패니실린산(peniciillic acid)은 발암성 등 패튤린과 유사한 생물학적 특성을 갖는 독소로그림 9-5 *Penicillium cyclopium*, *P. puberulum*에 의해 생산된다. 오염된 옥수수, 콩 등에서 검출된다.

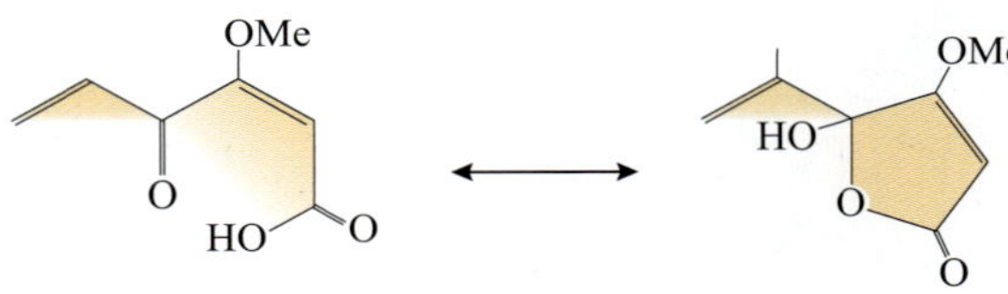

그림 9-5 패니실린산의 구조

⑥ 푸모니신

푸모니신(fumonisin) 독소는 적어도 7가지 종류가 있으며 *Fusarium moniliforme* (*Gibberella fujikuroi*), *F. proliferatum*, *F. hygamai* 등에 의해 생성된다. 푸모니신의 구조는 그림 9-6과 같으며 수용성이고 열에 안정하다.

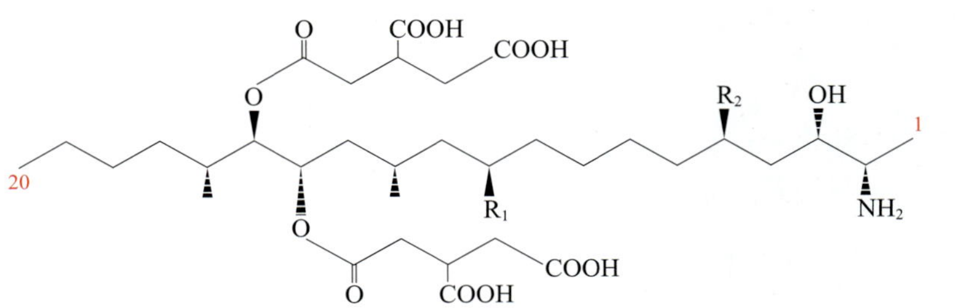

Fumonisin B_1 (R_1=OH R_2=OH)
Fumonisin B_2 (R_1=H R_2=OH)
Fumonisin B_3 (R_1=OH R_2=H)
Fumonisin B_4 (R_1=H R_2=H)

그림 9-6 푸모니신의 구조

주 오염식품은 옥수수이고, 식도암 발생빈도가 높은 지역의 옥수수에 푸모니신 B_1과 B_2 오염 간에 통계적인 상관관계가 있는 것으로 나타났다. 실험동물의 경우 간이 푸모니신 B_1의 주요 표적인 것으로 나타났다.

⑦ 삼부톡신

삼부톡신(sambutoxin)은 *Fusarium sambucinum*, *F. oxysporum*에 의해 생성되는 독소로그림 9-7 1994년에 처음 보고되었다. 주로 부패한 감자에서 검출되며, 우리나라의 썩은 감자 21개의 시료 중 9개의 시료에서 15.8~78.1 ng/kg이 검출된 바 있다. 실험쥐에서 삼부톡신은 위 및 장 출혈을 야기하며, 실험동물은 식이 섭취를 거부하고 체중감소 현상이 관찰된다.

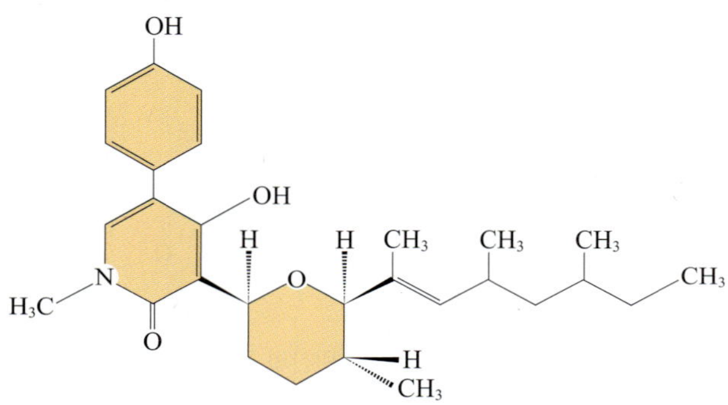

그림 9-7 삼부톡신의 구조

⑧ 제랄레논

제랄레논(zearalenone)그림 9-8은 *Fusarium graminearum*과 *F. tricinctum*에 의해 생산되며 주로 옥수수, 보리에 오염된다.

이 독소는 에스트로젠(estrogen) 특성을 가져 쥐에서 발정을 촉진하고 돼지에서 불임 및 유산을 일으키는 독소이다.

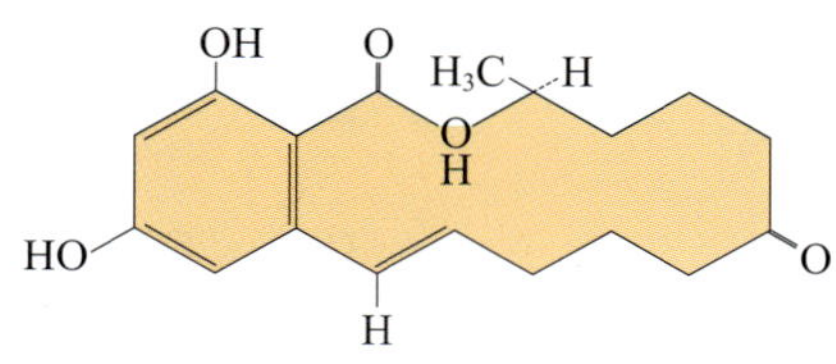

그림 9-8 제랄레논의 구조

⑨ 맥각 중독

곰팡이 *Claviceps purpurea* 또는 맥각(ergot)이 보리 및 곡식에 서식하여 생성한 진한 남흑색의 균핵(sclerotium)에 함유되어 있는 알칼로이드 독성물질에 의한 중독이다. 중독 증상은 곰팡이의 종류와 독소의 농도에 따라 다르지만 신경계와 혈관계에 나타나며 불안하고 손과 발에 심한 통증이 생긴다. 농약에 의한 맥각 곰팡이류의 서식 억제, 곡류의 건조에 의한 수확 후 오염 방지, 곡물의 독성 검사 등에 의해 맥각 중독(ergotism)을 예방할 수 있다. 그러나 유기농법에 의해 생산된 곡류나 비전문적인 도정에 의해 생산된 곡류의 경우 독소가 함유되어 맥각 중독을 야기할 수 있음으로 유의해야 한다. 가장 많이 존재하는 독소는 리세르그산(lysergic acid) 또는 아이소리세르그산(isolysergic acid)이며 그 구조는 그림 9-9와 같다.

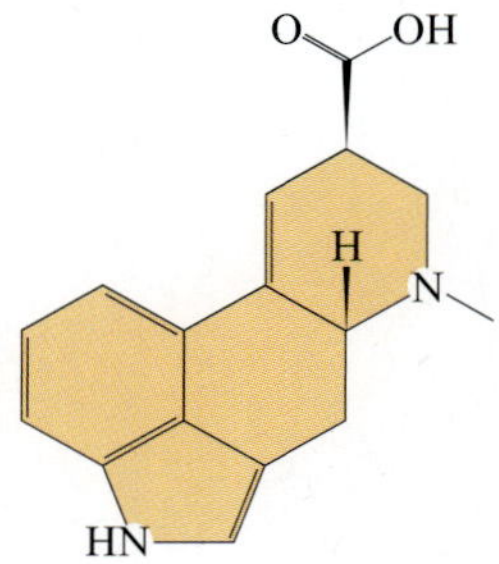

그림 9-9 리세르그산

2) 색소 및 풍미물질

미생물의 이차 대사산물의 식품의 색소 및 풍미물질로의 활용은 극히 제한적이지만 천연식품 원료로서 미생물의 발효에 의한 풍미물질 생산이 이루어지고 있다.

3) 생리활성물질

생리활성물질이란 생체 내에서 영양물질은 아니지만 생명체가 생명활동을 유지하기 위해 본래 지니고 있는 생리작용을 원활히 하거나 그 작용을 도와주는 물질을 의미하며 최근에는 건강기능성 식품에 많이 응용되고 있다. 대부분의 생리활성물질이 일차 대사산물로서 비타민 및 조효소류, 스테로이드(steroid) 및 알칼로이드(alkaloid)계 호르몬류 등이 있으며, 이차 대사물질로는 효소저해물질이나 특정 생리활성을 갖는 저분자물질이 미생물에 의해 생산된다. 예를 들면 홍국균(*Monascus* sp.)은 monacolin K를 생산하는데, 이 물질은 콜레스테롤 생합성에 중요한 효소인 HMG-CoA reductase 활성을 저해하여 혈중 콜레스테롤 농도를 낮춰주는 효과가 있는 것으로 알려져 있다.

Chapter 10

거대분자

1. 거대분자와 식품

거대분자(macromolecule)는 분자량이 큰 물질로서 대부분 단량체(monomer)가 결합된 중합체(polymer)이다. 단백질(효소), 다당류, 핵산 등이 이에 속하며, 식품소재 또는 식품가공에 이용된다. 아밀레이스(amylase)를 이용한 전분의 포도당이나 다른 유용화합물을 생산하는 전분 가공, 치즈의 풍미증진을 위한 라이페이스(lipase) 이용 등 미생물 효소는 다양한 식품 가공에 이용된다. 잔탄검(xanthan gum)과 같은 미생물 다당류는 식품산업에서 점증제나 조직개선제로 널리 활용되고 있다. 핵산은 주로 분해하여 조미료 등으로 이용된다.

2. 미생물 유래 식품효소

효소는 식품산업에 오래전부터 다양하게 사용되어 왔다. 전분 가공, 밀가루 가공, 치즈 제조, 과일주스 제조, 인공 감미료 생산, 육 가공 등 효소의 이용은 매우 광범위하며, 양조나 포도주 양조에도 빈번하게 이용된다. 특히 화학적 전환이 필요할 때 효소는 유용하다. 화학적 전환(또는 생물전환)은 가수분해(예를 들면, protease에 의한 단백질 분해), 첨가반응(aspartase를 이용한 aspartate 합성), 재배열(glucose isomerase를 이용한 포도당의 과당으로의 전환) 등으로 나눌 수 있다.

효소는 이론적으로 식물, 동물, 미생물 등 모든 생명체로부터 얻을 수 있으나 많은 경우 미생물 효소가 선호된다. 그 이유는 미생물 효소의 생산이 비교적 용이하고 경제적이기 때문이다. 많은 세균이나 균류는 자연환경으로부터 영양원을 흡수하기 위하여 효소를 세포 외로 분비하기 때문에 효소의 분리 및 정제가 용이하다. 또한 ***Bacillus subtilis*, *B. licheniformis*, *Aspergillus niger*** 등 효소 생산에 이용되는 미생물이 전통적으로 안전하게 식품에 이용되어 왔으므로 이들로부터 분리한 효소 또한 식품에 안전하게 적용할 수 있다. 많은 미생물이 다양한 종류의 효소를 동시에 생산하여 특정효소의 정제 없이 효소혼합물로서 활용도 가능하다.

현재 효소시장은 전 세계적으로 10억 $ 이상이며 적어도 400여 개 이상의 회사에 의해 효소가 생산, 판매되고 있다. 대표적인 식품 생산 및 가공에 이용된 효소는 표 10-1과 같다.

표 10-1 식품 생산 및 가공에의 효소의 이용

효소	용도	효소반응 산물	생산 미생물
α-amylase	전분 가공	dextrins	*Bacillus subtilis*, *Bacillus licheniformis*, *Aspergillus niger*, *A. oryzae*
β-amylase	양조(맥즙 만들기)	맥아당(maltose)	*B. subtilis*
glucoamylase	전분 가공 및 양조	포도당(glucose)	*Aspergillus niger*, *A. oryzae*
glucose isomerase	과당(fructose) 생산	과당	*Streptomyces olivaceus*, *S. olivochromogence*, *S. rubiginosus*, *Bacillus coagulans*
invertase	캔디 가공, 식품의 자당(sucrose) 결정 석출 방지	포도당, 과당	*Saccharomyces cerevisiae*
pullulanase	전분 가공	탈가지화된 전분	*Klebsiella* sp.
pectinase	과일주스의 청징	galacturonate	*Aspergillus oryzae*, *A. niger*
chymosin	우유 응고	치즈 커드	*Kluyveromyces* sp.
rennet	우유 응고	치즈 커드	*Mucor miehei*
β-glucanse	양조	β-glucose	*A. niger*
lipase	치즈 가공	풍미물질	*Rhizopus oryzae*
lactase	유 가공	glucose, galactose	*A. niger*
protease	식육연화제, 맥주·청주의 혼탁 제거	peptide, 이미노산	*A. oryzae*

1) 아밀레이스 및 전분당 변환효소

아밀레이스(amylase)는 전분의 α-1,4 및 α-1,6 글루코사이드(glucoside) 결합을 가수분해하는 효소로 여러 종류가 존재한다. 전분당 변환효소는 전분 가공 시 생성되는 포도당이나 올리고당을 전환하는 glucose isomerase, cyclodextrin transferase 등이다. 이들 효소들은 전분 가공이나 술덧의 액화작용에 주로 이용되고 있다.

전분은 식물이 탄수화물을 저장하기 위해 사용되는 가장 일반적인 화합물로서 곡물로 사용하는 쌀, 밀, 옥수수, 감자 등에 높은 함량으로 포함되어 있다.

전분은 천여 개의 포도당이 연결된 중합체이다. 아밀로스(amylose)는 포도당이 α

-1,4 결합에 의해 선형 형태를 이루고, 아밀로펙틴(amylopectin)은 α-1,6 결합에 의해 가지친 구조를 갖고 있으며 아밀로스보다 물에 잘 녹는 특성을 갖는다.

전분은 가공에 의해 부가가치가 높은 산물로 전환될 수 있는데 이를 위하여 효소가 널리 이용된다.

(1) α-amylase

전분 내부의 α-1,4 결합을 분해하는 효소로 액화효소라고도 한다. 전분의 분해가 진행됨에 따라 주 생성물은 맥아당(maltose)이 되며 점도는 감소한다. *Bacillus subtilis, B. mesentericus, B. amyloliquefaciens, B. stearothermophilus* 등의 세균과 *Aspergillus oryzae, A. niger, A. usami, A. awamori, Rhizopus delemar* 등의 곰팡이가 생산, 세포 외로 분비한다. 전분질 원료를 액화시켜 엿이나 시럽 등의 생산이나 술덧의 액화작용에 이용된다.

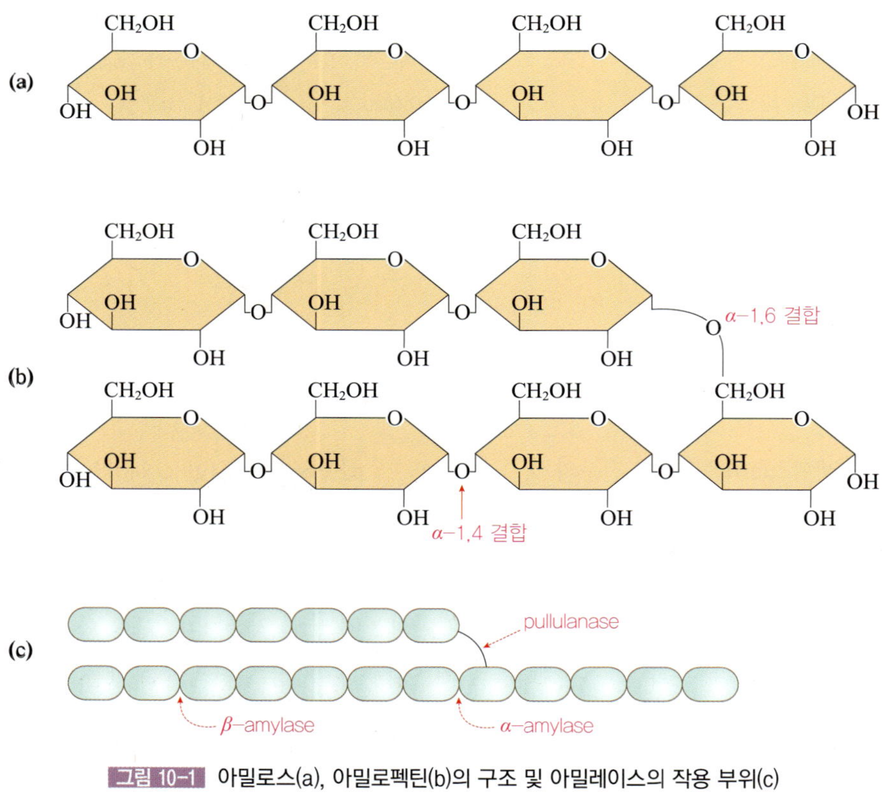

그림 10-1 아밀로스(a), 아밀로펙틴(b)의 구조 및 아밀레이스의 작용 부위(c)

(2) β-amylase

전분의 비환원말단의 α-1,4 결합을 절단하여 맥아당(maltose)을 유리한다.

(3) pullulanase

전분의 α-1,6 결합을 절단하여 탈가지화(debranching) 효소라 부른다.

(4) glucoamylase

전분의 비환원말단으로부터 포도당을 분리, 유리한다. *Rhizopus delemar*나 *Aspergillus niger* 등에 의해 생산되며, 전분의 효소당화에 의한 포도당 제조에 이용된다.

(5) glucose isomerase

포도당을 이성화하여 과당(fructose)으로 전환하는 효소이다. *Bacillus megaterium*이나 *Streptomyces albus* 등이 생산하고, 공업적으로는 *Streptomyces*속 미생물의 배양 균체를 이용하여 과당시럽 제조에 이용된다.

(6) cyclodextrin glycosyltransferase

덱스트린(dextrin)을 환형의 사이클로덱스트린(cyclodextrin)으로 전환해 이용된다. 사이클로덱스트린은 현재 식품산업에 널리 사용되고 있지는 않지만 효소나 풍미물질의 캡슐화에 이용될 수 있을 것이다.

(7) 아밀레이스를 이용한 전분 가공

전분 가공 시 얻고자 하는 최종산물에 따라 다양한 효소가 이용된다. 전분 유래 산물은 분해 정도에 따라 포도당 당량(dextrose equivalent, DE)으로 표시되는데, 완전히 포도당으로 분해된 정도는 DE=100으로 표시하며 DE는 0~100값을 갖는다.

비변형 전분은 DE값이 0이거나 0에 가까운 전분으로 식품산업에 있어 점증제(thickener)로 사용된다. DE 20 이하의 값을 갖는 말토덱스트린(maltodextrin)은 덤덤한 맛을 가지며 식품산업에 널리 사용된다. 식품의 흡습성을 낮추거나 씹는 질감을 위해 사용되며, 아이스크림 제조 시 얼음결정 형성을 막기 위해 사용되기도 한다.

Corn syrup solid는 말토덱스트린보다 더 분해되어 DE값이 20 이상이며 약간 단맛을 갖는다. 식품의 산화 방지를 위해서나 풍미물질의 캡슐화를 위해 식품에 첨가된다. Glucose (corn) syrup은 전분이 거의 분해된 상태로 DE값은 100에 가깝다. 식품에 있어 단맛을 내기 위해 주로 사용하며 저칼로리 식품의 첨가제로 널리 이용된다. Maltose-rich syrup은 glucose syrup과 유사하나 포도당은 거의 없고 높은 수준의 말토스를 포함하여 중간 정도의 단맛을 갖는다. High-fructose syrup은 많은 가공식품의 감미료로 널리 사용되며 glucose syrup의 효소전환에 의해 생산된다.

전형적인 효소에 의한 전분분해과정은 다음 단계의 과정을 거친다.

① 액화(liquefaction)

전분을 95℃로 가열하고 *B. licheniformis* α-amylase를 첨가한다. 이 효소는 열에 안정하고 전분을 분해한다. α-amylase 처리 후 DE값은 10~12 정도이다.

② 당화(saccharification)

Aspergillus niger glucoamylase를 이용하여 전분 조각의 비환형 말단으로부터 포도당을 유리시킨다. 또한 *Bacillus*나 *Klebsiella*의 pullulanase를 첨가하여 α-1,6 결합을 분해한다. 캐러멜화를 억제하기 위해 60℃에서 이루어지며 당화 정도는 glucoamylase의 처리시간 조절에 의해 조절 가능하다. High-maltose syrup의 경우는 glucoamylase 대신에 식물 유래의 β-amylase가 사용된다.

③ 정제

활성탄을 이용하여 탈색하는 비효소적 과정으로 활성탄 처리 후 여과에 의해 제거하고 가열 증발에 의해 시럽으로 농축한다.

④ 이성화(isomerization)

High-fructose syrup을 만들고자 할 경우 적용되는 단계로 고정화된 *Streptomyces* sp. glucose isomerase가 널리 이용된다.

2) 라이페이스

라이페이스(lipase)는 지질 분해 및 합성의 두 가지 활성을 가지고 있다. 이러한 효소

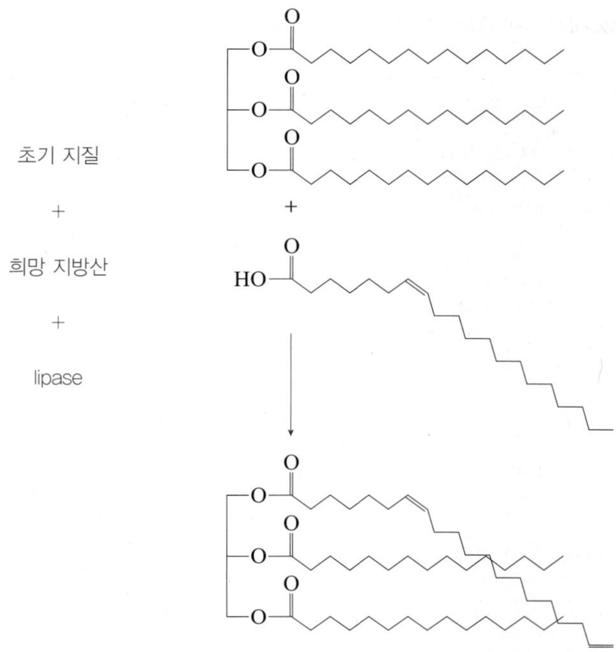

그림 10-2 Trans-esterification에 의한 맞춤 지질 생산

의 특성을 이용하여 식품산업에 있어서 라이페이스는 원하는 지방산을 갖는 지질의 생산이나 버터, 치즈 등의 풍미를 증진시키기 위해 사용된다. 맞춤 지질 생산은 trans-esterification에 의해 이루어진다그림 10-2.

글리세롤(glycerol)과 세 분자의 지방산으로 에스터(ester)결합으로 이루어진 단순지질에 희망하는 지방산과 라이페이스를 첨가하면 원래 지방산이 희망하는 지방산으로 대체하게 된다. *Candida rugosa* lipase가 다양한 범위의 사슬 길이와 불포화도를 갖는 지방산에 잘 작용하므로 이러한 목적에 널리 이용되고 있다. 리놀렌산(linolenic acid) 함량이 높은 식물성 기름의 생산에 의한 건강에 좋은 기름 생산이나 식용유의 물리적 성질을 변화시키기 위해 사용된다.

라이페이스의 분해활성은 유리지방산 생산에 의한 풍미를 증진시키기 위해 사용되고 버터나 치즈 가공에 널리 활용되고 있다.

3) polygalacturonase (pectinase)

주스 가공 시 과일이나 채소에 존재하는 펙틴질(pectin)은 물에 녹지 않아 주스를 탁하게 한다. 펙틴은 갈락투론산(galacturonic acid)의 α-1,4 결합한 중합체에 아라비난(arabinan), 람노스(rhamnose), 아라비노갈락탄(arabinogalactane)이 곁가지로 붙은 다당류로 polygalactuornase에 의해 분해되고, 분해산물은 물에 녹게 되어 청징작용을 할 수 있다. 가장 널리 사용되는 polygalacturonase는 *Aspergillus* sp.로부터 얻어진다.

4) 셀룰레이스(cellulase)

셀룰로스(cellulose)의 β-1,4 결합을 가수분해하여 글루코스(glucose)와 셀로바이오스(cellobiose)를 생성하는 효소로 *Trichoderma viride*를 이용하여 공업적으로 생산된다. 식물의 세포벽을 분해하여 내용물의 추출을 용이하게 하므로 전분 제조, 대두단백 추출, 해초로부터 한천 제조, 두류 및 곡류의 탈피, 소화제, 사료첨가제 등으로 이용된다.

5) invertase

자당(sucrose)을 글루코스와 프럭토스로 가수분해하는 효소로 *Saccharomyces cerevisiae*로부터 추출된다. Invertase를 처리한 sucrose 분해 전화당은 용해도가 높아 당의 결정 석출을 방지할 수 있고 흡습성이 좋아 식품의 수분 유지에 좋은 점이 있다. 전화당은 초콜릿, 양갱, 아이스크림 등의 감미료로 이용된다.

6) lactase

Lactose를 가수분해하는 효소로 *Saccharomyces fragilis* (*Kluyveromyces fragilis*)에 의해 생산된다. 아이스크림, 농축유 등에서 젖당의 결정석출 방지 및 감미 증진 목적으로 이용된다.

7) protease

Protease는 단백질을 분해하는 효소를 통틀어 일컫는 것으로 최적 pH에 따라 산성, 중성, 알칼리성 protease로 구분한다. 공업적으로 이용되는 protease로는 *Aspergillus oryzae, A. niger, A. saitoi, A. awamori* 등 곰팡이 유래의 것과 *Bacillus subtilis, B. amyloliquefaciens, Clostridium acetobutilycum* 등 세균 유래의 것 등이 있다. 식품과 관련하여 제빵, 맥주나 청주의 혼탁 제거, 식육의 연화, 합성주의 향미액 제조 등에 이용되고 있다.

8) 응유효소

치즈 제조 시 사용되는 레닌(rennin)은 원래 송아지의 위로부터 분리 이용하였으나 최근에는 보다 경제적인 미생물성 응유효소가 개발되어 사용되고 있다. *Mucor pusillus, M. miehei* 등의 곰팡이 유래 효소가 이용되었으나, 최근에는 소의 chymosin 유전자를 클로닝하여 미생물에서 생산한 응유효소가 많이 사용되고 있다.

9) naringinase 및 hesperidinase

Naringinase는 감귤류의 쓴맛 성분인 naringin (naringenin-7-rutinoside)을 람노스(rhamnose)와 naringenin-7-glucoside로 가수분해하는 효소이다. *Aspergillus niger*로부터 생산되며, 감귤류의 과즙이나 마멀레이드 제조 시 쓴맛 제거에 이용된다.

Hesperidinase은 hesperidine (hesperitin-7-rutinoside, 비타민 P)을 람노스와 hesperitin-7-glucoside로 가수분해하는 효소이다. Hesperidine은 감귤류 통조림 제조 시 결정성 백탁 침전을 일으키는 원인이 된다. *Aspergillus niger*가 생산하는 hesperidinase 처리에 의해 용해도를 증가시켜 감귤류 통조림의 백탁 침전을 막을 수 있다.

3. 미생물 다당류

다당류는 식품첨가제로 다양하게 활용되고 있으며 많은 다당류가 식물이나 해조류로부터 분리된다. 전분, 구아검(guar gum), 로커스트콩검(locust bean gum) 등 식물 유래 다당류와 해조류 유래의 카라기난(carageenan) 등이 대표적이다. 미생물 유래의 다당류도 대량 배양에 의해 생산, 정제 후 식품첨가제로 이용되고 있다. 대표적인 것으로는 *Xanthomonas campestris*에 의해 생산되는 잔탄검(xanthan gum), *Aureobasidium pullulans*에 의해 생산되는 pullulan gum, 갈조류와 *Azotobacter vinelandii*에 의해 생산되는 alginate, *L. mesenteroides* 등 다양한 세균에 의해 생산되는 dextran 등이다.

일부 미생물 다당류는 녹는점이 굳기 전 용액의 온도에 영향을 받는 온도 이력현상(temperature hysteresis)의 특징을 보여 식품 적용에 이점으로 작용한다. 그러나 다양한 미생물 다당류가 식품 이용에 제한을 받고 있다. 그 이유는 널리 이용되는 잔탄검, 식물 또는 해조류 유래 다당류에 비해 생산비용이 많이 들거나 많은 나라에서 식품에 허가가 되어 있지 않기 때문이다.

다당류는 단량체의 결합에 의한 복합체이고 구성하는 단량체의 종류에 따라 호모폴리머(homopolymer)와 헤테로폴리머(heteropolymer)로 구분한다. 호모폴리머는 한 종류의 단량체로 구성된 것으로 효모의 β-glucan, pullulan, dextran 등의 미생물 다당류가 이에 속한다.

헤테로폴리머는 단량체 또는 여러 단량체가 반복적 단위로 결합하여 중심 구조를 형성하고 또한 다른 종류의 단량체가 곁가지로 결합된 다당류로 xanthan gum, gellan gum 등이 이에 속한다.

1) 잔탄검

(1) 구조 및 특성

잔탄검은 가장 큰 시장 규모(20,000톤 이상/년)를 갖는 미생물 다당류이다. 잔탄검은 매우 우수한 점증제이자 고형화제이고, 사람의 몸에 의해 대사되지 않고 식품의 풍미에 영향을 주지 않는 장점을 가지고 있다.

잔탄검의 구조는 그림 10-3에서처럼 포도당이 β-1,4 결합에 의해 선형의 중심

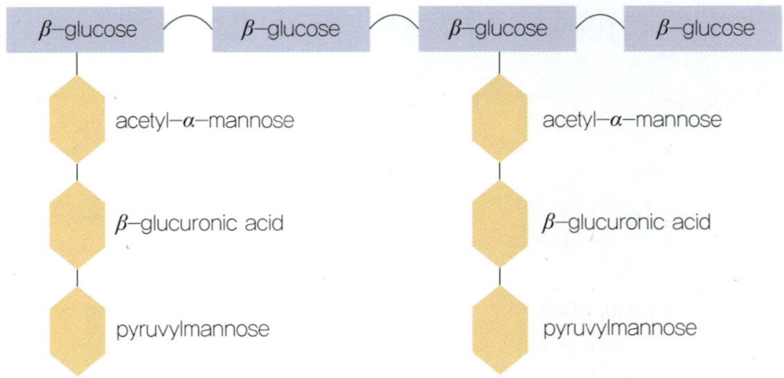

그림 10-3 잔탄검의 구조

구조를 이루고 매 두 번째 포도당에 acetyl-α-mannose, β-glucuronic acid, pyruvylman-nose가 결합되어 있다.

잔탄검이 물에 녹으면 DNA처럼 두 사슬이 역평형의 이중나선을 형성하고 이중나선들이 서로 작용하여 미세섬유를 형성한다. 잔탄검은 0~100℃ 온도범위 및 여러 화학적 환경에 매우 안정하다. 또한 저어주면 점도가 감소하나 다시 방치하면 점도를 바로 회복하여 적용식품은 붓기가 용이한 장점을 갖게 된다. 점증제 이외에도 안정제(맥주 거품), 접착제(과자 같은 식품의 당이나 투명 층), 풍미 포집제, 유화제(샐러드 드레싱), 얼음 결정 억제제(아이스크림) 등에 널리 이용된다.

(2) *Xanthomonas campestris*

잔탄검은 그람음성 세균인 *Xanthomonas campestris*에 의해 생산된다. 단배양의 대량배양에 의해 생산되고 대수기에 가장 활발하게 생성된다. 배양 중 점도 증가가 기술적 문제가 될 수 있으며, 배양 후 아이소프로필 알코올(isopropyl alcohol)로 침전에 의해 분리 정제된다.

(3) 잔탄검 생합성의 유전학

잔탄검은 두 개의 포도당에 세 개의 acetylated mannose, glucuronic acid, pyruvyl-mannose로 구성된 총 5개의 탄수화물이 한 단위(pentasaccharide)로 생성된 후 결합하여 복합다당류가 된다. 분리된 유전자 집단에 존재하는 적어도 14개의 유전자가 잔탄

표 10-2 미생물에 의해 산업적으로 생산되는 다당류

다당류	생산 미생물
cellulose	*Acetobacter* sp.
levan	*Leuconostoc mensenteroides*
alginate	*Azotobacter vinelandii*
phosphomannan	*Hansenula capsulate*
poly-β-hydroxybutyrate	*Alcaligenes eutrophus*

검의 생합성에 관여하는 것으로 알려져 있다.

2) 덱스트란

덱스트란(dextran)은 자당(sucrose)으로부터 생성되는 글루코스가 α-1,6 결합으로 이루어진 단순다당류이다. 공업적 제조는 자당을 기질로 하여 젖산균인 ***Luconostoc mesenteroides***을 배양하여 생산한다. 덱스트란은 물에 잘 녹고 점도가 높으며 화학적으로 안정하므로 유화 및 안정제로서 아이스크림, 시럽, 젤리 등에 사용된다.

잔탄검 및 덱스트란 이외에 미생물에 의해 생산되는 다당류는 표 10-2와 같다.

4. 핵산관련 물질

핵산은 유전 및 유전자 발현의 핵심 거대분자이나 핵산관련 물질이 감칠맛을 나타내어 핵산 조미료에서처럼 정미성분으로 널리 이용되고 있다. 핵산 관련물질 중 5′-GMP (guanosine-5′-monophosphate), 5′-IMP (inosine-5′-monophosphate), 5′-XMP (xanthosine-5′-monophosphate) 등이 감칠맛을 내며 정미의 강도는 5′-GMP > 5′-IMP > 5′-XMP 순서이다. 이러한 뉴클레오타이드는 효모 RNA의 분해 및 발효법에 의해 공업적으로 생산되고 있다.

1) 효모 RNA의 분해

효모 *Saccharomyces cerevisiae*의 RNA를 열 식염수로 추출한 후 *Penicillium citrinum*이나 *Streptomyces aureus*에서 분리한 5′-phosphodiesterase를 이용하여 정미성 뉴클레오타이드인 5′-IMP와 5′-GMP를 얻을 수 있다. RNA를 분해하면 5′-AMP, 5′-GMP, 5′-UMP, 5′-CMP의 네 가지 뉴클레오타이드가 생성되는데 5′-AMP는 탈아미노화하면 5′-IMP가 된다.

2) 발효

5′-IMP를 20 mg/mL의 농도로 축적하는 *Brevibacterium ammoniagenes* 돌연변이주를 이용하여 공업적으로 생산하고 있다.

또한 *Bacillus subtilis* 돌연변이주를 이용하여 이노신을 생산한 후 생성된 이노신에 화학적으로 인산을 결합시켜 5′-IMP를 생산하는 방법이 실용화되고 있다.

Chapter 11 중요 식품미생물

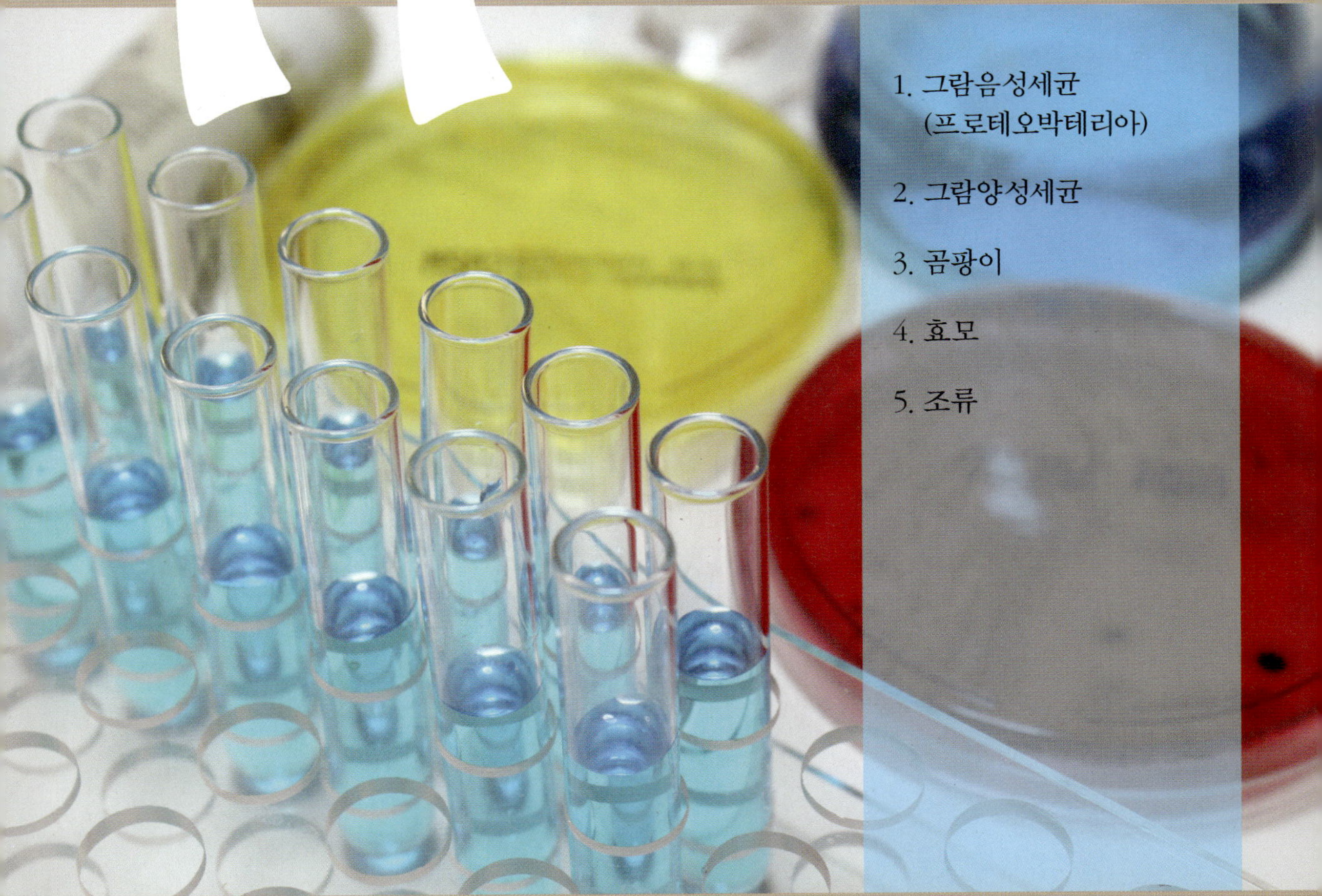

1. 그람음성세균 (프로테오박테리아)
2. 그람양성세균
3. 곰팡이
4. 효모
5. 조류

1. 그람음성세균(프로테오박테리아)

1) Alpha Proteobacteria

(1) 아세트산균

그람음성의 절대호기성 간균으로 운동성이 있다. 알코올과 당을 불완전 산화시켜 유기산을 만든다. 에탄올을 이용하여 아세트산을 만들므로 식초균(아세트산균, acetic acid bacteria)이라고 한다. 내산성이 강하여 대부분 pH 5 이하에서도 잘 자란다. 극모(polar flagella)를 갖는 종을 글루코노박터(*Gluconobacter*)로 분류하고, 주모(peritrichous flagella)를 갖는 종을 아세토박터(*Acetobacter*)로 분류한다. 이 균은 식물이 만드는 셀룰로스와 유사한 셀룰로스를 만들 수 있는 특성이 있다.

① 아세토박터

완벽한 TCA 회로를 갖고 있으므로 아세트산을 산화시켜 이산화탄소와 물로 완전 산화시킬 수 있다. 알코올 음료(포도주, 맥주)나 과일주스의 변패에 관여한다. *A. aceti, A. xylinum, A. orleanensis* 등이 있다.

② 글루코노박터

아세트산을 산화할 수 없으므로 식초 생산에 이용되며, 소비톨(sorbitol)을 산화하여 비타민 C 생산의 중간원료인 D-sorbose 제조에도 이용된다. *G. oxydans*(옛날 이름 *A. suboxydans*)가 대표적인 균이다.

(2) 자이모모나스(*Zymomonas*)

그람음성 간균으로 엔트너-두도르프 경로(Entner-Doudoroff pathway, EDP)를 이용하여 당(포도당, 과당, 설탕만을 이용할 수 있음)을 발효하여 알코올을 생산한다. 열대지방에서 효모(*Saccharomyces cerevisiae*) 대신 알코올 음료를 만드는 데 많이 쓰인다. 과일주스나 맥주 변패의 원인균이 될 수 있다. *Z. mobilis*가 대표 균으로 최적 생육 온도는 25~30℃이다.

2) Gamma Proteobacteria

(1) 장내 세균

그람음성, 통성호기성(facultative aerobes), 포자를 형성하지 않는 간균으로서 카탈레이스(catalase) 양성 및 옥시데이스(oxidase) 음성의 특성을 보이며, 당을 발효하여 각종 산물을 만든다. 온혈동물의 장내에 주로 분포하나 토양, 물, 식물 등에서도 발견된다. 장내 세균의 많은 종이 사람과 동물, 식물의 병원균이며 일부는 산업적으로 유용한 균이다(*Escherichia, Salmonella, Shigella*).

대장균군(coliform)
식품이나 식수의 위생 상태를 보여주는 지표로 쓰이는 세균들로서 그람음성의 포자를 형성하지 않는 간균을 칭하며, 37℃에서 배양 시 락토스를 발효하여 산과 가스를 생성할 수 있는 균이다. 대장균군에 속하는 세균의 대부분은 병을 일으키지 않으나 쉽게 배양하고 동정할 수 있으므로, 대장균군의 존재는 분변에서 유래하는 다른 병원균들의 오염 가능성을 알려주는 표지로 이용된다. 이에는 시트로박터(*Citrobacter*), 엔테로박터(*Enterobacter*), 에스케리시아(*Escherichia*), 하프니아(*Hafnia*), 클레브시엘라(*Klebsiella*), *Serratia*속(屬, Genus) 등이 포함된다.

① 대장균

인간과 다른 온혈 동물의 장내에서 살고 있는 균으로서 비병원성균은 비타민 K와 같은 영양분을 공급하기도 하고, 장내의 산소를 소비하여 무산소 상태로 만드는 역할을 하기도 한다. 토양, 물, 식품 등에서 발견되며 하수나 분변 오염의 지표로 이용된다. 야생형 대장균(에스케리시아, *Escherichia*)은 다양한 탄소와 에너지원을 이용하여 살 수 있으므로 특별한 성장인자(growth factor)를 요구하지 않는다. 일부 대장균은 설사를 일으키거나 요도염을 일으키는 등 병원성을 갖는다. 일부는 장독소를 생성하기도 하는데, *E. coli* O157:H7의 경우 생명을 위협하는 합병증을 유발하기도 한다.

② 살모넬라

살모넬라(*Samonella*)와 에스케리시아는 유전적으로 상당히 유사하지만 살모넬라의 대부분은 사람에게 장티푸스나 장염을 일으키며 온혈동물에게도 각종 병을 일으키는 병원균이다. 살모넬라는 거북이나 도마뱀 같은 냉혈 동물의 장내에서도 발견되어 살모넬라 감염의 원인이 되기도 한다. 살모넬라의 O 항원의 종류는 혈청학적으로 2,000여 가지에 이를 정도로 다양하다. 대표적인 균으로는 사람에게 설사와 복통을 일으키는 식중독의 가장 흔한 원인균인 쥐 티푸스 세균[*S. enterica* serovar Typhimurium(*S.* Typhimurium)], 가금류에 병을 일으키는 가금 티푸스 세균[*S. enterica* serovar Gallinarum(*S.* Gallinarum)], 돼지에 설사병을 일으키는 돼지 콜레라 세균[*S. enterica* serovar Choleraesuis(*S.* Choleraesuis)]이 있다. 특히 장티푸스 원인균인 장티푸스 세균[*S. enterica* serovar Typhi(*S.* Typhi)]은 다른 동물에는 기생하지 않고 사람에만 기생하며 분변을 통해서 전염된다.

③ 시겔라

시겔라(*Shigella*)는 유전적으로 살모넬라보다 더 에스케리시아와 유사하지만 사람에게 이질을 일으키는 원인균이다. 10 cfu만으로도 병을 일으킬 수 있을 정도로 감염력이 강하여 사람 간의 접촉으로 전염이 된다. 사람 이외의 숙주 동물은 없는 것으로 알려졌으며, *S. dysenteriae, S. flexneri, S. boydii, S. sonnei* 4종이 있다.

cfu(colony forming unit)
콜로니 형성 단위

④ 프로테우스

프로테우스(*Proteus*)는 토양, 물, 분변 등에서 발견되며 여타 장내 세균과 다른 특징은 빠른 운동성을 갖고 있고(25℃에서 활발), 유레이스(urease)를 생성한다. 한천배지상에서 활주현상(swarming)을 보이며 배양조건에 따라 균의 모양이 변한다.

⑤ 에르위니아

에르위니아(*Erwinia*)는 호기성의 운동성을 갖는 균으로 대부분은 식물병원균이다. 펙틴 분해력이 강하여 슈도모나스(*Pseudomonas*), 바실러스(*Bacillus*) 등의 다른 부패균과 같이 운송, 저장 중의 채소와 과일을 부패시키는 주요 원인균이다. *E. amylovora, E. carotovora*(새로운 이름은 *Pectobacterium carotovorum*) 등이 있다.

(2) 슈도모나스(*Pseudomonas*)

편모를 갖는 호기성 간균으로 포도당에서 가스를 생성하지 않는다(발효를 하지 않는다). 자연계에 널리 분포하며 내열성과 내건조성이 약하여 저온살균으로도 쉽게 사멸된다. 아주 다양한 저분자량의 유기물들을 탄소와 에너지원으로 이용할 수 있으므로(100가지 이상의 유기물을 이용할 수 있는 균주도 존재) 자연계에서 농약과 같은 환경오염 물질을 제거하는 데 중요한 역할을 한다. 하지만 일반적으로 슈도모나스는 고분자의 분해효소를 갖고 있지 않아 고분자는 이용하지 못한다. 저온에서도 증식을 잘하는 편이므로 저온저장 식품의 부패에 주요 역할을 할 수 있다. 식품 부패에 관련 있는 슈도모나스는 *P. fluorescens*(녹색 형광색소 생성), *P. putrefaciens, P. nigrifaciens* 등이 있다. 사람에게 병을 일으키는 슈도모나스는 요도염, 화상환자 감염 등을 일으키는 *P. aeruginosa*(녹농균, 청녹색 색소인 pyocyanin을 생성하며 식품의 부패 또한 일으킨다)가 대표적인 균이며, 식물병을 일으키는 슈도모나스로는 *P. syringae*가 있다.

(3) 비브리오(*Vibrio*)

그람음성, 통성호기성(facultative aerobes), 발효 가능한 간균으로 편모를 갖는다. 장내 세균과의 주 차이점은 옥시데이스 양성인 점이다. 주로 해수나 담수에서 발견되며 콜레라의 원인균인 *V. cholerae*와 설사병을 일으키는 장염 비브리오(*V. parahaemolyticus*), 우리나라에서 특히 문제가 되고 있는 비브리오 패혈증의 원인균인 *V. vulnificus* 등이 있다.

(4) 잔토모나스(*Xanthomonas*)

슈도모나스와 유사한 균으로 노란색 색소를 만드는 식물병원균으로서 이 균이 식물의 도관에 서식하며 생산하는 잔탄검(Xanthan gum)이 도관을 막아서 식물을 말라 죽게 만든다. *Xanthomonas campestris*가 생산하는 잔탄검은 식품의 점도를 증가시키거나 안정화시키는 용도로 사용된다.

3) Epsilon Proteobacteria

(1) 캠필로박터(*Campylobacter*)

그람음성의 운동성(단일 편모를 가짐) 나선균(spirilla)으로 대부분이 사람과 동물에 병을 일으키는 병원균이다. 낮은 농도의 산소하에서 자라는 미호기성이다. 가축과 조류에서 흔히 분리되며, 특히 닭고기에 오염이 많이 된다. 심한 장염을 일으키는 균으로 선진국에서는 가장 흔한 식중독 원인균이다. *C. jejuni*와 *C. coli*가 주요 균이며, *C. jejuni*가 캠필로박터 식중독의 90% 이상의 원인균으로 알려져 있다.

(2) 헬리코박터(*Helicobacter*)

그람음성의 운동성을 가진 나선균으로 급성 혹은 만성 위염을 초래하여 소화성 궤양(peptic ulcer)을 일으킨다. 유레이스를 생산하여 위장 내와 같은 강한 산성 조건에서도 살 수 있다.

2. 그람양성세균

1) 포자를 형성하지 않는 균

(1) 코리네박테리움(*Corynebacterium*)

호기성의 비운동성 간균이지만 세포의 끝이 부풀어 오른 곤봉 모양을 형성하기도 하는 등 비정형의 세포 모양을 보인다. 동물과 식물의 병원균을 포함한 다양한 종이 존재한다. ***C. glutamicum***은 아미노산 생산에 쓰이는 균이며, ***C. diphtheriae***는 디프테리아의 원인균이다.

(2) 프로피오니박테리움(*Propionibacterium*, Propionic acid bacteria)

스위스 치즈에서 처음 발견된 균으로서 이산화탄소를 생성하여 치즈의 구멍을 만든다. 영양 요구성이 복잡하며 생장 속도가 매우 느리며, 유산(lactic acid)을 발효하여 다량의 프로피온산(propionic acid)과 이산화탄소를 생성한다.

(3) 마이코박테리움(*Mycobacterium*)

간균으로서 세포 표면에 미콜산(mycolic acid)과 같은 지질을 다량 갖고 있어서 알칼리나 페놀과 같은 화학 물질에 대한 저항성이 높은 편이다. 성장 속도가 느린 그룹과 빠른 그룹으로 나뉘는데 성장 속도가 느린 그룹에는 결핵균인 ***M. tuberculosis***가 대표적인 균이며, 빠른 그룹에는 ***M. smegmatis***가 있다.

(4) 포도상구균(스타필로코커스, *Staphylococcus*)

통성호기성(facultative aerobe), 카탈레이스 양성의 구균으로 건조한 조건과 높은 염도를 견디는 능력이 탁월하다. 호기 혹은 혐기 조건에서 포도당으로부터 산을 생성한다. 배지에 7.5% NaCl을 첨가하여 다른 균과 분리할 수 있다. 색소를 생성하는 종류가 많다. 세포가 포도송이 모양으로 뭉친다. 사람과 동물의 피부나 상피조직에서 흔히 발견된다. 색소를 생성하지 않는 표피 포도상구균(***S. epidermidis***)은 비병원성 균이며, 노란 색소를 생성하는 ***S. aureus***는 종기, 여드름, 폐렴, 뇌막염의 원인균이며 주요한 식중독균이기도 하다.

(5) 마이크로코커스(*Micrococcus*)

사람 피부, 토양, 먼지 등에서 발견되는 식품 부패세균의 하나로 카탈레이스 양성의 구균으로 호기성(strict aerobe)이며, 호기 조건에서만 포도당에서 산을 생성한다. 포도상구균과 같이 건조한 조건과 높은 염도를 견디는 능력이 탁월하므로 배지에 7.5% NaCl을 첨가하여 다른 균과 분리할 수 있다. 색소를 생성하거나 내열성을 갖는 종도 많아서 식품에 쉽게 오염되며, 오염 시 식품을 변색시키기도 하고 육제품에서는 점질물(slime)을 생성하기도 한다.

(6) 유산균(lactic acid bacteria)

발효 산물로 유산을 생성하는 간균이나 구균으로 포르피린과 사이토크롬을 갖지 않으므로 기질수준인산화(substrate-level phosphorylation)에 의해 에너지를 얻는다. 혐기성이지만 산소 존재하에서도 자라므로 aeroloterant aerobe라고 한다. 대부분의 유산균은 생합성 능력이 제한적이므로 다양한 영양분을 요구한다. 정상 발효(homofermentative) 유산균[(*Streptococcus*, *Enterococcus*, *Lactococcus*, *Pediococcus*, *Lactobacillus*)(group I)]은 발효산물로서 젖산만을 생성하며, 이상 발효(heterofermentative) 유산균[(*Leuconostoc*, *Oenococcns*, *Weissella*, *Lactobacillus* (group III)]은 젖산 이외에 에탄올과 이산화탄소 등의 다른 물질을 생성한다. 유산균에 대한 자세한 설명은 7장에 나와 있다.

(7) 마이코플라스마(*Mycoplasma*)

식물이나 동물에 기생하는 미생물로서 대부분의 영양분을 숙주에서 얻으므로 지놈 크기(500~1,100 kbp)가 가장 작은 생명체의 하나이다. 세포벽을 생성하지 않으나 세포막에 스테롤(sterol)을 갖고 있어 세포막은 다른 세균에 비해 견고하며, 발생학적으로 그람양성균에 가깝다.

2) 포자 형성균

(1) 바실러스(*Bacillus*)

호기성 혹은 통성호기성(facultative aerobe), 토양에서 주로 발견된다. 각종 고분자를 분해하는 여러 종류의 가수분해효소를 분비하여 셀룰로스, 전분, 펙틴 등의 다당류, 한천(agar), 핵산, 지질 등을 이용할 수 있으므로 식품을 변패시켜 산과 가스를 생성한다. 폴리믹신(polymyxin), 섭틸린(subtilin), 그라미시딘(gramicidin) 같은 항생제를 생산하는데, 이들 항생제는 대부분 포자를 형성할 때 만들어진다. 이 균이 만드는 포자는 높은 내열성과 각종 화학물질에 대한 저항성을 보이므로 자연계에 널리 분포되어 있다. 많은 포자형성균이 그람양성균이지만 성장 후기에 정체기(stationary phase)에 들어가면 그람염색이 되지 않는 경우도 많다.

① *B. subtilis*

*Bacillus*속의 대표 종으로 포자를 형성하므로 건초, 토양 등에 널리 분포하며, 당을 분해하여 산을 생성하고, 단백질을 분해하여 암모니아를 생성한다. 세포의 중앙에 포자가 형성된다. 아밀레이스(amylase), 프로테이스(protease) 생산에 이용된다. 섭틸린, 바실로마이신(bacillomycin) 등의 항생물질을 생산하는 종이 있다.

② *B. megaterium*

메가(mega-)라는 이름에서 알 수 있듯이 1.2~1.5 × 2.0~4.0 μm의 다소 큰 호기성 균이다. 비타민 B_{12}를 생산하는 균주가 있다. 보통 세포벽에 존재하는 다당류에 의해 균체가 여러 개 같이 붙어 있는 형태로 존재한다.

③ *B. licheniformis*

운동성의 통성호기성 간균으로 주로 식물체에서 많이 발견되나 포자를 형성하므로 자연계에 널리 분포되어 있다. 식품에 오염되어 설사와 구토를 유발하는 식중독을 유발할 수 있다. 공업적으로 프로테이스와 아밀레이스 생산에 쓰이는데, 특히 프로테이스는 알칼리성 조건에서 잘 작용하는 특성이 있으므로 세제에 많이 쓰인다. 항생제 바시트라신(bacitracin) 생산에도 이용된다.

④ *B. coagulans*

호기성, 미호기성 균으로 유산(lactic acid)을 생성하므로 예전에는 유산균으로 생각하기도 하였지만(한때 *Lactobacillus sporogenes*라고 불리기도 하였다) DNA 분석 결과 *Bacillus*속으로 판명되었다. 가축들의 생균제(probiotic)로 이용된다. 포자의 내열성이 높아서 가열 포장식품의 부패균으로 주목된다.

⑤ *B. cereus*

주로 전분질 식품에 발생되는 식중독 원인균으로서 식품에 오염된 균이 자라면서 생성하는 내열성의 장독소에 의해 오염 식품 섭취 후 단시간(1~6시간)에 구토 증상이 나타나는 구토형 식중독을 일으키는 종과 인체의 장내에 침입한 *B. cereus*가 장내에서 만드는 열에 약한 장독소에 의해 오염 식품 섭취 후 8~16시간 후에 복통과 설사 증상이 나타나는 설사형 식중독을 일으키는 종이 있다.

(2) 클로스트리디움(*Clostridium*)

호흡 체계가 없으므로 기질수준인산화(substrate-level phosphorylation)에 의해 에너지를 얻는다. 주로 혐기성 조건의 토양이나 동물의 장내에 분포한다. 발효에 사용할 수 있는 기질의 종류에 따라 분류한다. 몇 종류는 당을 발효하여 낙산(butyric acid)을 주로 생산하며, 어떤 종류는 아세톤과 부탄올도 생산한다. 대표적인 종으로는 셀룰로스를 발효에 이용하는 *C. thermocellum*, 전분이나 펙틴을 이용하는 *C. butyricum*, *C. perfringens* 등이 있다. 아미노산을 발효에 이용하여 에너지를 얻는 *C. putrefaciens*, *C. botulinum*, *C. propionicum* 등은 뷰티르산, 카프로산(caproic acid), 메틸머캅탄(methylmercaptan) 등의 식품 변패 시 나는 나쁜 냄새를 내는 물질을 생산한다. 이들 중 식중독 원인균인 *C. botulinum*은 강력한 신경 독소를 생산하며, *C. perfringens*는 포자 형성과정에 장독소를 생산하여 식중독을 일으킨다.

(3) 스트렙토마이스(*Streptomyces*)

주로 토양에서 발견되는 필라멘트를 생성하는 호기성 그람양성균으로 500여 개 이상의 종이 알려져 있다. 콜로니가 형성되어 오래되면 콜로니 표면에서 공기 중으로 자라나는 담포자체(sporophore)라는 필라멘트가 생기고, 이것이 포자(conidia)로 변한다.

액체배지에서는 포자를 잘 형성하지 않는다. 다양한 탄소원을 이용할 수 있으며, 다양한 가수분해효소를 생성하여 다양한 고분자를 이용할 수 있다. 분리된 *Streptomyces*의 50% 이상이 항생제를 생산할 정도로 많은 종류의 항생제를 생성하며 500가지 이상의 항생제를 생산하는 것으로 알려져 있다.

3. 곰팡이

곰팡이(또는 사상성 진균, mold 또는 filamentous fungus)는 일상생활에서 쉽게 관찰되는 진핵 미생물이다. 예를 들면 보관 중인 식품이나 장마철의 의복 또는 벽 등에 청색, 녹색, 황색, 적색, 흑색 등의 곰팡이가 자라는 것을 볼 수 있다. 식품에 있어 곰팡이는 부패의 원인이 되고 곰팡이 독소(mycotoxin)를 생산하여 오염된 식품을 섭취한 동물의 질병 및 사망의 원인이 되기도 하여 식품에 해가 되는 것으로 인식되는 경향이 있다. 그러나 많은 곰팡이가 오래전부터 발효식품 생산에 활용되어 왔고, 근래에는 발효식품뿐만 아니라 의약품, 효소 등의 생산에도 널리 이용되고 있는 중요한 미생물이다.

1) 곰팡이의 일반적 특성

곰팡이는 효모와 함께 진균류의 하나로 실 모양의 균사 형태로 성장하여 사상균이라고도 한다.

곰팡이의 균사[hypha, hyphae(복수형)]는 2~10 μm의 관상구조이며 가지 친 형태로

표 11-1 곰팡이 관련 기본 용어

용어	설명
균사[hypha, hyphae(복수형)]	가지 친 실 모양의 관상구조
균사체(mycelium)	균사의 집합체
포자(spore)	생식단위로 무성 및 유성포자가 존재
자실체(fruiting body)	포자를 형성하는 기관
균총(colony 또는 mycelial mat)	균사체 및 자실체를 포함하여 군집을 이루는 전체

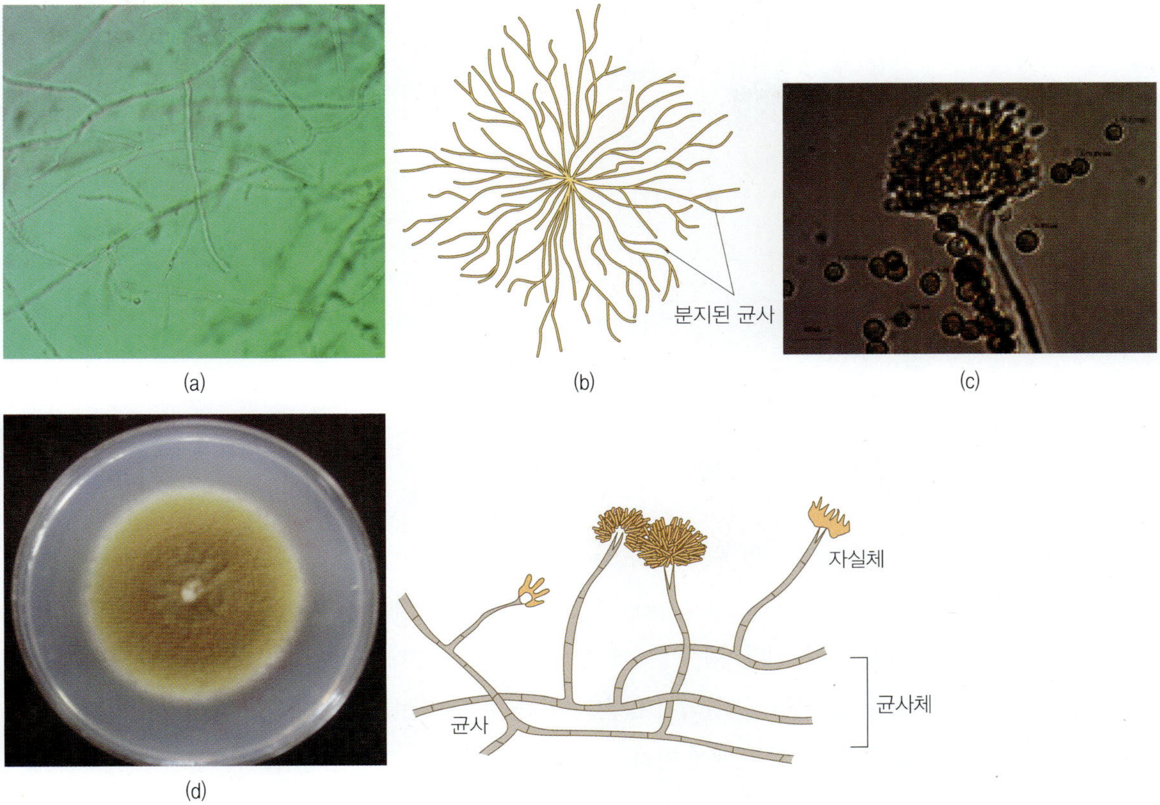

그림 11-1 균사(a), 균사체(b), 자실체(c) 및 균총(d)

성장하고 균사가 모인 형태를 균사체(mycelium)라 한다표 11-1, 그림 11-1.

균사는 성장하며 가지치기를 하며 내부에 격벽[septum, septa(복수형)]이 있는 것과 없는 것이 있다. 접합균류는 격벽이 없으며, 자낭균류 및 담자균류의 균사는 격벽을 갖는다. 균사가 성장하며 핵이 분열하고 이에 대응하여 격벽이 형성되어 세포질을 분획하여 다세포 구조를 갖게 되는데, 격벽 중심에는 직경 0.05~0.5 μm의 구멍이 있어 세포질이 연결되고 물질의 이동이 일어난다. 균사는 기질 속으로 침투해 들어가며 자라는 것을 기중균사(submerged hyphae), 기질표면에 퍼지는 것을 영양균사(vegetative hyphae)라 하고, 공기 중으로 뻗은 것을 기균사(aerial hyphae)라 한다.

곰팡이는 진핵세포의 구조를 가지며 광합성을 하지 않고 절대호기성 미생물로서 유기물의 산화로 에너지를 얻는 종속영양생물이다.

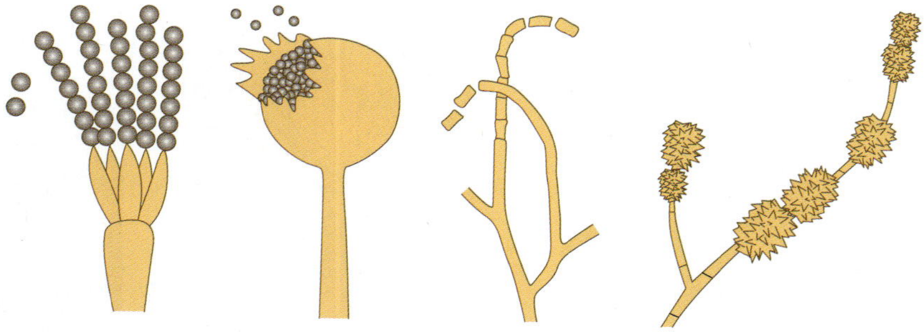

그림 11-2 곰팡이의 무성포자

2) 곰팡이의 생식방법

곰팡이의 번식은 주로 포자(spore)에 의해 이루어지고 포자는 무성생식에 의해 형성되는 무성포자(asexual spore)와그림 11-2 유성생식에 의해 형성되는 유성포자(sexual spore)로 구분된다. 생식방법과 생성된 포자의 형태는 곰팡이의 분류에 중요한 기준이 되며, 유성생식이 관찰되지 않은 균류는 불완전균류로 분류하고, 유성생식이 관찰되면 형성되는 포자의 형태에 따라 새로 분류하게 된다.

(1) 무성생식

무성생식은 배우자(gamete)의 결합이나 핵의 융합 없이 후손을 생성하는 생식방법으로 곰팡이의 경우 무성포자가 형성된다. 무성포자는 형성되는 방식이나 형태에 따라 다음과 같은 종류가 있다.

① 포자낭포자

주머니처럼 생긴 포자낭(sporangium)에 형성되는 포자(sporangiospore)이다. 포자낭은 균사로부터 공기 중으로 뻗은 포자낭병(sporangiophore)의 끝이 부풀어 주머니 모양을 하고 있는 구조로 포자낭에는 여러 개의 포자가 존재한다. 포자낭은 엷은 막(peridium)으로 되어 있고 성숙하면 파열 또는 용해되어 포자는 공기 중으로 퍼지게 된다. *Mucor*속, *Rhizopus*속 등의 곰팡이에서 형성된다.

② 분생포자

분생포자[conidium, conidia(복수형)]는 균사 또는 균사로부터 만들어진 분생자병

(conidiophore) 또는 phialide에 형성되는 포자로 단독 또는 여러 개가 사슬처럼 연결된 상태로 존재한다. 분생포자는 형성방식에 따라 phialide형 포자(phialospore), 출아포자(blastospore), aleuriospore 등으로 나눌 수 있다. Phialospore는 phialide라고 부르는 분생자형성세포의 끝으로부터 구심적으로 형성되는 대표적인 분생포자로 *Aspergillus*속, *Penicillium*속 등의 곰팡이에서 관찰된다.

*Aspergillus*속의 포자형성은 균사로부터 뻗은 분생자병의 끝이 팽창하여 정낭(vesicle)이 되고 정낭표면에 phialide가 형성된다. Phialide가 신장되고 끝이 구심적으로 잘리면서 사슬 모양의 분생포자가 형성된다.

③ 분절포자

기균사의 끝으로부터 짧은 간격의 격벽이 생겨 나누어진 균사가 포자로 되는 것으로 분리되어 분절포자(arthrospore)가 된다. 우유 및 유제품이 오염되어 번식하는 *Geotrichum candidum* 등에서 관찰된다. 절편된 포자가 바로 새로운 균사로 증식이 될 때 분열자[oidium, oidia(복수형)]라 한다.

④ 후막포자

후막포자(chlamydospore)는 불리한 환경에서 생성되고 저항성이 있는 두꺼운 막으로 싸인 휴면성 세포로 영양균사의 끝이나 중간부위에 격벽이 생기고 세포질이 모여 형성되며 많은 종류의 곰팡이에서 관찰된다.

(2) 유성생식

유성생식은 배우자의 결합이나 세포핵의 융합 후 유성포자를 형성함으로써 번식하는 생식방법이다. 원형질융합(plasmogamy), 핵융합(karyogamy) 및 감수분열(meiosis)을 거쳐 포자가 형성되는 기본과정을 거치며, 유성생식방법과 유성포자의 종류는 곰팡이 분류에 중요한 기준이 된다.

① 접합포자

배우자낭 접합에 의해 형성되는 포자로 접합포자를 생성하는 균류는 접합균류(*Zygomycetes*)로 분류된다. 접합포자 형성과정은 인접한 두 개의 균사로부터 각각 가지가 나와서 접촉하여 전배우자낭(progametangium)이 형성되고 팽창하며 격벽이 생기고 접합부위가 배우자낭(gametangium)으로 된다. 두 배우자낭 사이의 막이 없어지며

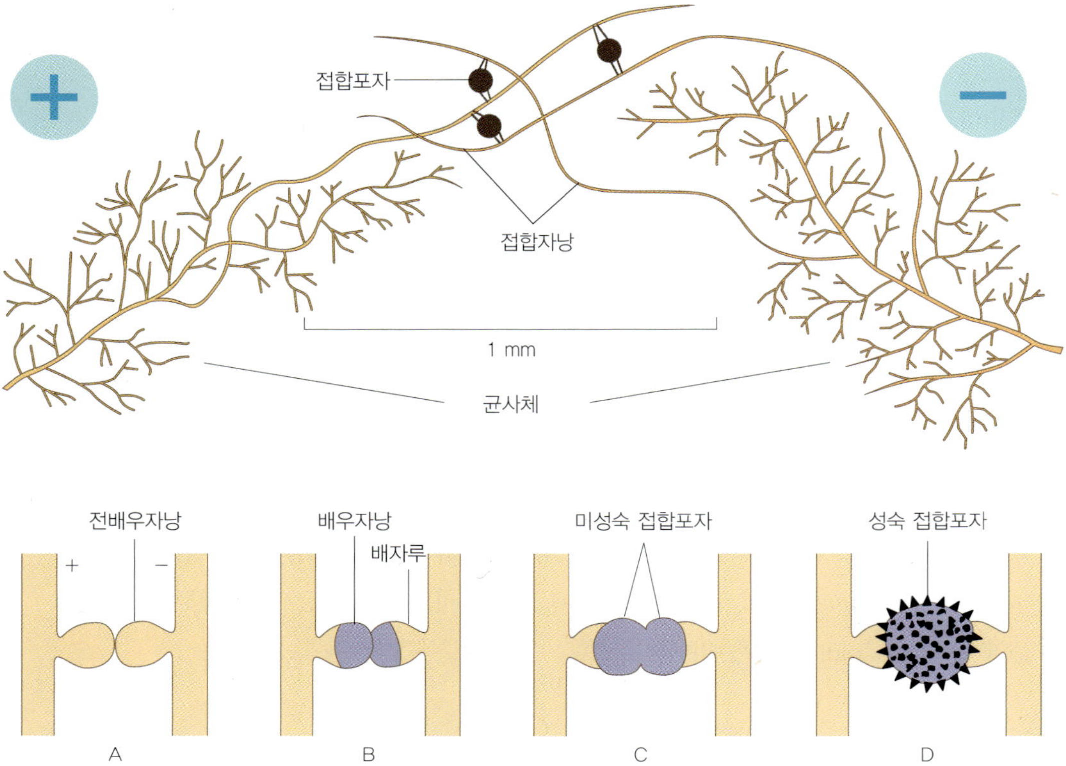

그림 11-3 *Rhizopus* sp.의 접합포자 형성

핵이 융합되고 감수분열을 거쳐 접합포자가 형성된다. 접합포자를 생성하는 균류로는 *Rhizopus* sp.가 있다그림 11-3.

② 자낭포자

두 세포의 원형질 융합에 의해 자낭(ascus)이 형성되고 자낭 내에 형성되는 포자로 자낭포자를 형성하는 균류는 자낭균류(*Ascomycetes*)로 분류된다. 효모의 경우도 자낭포자를 형성하기도 하며 융합한 세포 자체가 자낭이 된다. 곰팡이의 경우 세포의 원형질 융합이 일어난 후 환경조건에 따라 핵융합하지 않고 이핵상의 균사로 발달하기도 하며 이핵상의 균사의 말단세포가 핵융합되면 이배체의 자낭모세포(ascus mother cell)로 된다. 자낭모세포가 커지면서 자낭이 되고 감수분열을 통하여 보통 8개 또는 그 이하의 자낭포자를 형성한다그림 11-4. 일부 자낭균류에서는 자낭은 균사조직층으로 싸인 자낭과(ascocarp) 안에 형성되기도 한다. 자낭과는 모양에 따라 3가지 유형으로

그림 11-4 자낭포자 형성과정

그림 11-5 자낭과 유형

나누는데 밀폐된 공 모양의 폐자기(cleistothecium), 호리병처럼 끝이 열려있는 피자기(perithecium), 접시 모양으로 내부가 노출되어 있는 나자기(apothecium) 등이 존재한다그림 11-5. 자낭포자는 *Neurospora*, *Aspergillus*속 등의 균류에서 형성된다.

③ 담자포자

두 세포의 원형질 융합에 의해 형성된 담자기[basidium, basidia(복수형)] 위에 형성되는 포자로 담자포자를 형성하는 균류는 담자균류(주로 버섯)로 분류된다. 원형질 융합된 균사가 이핵상으로 분열하며 유지되다 환경조건에 따라 말단세포에서 핵융합이 일어나 이배체의 전담자기(probasdium)로 되고 담자기로 발달되어 감수분열을 거쳐 담

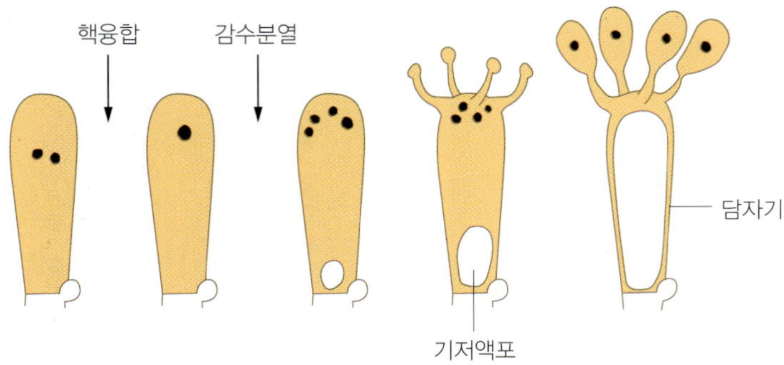

그림 11-6 담자포자 형성과정

자기 끝에 형성된 경자(sterigmata) 위에 보통 4개의 담자포자를 형성한다그림 11-6.

④ 난포자

다른 두 균사가 접합하여 조란기(oogonium)를 형성하고 다른 부분으로부터 형성된 조정기(antheridium) 중의 웅성배우자가 수정관을 통하여 조란기 중의 난구(oosphere)라 부르는 자성배우자와 융합하여 난포자(oospore)를 형성한다. 난균류의 웅성배우자와 포자는 편모(flagella)를 가지고 있어 운동성이 있고 이러한 포자를 특히 유포자(zoospore)라고도 한다. 편모균류에서 관찰되는 유성포자로 난포자를 형성하는 균류를 난균류(*Oomycetes*)라 한다.

3) 곰팡이의 분류 및 주요 식품 관련 곰팡이

곰팡이는 분류학상 균류(fungi) 중 진균류(*Eumycetes*, true fungi)에 속하나 50,000종이 넘게 존재하여 분류체계 또한 다양하여 매우 복잡하다. 유성, 무성의 생활사를 통하여 관찰되는 균사와 포자의 형태, 균총의 형태가 실용적인 분류에 이용되며 본 교과서에서는 식품과 연관성이 높은 접합균류(*Zygomycotina*), 자낭균류(*Ascomycotina*), 담자균류(*Basidiomycotina*), 불완전균류(*Deuteromycotina*) 등에 한하여 소개할 것이다표 11-2.

(1) 접합균류

접합균류는 균사에 격벽이 없으며 무성생식에 의해 포자낭포자를, 유성생식에 의해 접합포자를 형성한다. 접합균류 중 *Mucor*속(털곰팡이), *Rhizopus*속(거미줄 곰팡이) 등

표 11-2 식품과 관련된 주요 곰팡이의 특징

	종요한 속	무성포자	유성포자	균사
접합균류 (*Zygomycetes*)	*Mucor*속 *Rhizopus*속	포자낭포자	접합포자	격막 없음, 다핵체
자낭균류 (*Ascomycetes*)	*Aspergillus*속[a] *Penicillium*속[a] *Monascus*속 *Neurospora*속	분생포자, 분절포자, 후막포자	자낭포자	격막 있음
담자균류 (*Basidiomycetes*)	*Agaricus* *Pleorotus*	출아포자, 분생포자, 분절포자	담자포자	격막 있음, 이차균사, clamp connection
불완전균류 (*Deuteromycetes*) imperfect fungi)	*Trichoderma*속 *Fusarium*속	자낭균류 혹은 담자균류와 같음	없음	격막 있음

[a]무성세대의 경우 불완전균류로 분류하기도 함.

이 포함되는 털곰팡이목(Mucorales)은 주류, 치즈, 유기산 등의 발효 및 식품의 변패 등 식품에 중요한 연관성을 가진다.

① *Mucor*속(털곰팡이속)

격벽이 없는 균사가 공기 중으로 길게 뻗어서 솜털과 같은 균총을 형성하여 털곰팡이라 부른다. 균사로부터 포자낭병이 형성되고 포자낭병의 끝이 부풀어 중축(coumella)이 되고 포자낭을 형성한다.

Mucor mucedo

*Mucor*속의 대표적인 곰팡이로 토양, 채소, 과일 등에 흔히 발생한다. 회백색의 포자낭을 형성하고 접합포자는 구형이며 흑색이다.

Mucor racemosus

부패한 채소, 과일, 맥아, 사료 등에서 관찰되며 균총은 회백색 또는 회갈색이다. 약하게 알코올발효를 하며 글리세롤(glycerol)을 생성하나 주로 과일을 부패하게 하는 곰팡이로 알려져 있다. 또한 간장용 고지(*koji*)를 만들 때 이 곰팡이가 오염되면 나쁜 냄새가 나는 원인이 된다.

② *Rhizopus*속(거미줄곰팡이속)

포복지(stolen)라는 균사가 자라서 배지가 닿는 곳에 가근(rhizoid)을 형성하고, 그곳

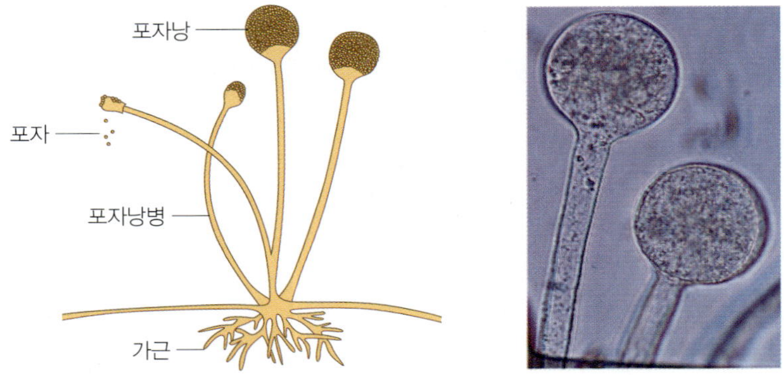

그림 11-7 *Rhizopus*속의 포자낭 포자 형성

에서 1~5개의 포자낭병을 만든다그림 11-7.

Rhizomucor pusillus (_Mucor pusillus_)

집락이 회색 또는 옅은 흑색이며 생육최적온도는 40℃로 높고 마른 풀이나 곡류에서 볼 수 있다. 치즈제조에 필요한 레닛(rennet)의 대용으로 이 곰팡이가 생성하는 응유효소가 이용되기도 한다.

Rhizopus stolenifier (_Rhizopus nigricans_)

*Rhizopus*속의 대표적인 곰팡이로 공기 중에 이 곰팡이 포자가 가장 많은 것으로 알려져 있다. 집락의 증식속도가 빠르고 붉은색을 띤 회갈색이다. 가근이 잘 발달되고 포자낭은 반구형이며 포자낭병의 높이가 5 cm 이상이나 되는 것도 있다. Fumaric acid 생산력이 강하고 빵, 곡류, 과일(복숭아, 딸기), 채소 등 여러 식품에 흔히 발생하고 고구마의 연부병의 원인이 되기도 한다.

Rhizopus arrhizus

집락의 증식속도가 빠르고 처음에는 백색이었다가 연한 빨간색, 황갈색, 회갈색으로 변한다. 포자낭병이 한 곳에 1~5개 생기며, 포자낭은 둥글고 표면에 가시가 있으며 골단(apophysis)이 발달되어 있다. 전분당화력이 강하여 amylo법의 초기에 이용되었던 *Amylomyces roxii* (*Mucor roxii*)나 그 후에 이용된 *Rhizopus delemar*와 *R. javanicus*가 현재에는 모두 이 종으로 분류되고 있다. *R. delmar*는 포도당 제조 시에 사용되는 glucoamylase의 생산에 이용되고 있다.

(2) 자낭균류

자낭균류는 균사에 격벽이 있으며 무성생식에 의해 분생포자를, 유성색식에 의해 자낭에 자낭포자를 형성한다. *Aspergillus*속, *Penicillium*속, *Monascus*속 등이 속해 있는 Eurotiales(국균목)이 식품미생물로서 중요하다.

① *Aspergillus*속(koji곰팡이속, 누룩곰팡이속)

된장·간장 등의 장류, 약주, 탁주, 감주 등의 양조산업에 널리 이용되고 있다. 균총의 색에 따라 황국균, 흑국균, 백국균 등으로 나눈다. *Aspergillus*속 곰팡이들은 당화 및 단백질 분해효소를 많이 생성하기 때문에 koji 제조에 이용되고 있다. 그러나 일부 *Aspergillus*속 곰팡이들은 곰팡이 독소를 생산하여 식품안전에 문제가 되기도 한다.

Aspergillus oryzae

황국균 또는 메주곰팡이라고도 부르며 약주, 탁주, 간장, 된장의 제조에 사용된다그림 11-8. 균총은 처음에는 백색이었다가 분생포자가 형성되면 황록색이 되고 오래되면 암갈색으로 변한다. 전분 분해효소(amylase)와 단백질 분해효소(protease)를 분비하여 녹말 당화력과 단백질 분해력이 강하고, kojic acid를 생산하는 것이 많다. 아플라톡신(Aflatoxin)을 생산하는 *A. flavus*나 *A. parasiticus*와 진화적 유연관계가 높으나 아플라톡신은 생산하지 않는다.

Aspergillus sojae

*Aspergillus oryzae*와 형태가 비슷하며 균총은 짙은 초록색 또는 황색을 띤다. 단백질 분해력이 강하고 간장양조용 koji에 사용된다.

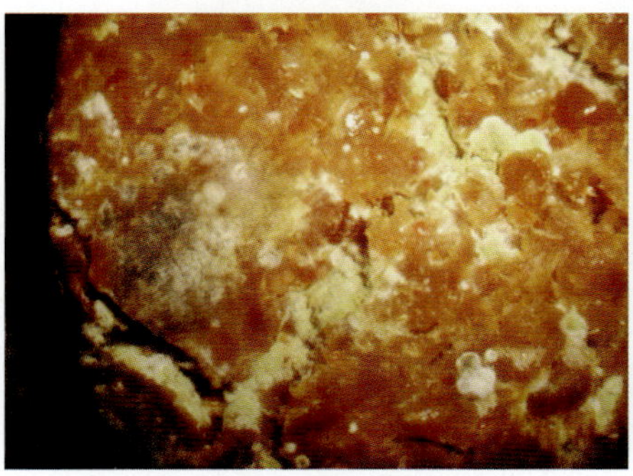

(a)

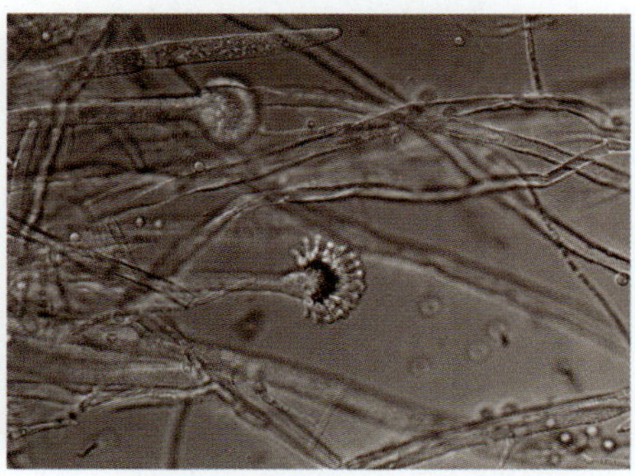

(b)

그림 11-8 메주에 핀 *A. oryzae*(a)와 포자 형성(b)

Aspergillus niger

흑색의 분생포자를 형성하는 흑국균의 대표적인 곰팡이로 과일이나 빵 등에 오염균으로 흔히 관찰된다. *Aspergillus niger* var. *niger*는 당을 발효하여 oxalic acid, gluconic acid, citric acid 등을 과량 생산하므로 이들 유기산의 산업적 생산에 이용된다. 또한 pectinase, cellulose, amylase 등의 효소 생산에도 이용된다.

Aspergillus flavus

주로 곡류나 땅콩에 생육하여 가축이나 인체에 유해한 발암물질인 아플라톡신을 생산하여 식품위생에 중요한 균류이다. 녹색의 분생포자를 형성한다그림 11-9.

Aspergillus fumigatus

조류나 면역력이 약한 사람의 폐에 기생하여 aspergillosis을 일으키는 병원성 곰팡이로 토양에 많고 곡류를 오염시킨다.

② *Penicillium*속(푸른곰팡이)

균총이 푸른색의 것이 많아 푸른곰팡이라 부르나 회백색, 황갈색, 붉은색을 띠는 것도 있다. 독소를 분비하는 종류 때문에 식품산업에 해로운 것으로 인식되나 치즈 숙성, 유지제조, 항생물질 제조에 이용되고 있다. 과일 등 식품을 변패시키기도 하며 황변미의 원인이 되기도 한다.

균사로부터 분생포자병(conidiophore)을 형성하고 가지를 치며 그 끝은 붓 또는 빗자루 모양으로 가지 친 형태이고, 경자(sterigmata) 위에 분생포자(conidia)를 형성한다그림 11-10.

(a) (b)

그림 11-9 *A. flavus*의 균총(a) 및 포자 형성(b)

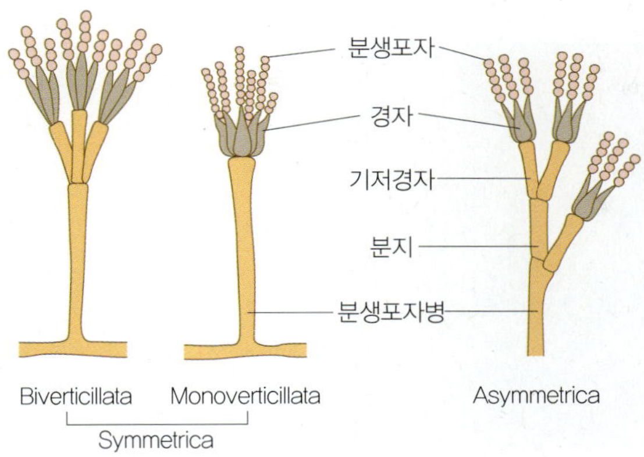

그림 11-10 *Penicillium* sp.의 포자 형성

Penicillium glaucum

균총이 청색인 푸른곰팡이의 대표적인 것으로 빵, 떡, 풀, 치즈, 포도나 다른 과일 찌꺼기에도 잘 번식한다. 맥아, koji, 간장 제조 시에 이 곰팡이가 오염되어 품질을 저하시키기도 한다.

Penicillium roqueforti, Penicillium camenberti

각각 프랑스의 Roqueforti, Camenberti 치즈 숙성에 이용되는 곰팡이이다.

Penicillium expansum, Penicillium italicum, Penicillium digitatum

과일에 오염되어 부패시키는 대표적인 푸른곰팡이로 *P. expansum*의 균총은 청록색이며 주로 사과와 배에 번식하고, *P. italicum*은 청록색, *P. digitatum*은 황록색으로 모두 감귤류에 번식한다.

Penicillium citrinum

황변미의 원인이 되는 균으로 신장독소인 시트리닌(citrinin)을 생성한다.

③ *Monascus*속(홍국곰팡이)

빨강, 오렌지색, 노란색의 색소를 생성하여 균총이 선홍색을 나타내어 홍국균이라고도 부르며 *M. purpuresus, M. pilosus* 등이 식품 생산에 주로 이용된다그림 11-11. 동남아시아에서 찐쌀에 이 곰팡이를 증식시켜 홍국을 제조하여 홍주를 만드는 데 주로 사용되었으나 최근에는 다양한 생리활성물질의 생산이 알려져 건강기능식품에 활용되고 있다.

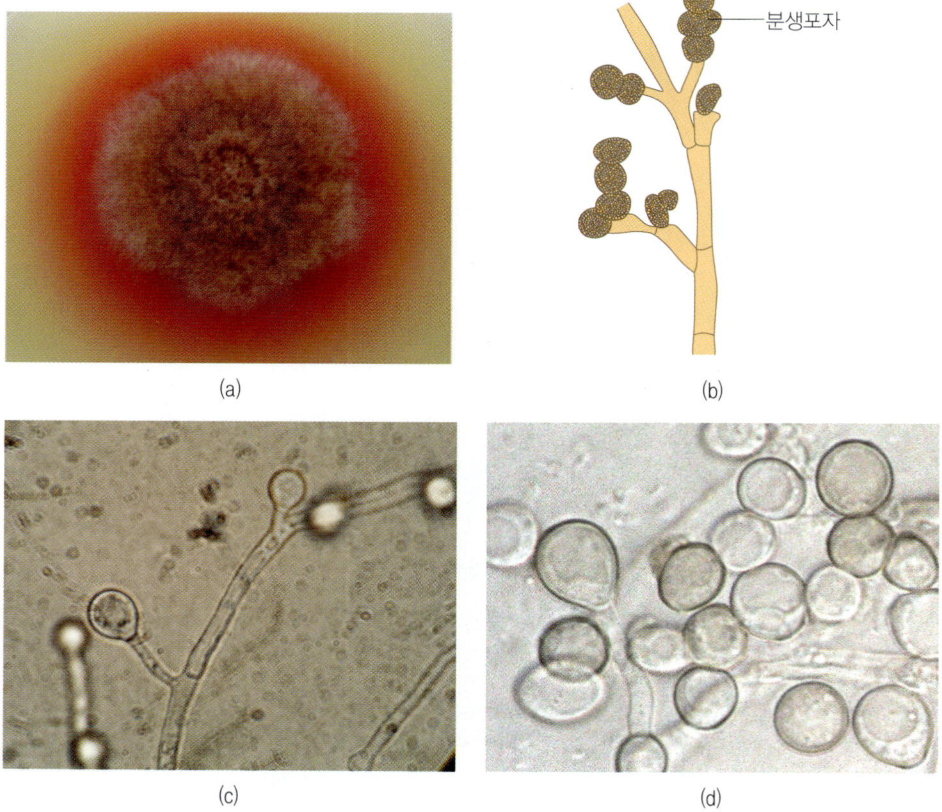

그림 11-11 *Monascus purpureus*의 균총(a), 포자 형성(b, c), 분생포자(d)

④ *Neurospora*속(빨강곰팡이속)

불탄 나무, 옥수수의 속대, 빵 등에 잘 번식하고 오렌지색의 분생포자를 형성하여 균총은 진한 오렌지색을 나타낸다. 빵에 증식하면 핑크색을 나타내고 푸석푸석하게 되므로 붉은빵곰팡이(red bread mold)로 부르기도 한다.

*Neurospora sitophilia*는 포자에 많은 β-carotene이 함유되어 있고 인도네시아에는 이 곰팡이를 번식시켜 온쫌(Ontjom)이라는 떡과 같은 식품을 만든다.

⑤ 기타 자낭균류

Ashbya gossypii

면실, 커피, 콩류 등의 기생균으로 vitamin B_2의 생성능이 높다.

Byssochlamys fulva

보통 과수원의 토양에 존재하고 포자가 내열성이어 과일통조림의 부패원인이 되기도 한다. 암갈색의 분생자를 형성하고 자낭 안에 8개의 자낭포자를 형성한다.

Eremothecium ashbyii

아열대지방에서 면실, 커피 등에 기생하는 반자낭균류에 속하는 곰팡이로 자낭 내에 초승달 모양의 포자를 형성한다. 리보플라빈(Riboflavin, vitamin B_2)의 생성능이 높아서 균사 내에 결정이 생기는 정도이며 리보플라빈의 공업적 생산에 이용된다.

(3) 담자균류

담자균류는 균사에 격벽이 있고 유성생식에 의해 담자포자를 형성하는 균류로 버섯의 대부분이 이에 속한다. 버섯의 명칭은 포자가 형성되는 자실체의 총칭이며 버섯의 생활환은 그림 11-12와 같다.

자실체에 형성된 담자포자가 발아하면 1핵 균사(또는 1차 균사)로 성장하여 일반 곰팡이와 같이 집락을 형성한다. 유전자형이 다른 두 균사가 융합하여 2핵 균사(또는 2차 균사)가 형성되고 이 균사는 clamp connection에 의해서 2핵이 동시에 분열하면서 2핵상을 유지한다. 2차 균사는 영양소, 빛, 온도 등의 환경조건이 갖추어지면 3차 균사로 된 자실체인 담자기과(basidiocarp)로 된다. 균사조직의 분화로 균사의 말단이 담자기로 되고 담자기에서 핵융합에 이은 감수분열로 보통 4개의 핵이 생기고 이 핵이 이동하여 담자포자를 형성한다. 담자균류는 전체 곰팡이의 약 30%에 속하지만 일부 식용버섯만이 식품과 관계가 있다.

① 송이버섯(*Tricholoma matsutake*)

우리나라의 소나무 숲에 생육하고 때로는 가문비나무, 해송, 솔송나무 숲에서도 관찰되는데 식물과 공생관계에 의해서만 자란다. 균사는 나무의 잔뿌리에 달라붙어서 외생균근으로 생육한다.

② 표고버섯(*Lentnus edodes* 또는 *Cortinellus shiitake*)

사물기생으로 졸참나무, 떡갈나무, 상수리나무 등의 마른 줄기나 그루터기에 생육한다. 보통 상수리나무, 졸참나무 등의 원목을 잘라서 종균을 접종하는 방법으로 재배되고 있다.

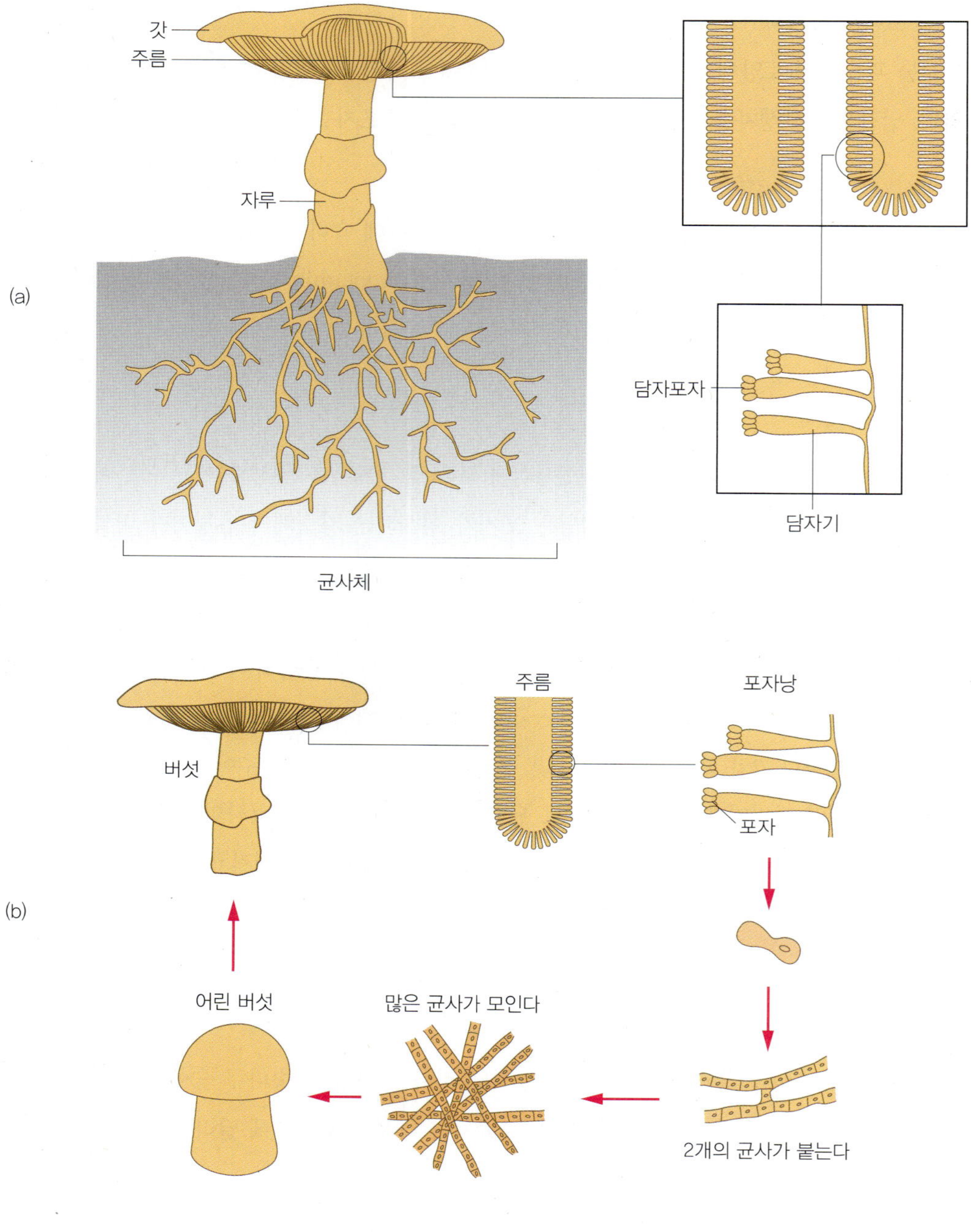

그림 11-12 버섯의 일반적인 구조(a) 및 생활사(b)

③ 양송이(*Agaricus bisporus*)

갓이 연하고 자루가 짧으며 백색 또는 크림색을 띠며 불란서 요리 등에 많이 사용된다. 지하실, 헛간 같은 곳에 짚과 쌀겨 등을 발효시킨 배양상을 만들고 종균을 접종하여 30~40일 배양하여 재배한다.

(4) 불완전균류

균사에 격벽이 있고 유성생식이 관찰되지 않은 균류를 통틀어서 불완전 균규로 분류하며, 유성포자가 관찰되면 포자형태에 따라 자낭균류나 담자균류 등으로 재분류된다. 일부 유성생식(완전세대)이 인정되는 균류의 무성세대(불완전세대)를 일컫기도 하며, 이 경우 완전세대와는 다른 명칭으로 불린다.

① *Trichothecium rosenum*

사과나 배 등의 과일, 오이 등의 채소에 생육하는 핑크색의 곰팡이로 trichothecene 독소를 생산한다.

② *Botrytis cinerea*

딸기, 포도와 같은 과일류와 채소의 부패에 관여한다. 이 곰팡이가 포도에 번식하면 산을 소비하여 신맛이 없어지고 수분이 감소하여 감미가 높아진다. 이러한 포도를 귀부라 하며 이것으로 만든 포도주를 귀부 포도주[Noble rot wine, 소테른(sauternes)]라 한다그림 11-13.

그림 11-13 과일에 번식한 *B. cinerea*와 귀부 포도주

③ *Fusaruium*속

*Fusarium*속 곰팡이는 *Gibberella*속으로 불리우는 자낭균류의 무성세대 곰팡이이다. *Fusarium graminearum* (*Gibberella saubinetii*)은 보리의 병원균으로 곡류에 오염되어 심한 사료중독을 일으키는 곰팡이이다. *Fusarium venenatum*은 단백질 함량이 높아 이 곰팡이의 단백질을 이용하여 고기 대용 식품으로 개발되어 시판되고 있다그림 11-14.

그림 11-14 곰팡이 단백질(mycoprotein)을 이용한 고기 대용 식품

4. 효모

여기서 효모의 분류는 미국 National Center for Biotechnology Information(http://www.ncbi.nlm.nih.gov/Taxonomy/taxonomyhome.html/index.cgi)을 참고한 가장 최근에 발행된 효모 분류에 따라(Barnett 등, 2000) 표 11-3에 나타난 바와 같다. 본 장에서는 식품 또는 생물공학측면에서 매우 중요한 효모 몇 종을 다룬다.

1) *Saccharomyces cerevisiae*

NCBI의 분류에 따른 계통
cellular organisms;
Eukaryota;
Fungi/Metazoa group;
Fungi; Dikarya;
Ascomycota;
Saccharomycotina;
Saccharomycetes;
Saccharomycetales(목);
Saccharomycetaceae(과);
Saccharomyces(속)

효모 중 가장 널리 사용되고 가장 많은 연구가 이루어져 있는 균으로 빵효모(baker's yeast), 하면발효 맥주효모(lager beer yeast), 맥주효모(brewer's yeast) 등으로 불린다. 이 효모는 16개의 크로모솜(chromosome)을 갖고 있으며 Eucaryotic cell의 가장 단순한 모델 생물로 많은 연구가 진행되고 있다.

리(Rij, 1984) 및 바넷(Barnett, 2000)의 분류에 의하면 이전에 *S. carlsbergensis* (독일 칼스버그 맥주공장에서 발견된 맥주효모), *S. ellipsoideus*(포도주 발효균), *S. coreanus*(막걸리 발효균), *S. sake*(일본 청주 발효균) 모두 이 균에 속하는 것으로 분류하였다.

표 11-3 Fungi(Kingdom)

Phylum	Class	Order	Family	Genus
Ascomycota	Archiascomycetes	Protomycetales	Protomycetaceae	
		Mitosporic Protomycetales		*Saitoella*
		Schizosaccha-romycetales		*Schizosaccharomyces*
	Euascomycetes			*Oosporidium*
	Hemiascomycetes	Saccharomycetales	Candidaceae	*Aciculoconidium*
				Arxula
				Botryozyma
				Brettanomyces
				Candida
				Geotrichum
				Kloeckera
				Myxozyma
				Schizoblastosporion
				Sympodiomyces
				Trigonopsis
			Dipodascaceae	*Dipodascus*
				Endomyces
				Galactomyces
				Sporopachydermia
				Stephanoascus
				Yarrowia
				Zygoascus
			Eremotheciaceae	*Eremothecium*
			Lipomycetaceae	*Babjevia*
				Kawasakia
				Lipomyces
				Smithiozyma
				Zygozyma
			Metschnikowiaceae	*Clavispora*
				Metschnikowia
			Phaffomycetaceae	*Phaffomyces*

표 11-3 Fungi(Kingdom) (계속)

Phylum	Class	Order	Family	Genus
				Starmera
			Saccharomycetaceae	*Arxiozyma*
				Citeromyces
				Debaryomyces
				Dekkera
				Hansenula
				Issatchenkia
				Kazachstania
				Kluyveromyces
				Kodamaea
				Lodderomyces
				Pachysolen
				Pichia
				Saccharomyces
				Saturnispora
				Torulaspora
				Williopsis
				Zygosaccharomyces
			Saccharomycodaceae	*Hanseniaspora*
				Nadsonia
				Saccharomycodes
				Wicherhamia
			Saccha-romycopsidaceae	*Ambrosiozyma*
				Saccharomycopsis
				Unclassified Saccharomycetales
				Cyniclomyces
				Starmerella
				Wicherhamiella
Basidiomycota	Hymenomycetes	Cystofilobasidiales		*Cystofilobasidium*
				Mrakia
				Tausonia

표 11-3 Fungi(Kingdom) (계속)

Phylum	Class	Order	Family	Genus
				Udeniomyces
				Xanthophyllomyces
		Filobasidiales	Filobasidiaceae	*Filobasidium*
		Tremallales	Holtermannia	*Holtermannia*
			Sirobasidiaceae	*Fibulobasidium*
				Sirobasidium
			Tremellaceae	*Bulleromyces*
				Filobasidiella
				Sterigmatosporidium
				Tremella
		Mitosporic Tremellales		*Apiotrichum*
				Bullera
				Cryptococcus
				Fellomyces
				Kockovaella
				Trichosporon
				Tsuchiyaea
	Urediniomycetes	Agaricostilbales	Agaricostilbaceae	*Agaricostilbum*
			Chionosphaeraceae	*Chionosphaera*
			Sporidiobolaceae	*Erythrobasidium*
				Kondoa
				Leucosporidium
				Rhodosporidium
				Sakaguchia
				Sporidiobolus
				Mitosporic Sporidiobolaceae
				Bensingtonia
				Kurtzmanomyces
				Rhodotorula
				Sporobolomyces
				Sterigmatomyces
				Zymoxenogloea

표 11-3 Fungi(Kingdom) (계속)

Phylum	Class	Order	Family	Genus
	Ustilaginomycetes			
	Mitosporic Exobasidiomycetidae			*Malassezia*
	Ustilaginomycetidae	Ustilaginales	Ustilaginaceae	*Pseudozyma*
Unclassified Fungi			Sympodiomycopsis	
				Reniforma

이 균은 유성생식(sexual, a와 α cell)에 의한 4개의 자낭포자(ascospore)를 만들어 번식하고, 무성생식(asexual)은 출아에 의한 번식을 한다. 그림 11-15에 세포 중 일부는 bud를 가지고 있다. 이 균은 pseudohyphae를 형성하는데그림 11-15(c), 배지의 영양상태(당 및 질소원)에 의하여 영향을 받는다.

*S. cerevisiae*는 빵, 알코올 음료 제조에 사용되는데, 이때 같이 생산되는 이산화탄소에 의하여 빵이 부풀거나 알코올 음료의 거품을 유발한다. 이 균은 또한 yeast extract로 제조되어 사료, 사람의 영양강화제, 조미료, 미생물배지의 원료로도 많이 사용되고 있다.

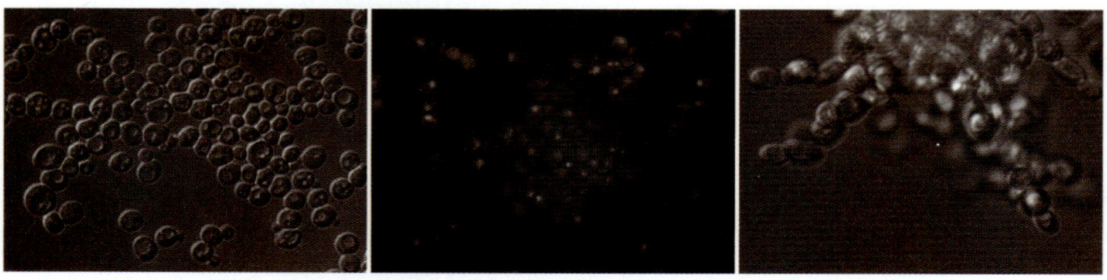

(a) (b) (c)

그림 11-15 *S. cerevisiae*

(a) DIC(미분간섭현미경) 이미지(출아에 의한 bud)를 볼 수 있고 둥근 타원형이다.
(b) 핵 염색을 통한 형광현미경(핵 부분이 밝게 보인다)
(c) 가균사(Pseudohyphae)

2) *Schizosaccharomyces pombe*

Bud yeast의 대표적인 균주가 *S. cerevisiae*라면, fission yeast의 대표적인 균주는

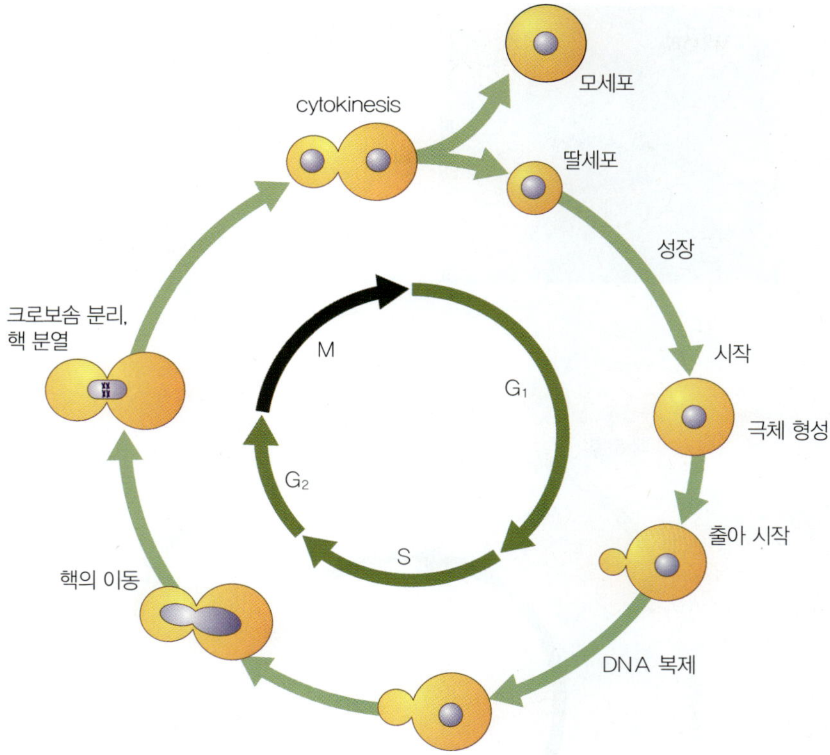

그림 11-16 효모의 생활사

*Schizosacch. pombe*이며, 따라서 이 효모를 fission yeast라고 부른다그림 11-17. 이 균주는 번식방법이 효모 중에서는 고등생물과 유사하여 모델생물로 유용하게 연구되고 있다. 이 효모는 세 개의 크로모솜을 갖고 있으며 동물세포의 fission에 의한 세포분열의 모델 생물로 이용되고 있다. 이 차이점을 설명하면 그림 11-18에 나타낸 바와 같은 차이가 있다. 이 균은 알코올 발효력이 강해 당의 발효와 관계된 것(당밀 발효 등)에서 세계 여러 곳에서 분리되었다. 이 균은 또한 수수를 이용한 맥주생산 및 포도주의 말로-락틱발효(malolactic fermentation : 포도주 중 신맛이 강한 말산을 신맛이 약한 젖산으로 변화시키는 발효)에 이용된다.

NCBI의 분류에 따른 계통
cellular organisms; Eukaryota; Fungi/Metazoa group; Fungi; Dikarya; Ascomycota; Taphrinomycotina; Schizosaccharomycetes; Schizosaccharomycetales(목); Schizosacchaomycetaceae(과); *Schizosaccharomyces*(속)

3) *Candida albicans*

이 효모는 dimorphism(두 가지의 확연한 차이를 보이는 형태를 보이는 현상)을 유

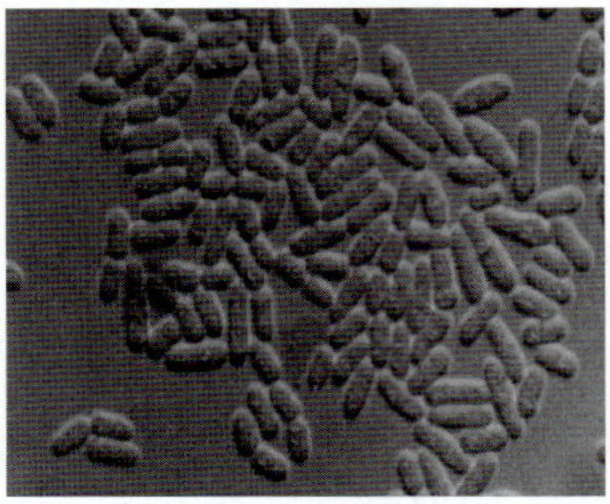

그림 11-17 *S. pombe*
DIC 이미지 : fission 상태가 세포 가운데 보인다.

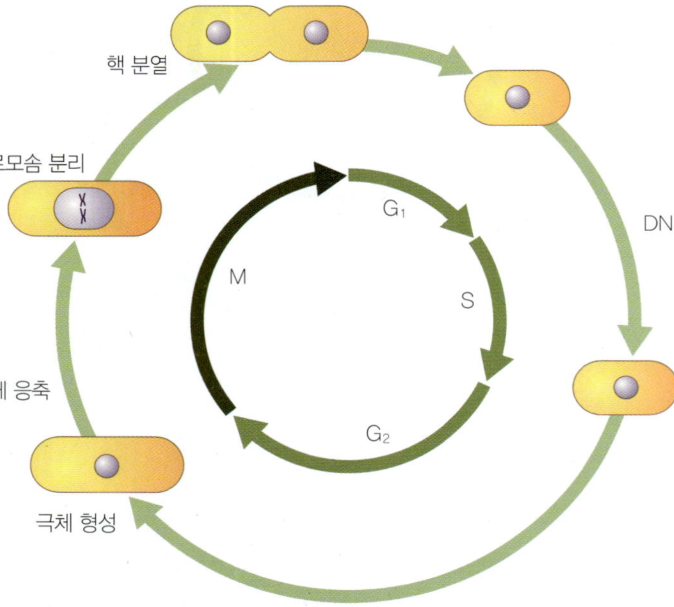

그림 11-18 *S. pombe*의 생활사

NCBI의 분류에 따른 계통
cellular organisms;
Eukaryota;
Fungi/Metazoa group;
Fungi; Dikarya;
Ascomycota;
Saccharomycotina;
Saccharomycetes;
Saccharomycetales;
mitosporic
Saccharomycetales;
Candida

발하는 유전적 연구에 사용되는 중요한 효모로 식품과는 큰 관련이 없으나 여기서 가볍게 언급하겠다. *C. albicans*는 단일세포로 존재하다가 적당한 조건이 되면 균사를 형성하는데그림 11-19, 이 과정이 사람에게 병원성을 일으키는 데 필요하다. 이 효모는 Candidiasis(캔디다증 : 질 등에 가려움증을 유발하는 효모에 의해 일어나는 질병)를 유발하며, 보통 사람의 표피 등에 상주균으로 존재하여 기회감염을 일으킨다. 이 균은 특히 AIDS 환자에게 감염증을 일으켜 높은 사망률을 유발하는 것으로 알려져 있다.

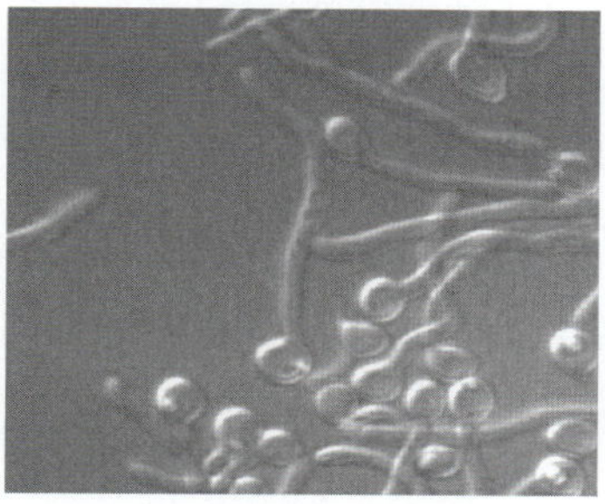

그림 11-19 *C. albicans*
DIC 이미지 : germ tube 및 hypha가 단세포로부터 발생

4) 지질 생산과 관련된 효모

생물연료(biofuel)의 중요성에 따라 미래에는 지질효모에 의한 지질 생산이 알코올 효모에 의한 알코올 생산의 대안으로 중요한 위치를 차지할 것으로 생각된다. 따라서 여기서는 지질생산 관련 효모를 다루겠다. 폐수 또는 폐기물을 이용한 지질의 생산은 향후 중요한 생물공학 분야가 될 것으로 판단되며, ***Rhodotorula graminis, Candida curvata, Trichosporon cutaneum, Rhodosporidium toruloides, Lipomyces starkeyi*** 등의 효모들이 균체 중 지질의 함량이 높다. 이들 중 ***L. starkeyi***가 가장 강한 지질 축적을 보이는데, Agerbauer 등(2008)은 건조균체의 68%까지의 지질을 폐수로부터 생산할 수 있었다. 이에 영향을 미치는 조건은 무기염 질소원, 탄소원, 온도에 영향을 받으며 최적온도는 26~29℃이다.

5) 기타 식품에 중요한 효모

(1) *Kluyveromyces maxianus*

주로 유제품에서 발견되며 유당을 발효하여 알코올을 생산한다. 이 균은 또한 돼지감자의 주성분인 이눌린(inulin)으로부터 알코올을 생산할 수 있다.

(2) *Zygosaccharomyces rouxii*

고농도의 식염(18%)에서 자라며, 유기산, 고급알코올, 알코올 등을 생산하여 향미에 영향을 미친다. 미소(일본식 된장) 생산에 이용되기도 한다.

(3) *Xanthophyllomyces dendrorhous*

강력한 항산화성을 띠는 붉은 색소 astaxanthin(carotenoid의 일종으로 비타민 A의 전구체인 β-carotene으로부터 생합성된다)을 생산하며, 이 효모는 연어, 송어, 달걀노른자의 착색에 이용된다. Astaxanthin의 항산화성을 이용한 건강 기능식품으로의 이용도 검토되고 있다.

(4) *Candida tropicalis*

아황산펄프폐액(xylose 등의 오탄당 함유), 탄화수소을 이용하여 SCP(single cell protein) 생산 또는 사료 효모로 이용된다.

5. 조류

1) 조류의 특징

조류란 단세포 또는 다세포 생물로 수중에서 광합성을 하는 독립영양생물을 말하며, 담수와 해수, 습지, 암석표면 등 수분이 있는 곳이라면 어디든지 서식하고 있을 정도로 매우 광범위한 생육 환경을 가진다.

조류는 강(綱)으로 구별하며, 함유 색소의 종류에 따라 고유한 색을 띠고 있는데, 보통은 엽록소 a를 갖고 있으나 종류에 따라 남조소나 홍조소 등 다양한 색소를 가진다. 조류 증식과정에서 여러 가지 색소를 이용하여 광합성을 하고 그 산물로 만들어진 산소와 생성물질은 다른 수중생물의 생육과 환경에 중요한 1차 생산자 역할을 한다.

조류의 크기는 맨눈으로 관찰이 불가능한 미세한 것에서부터 수십 미터에 이르는 대형까지 다양하다. 크기에 따라 20~200 μm 범위의 microplankton, 2~20 μm의 nanoplankton, 2 μm 이하의 picoplankton으로 나누기도 한다. 또한 생육 유형에 따라 부유성(pytoplankton)과 저서성(benthic plankton)으로 분류할 수도 있다.

물에 이취미나 착색을 유발하거나 응집 침전 저해, 여과 폐색, 여과수 누출 등 수자원 이용에 장해를 유발하는 것은 거의 부유성 조류가 대량으로 발생하는 것에 기인한다.

2) 조류의 분류

조류는 광합성 색소와 저장 탄수화물의 종류, 세포의 구조 등에 의해 일반적으로 다음과 같은 강(綱)으로 분류한다.

- Cyanophyceae(藍藻綱, 남조강)
- Rhodophyceae(紅藻綱, 홍조강)
- Bacillariophyceae(硅藻綱, 규조강)
- Phaeophyceae(褐藻綱, 갈조강)
- Xanthophyceae(黃綠色藻綱, 황녹색조강)
- Chrysophyceae(黃色鞭毛藻綱, 황색편모조강)
- Cryptophyceae(褐色鞭毛藻綱, 갈색편모조강)
- Chloromonadophyceae(綠色鞭毛藻綱, 녹색편모조강)
- Euglenophyceae(Euglena藻綱, 유글레나조강)
- Dinophyceae(渦鞭毛藻綱, 와편모조강)
- Chlorophyceae(綠藻綱, 녹조강)
- Charophyceae(輪藻綱, 윤조강)

3) 주요 조류의 특징

(1) 녹조강

녹색을 띠며 엽록소 a와 b를 이용하여 광합성 산물인 전분을 생산하는 것은 육상식물과 동일하다. 이중막으로 둘러싸인 엽록체를 가지며, 세포벽의 주성분이 셀룰로스로 육상식물과 유사한 체성분을 가진다. 세포는 보통 단핵이고 무성생식은 이분법, 유주자, 부동포자, 휴면포자(akinete) 등을 형성한다. 유성생식은 동형 또는 이형배우자의 접합이나 난생식에 의하며, 세대교번도 많이 일어난다. 편모는 수와 상관없이 길이가 서로 같다. 예로는 *Sprirogyra* sp.그림 11-20과 *Actinastrum hantzschii*그림 11-21가 있다.

담수와 해수 모두에 서식하며, 극지나 고산의 눈 위, 고온의 온천, 수피(樹皮)와 돌 표면 등 다양한 서식지에서 출현한다. 호소의 조류 중에는 계절적으로 크게 번식하여 물

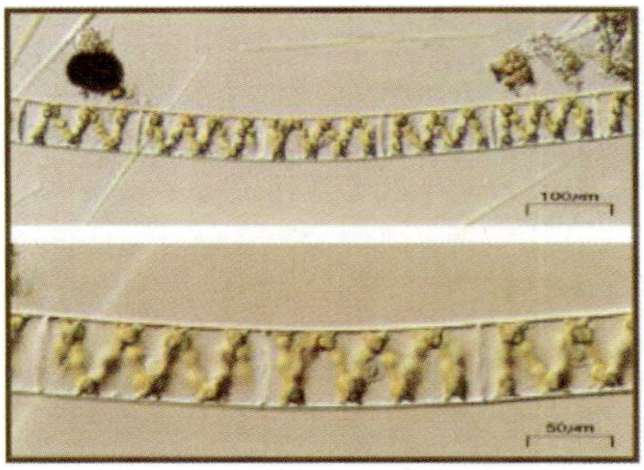

그림 11-20 *Sprirogyra* sp.

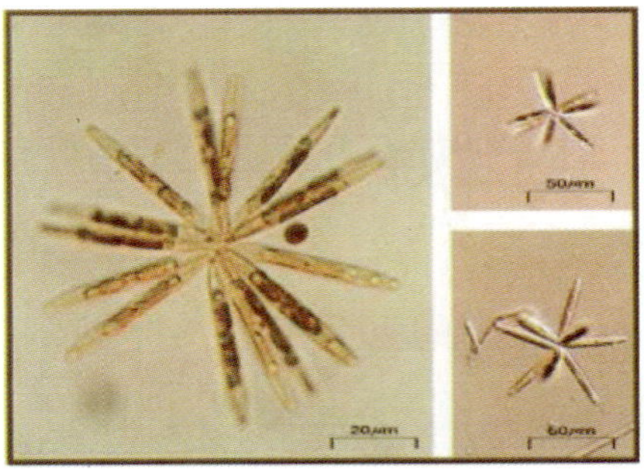

그림 11-21 *Actinastrum hantzschii*

의 색을 변화시키는 종도 있다. 전 세계적으로 7,000여 종이 분포하는 것으로 알려져 있으며, 그 대다수가 담수에서 생육한다. 그러나 해수나 토양 중에서도 생육하며 드물게는 건조지에서 생육하기도 한다.

(2) 남조강

체세포 분열로 번식하며, 원핵생물인 세균류처럼 핵막이 결여되는 구조 때문에 남조세균(cyanobacteria)이라고 불리기도 한다. 대표적인 것으로 *Aphanizomenon flosaquae*그림 11-22, *Microcystis aeruginosa*그림 11-23가 있다.

엽록체는 비취색을 띤 엷은 녹색으로 이러한 색은 환경상태에 따라 다양하게 변하는데 이는 광합성 색소의 양이 달라지면서 나타나는 현상으로 알려져 있다.

단세포체로 단독 생활을 하며, 불규칙한 덩어리 모양이나 실 모양의 사상(絲狀)군체를 만들어 생활한다. 사상체 중 *Anabaena*속과 *Nostoc*속 같이 영양세포와는 다른 모양과 색을 가지는 세포, 즉 이형세포(heterocyst)를 만들거나 세포 내용물을 저장하는 휴면포자(akinete)를 형성하는 종류도 있다.

이형세포는 질소 고정을 담당하고 휴면포자는 주위 환경이 불리할 때 생겨서 생육 환경이 좋아질 때까지 환경 스트레스를 극복하기 위한 방편이 된다.

번식방법은 주로 이분법과 같은 무성생식법으로 번식하며, 군체가 분열된 후 분리된 각 부분의 세포는 복제되어 새로운 개체를 형성한다.

남조류는 일반적으로 온대와 아열대 지방의 수역에서 빈번히 출현하지만, 일부 종은 열대 지방이나 극 지방에서 생육하는 종도 있다. 또한 하천의 돌이나 암석 등에 부착 생활을 하거나, 호소 등 정체 수역에서 부유 생활을 하고 대발생을 일으켜서 수화(水華,

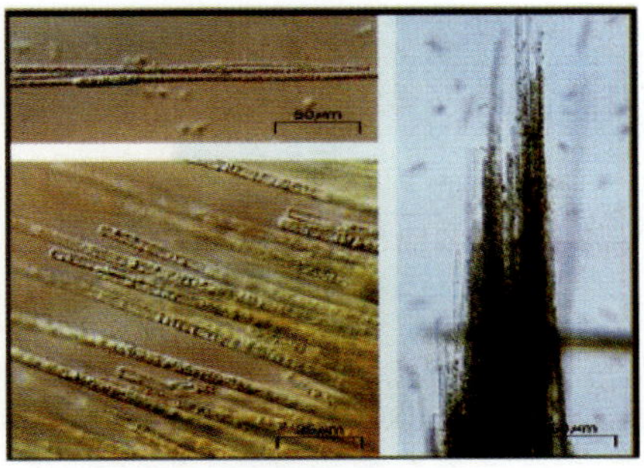

그림 11-22 *Aphanizomenon flosaquae*

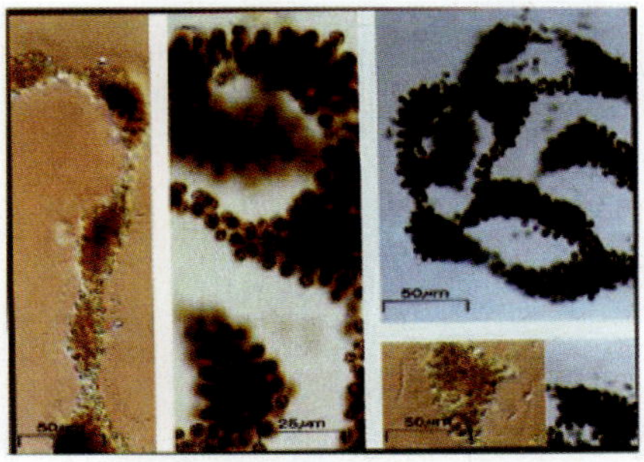

그림 11-23 *Microcystis aeruginosa*

agal bloom)를 형성하는 종이나 공기 중의 질소를 고정하는 능력을 가진 종도 있다.

남조류의 성장에는 약 16가지의 화학적 요소가 필요한데, 특히 담수의 경우 인이 풍부해지면 남조류의 성장이 빨라지고 암모니아와 질산염은 질소 고정 능력이 있기 때문에 다른 영양염에 비해 비교적 영향을 덜 받는 것으로 알려졌다.

또한 일부 종은 다른 종류에게는 치명적일 수 있는 높은 농도의 염도, 온도, pH에 대해 강한 내성을 가지고 있으며, 실제로 오염된 환경에서 우점종으로 출현하기도 한다.

온대 지방에서는 여름 또는 초가을이나 가끔 겨울에 풍부하게 나타나 물의 색을 변화시키고 일부 종은 물의 표면에 거품을 만들기도 한다.

여름에 수온성층(成層)이 형성되었을 경우, 수심이 얕은 수역에서는 대발생을 일으키고 수심이 깊은 수역은 광합성에 필요한 빛이 부족하기 때문에 성장이 멈추는 것을 볼 수 있다. 이로 인해 무산소층이 형성되어 어류 등 수중생물을 폐사시키기도 한다.

또한 일부 남조류의 경우, 독소를 생산하여 포유동물이나 어패류를 폐사시키는 것으로도 알려져 있다.

(3) 규조강

모든 종이 단세포성으로 규산질의 단단한 피각(被殼)에 싸여 있다. 이 피각은 다시 상각(上殼)과 하각(下殼)으로 나뉘며 이 두 피각이 비누각처럼 끼워져 각 개체를 이룬다.

피각(被殼)의 표면에는 규칙적인 무늬가 배열되어 있어 종을 분류하고 동정할 때 이 무늬의 형상과 밀도가 중요한 특징으로 이용된다. 규조는 크게 방사상으로 둥근 모양을 한 중심목(中心目, Centrales)과 깃털 모양을 한 우상목(羽狀目, Pennales) 등 2목(目)으로 나눈다.

그림 11-24 *Synedra acus*

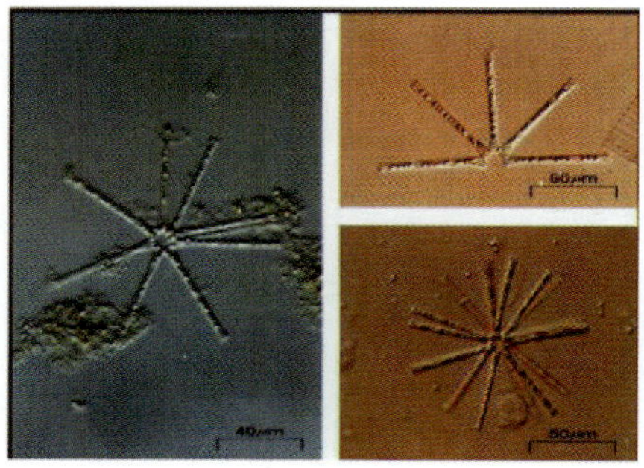

그림 11-25 *Asterionella formosa*

중심목은 해양종인 것이 많으며 *Coscinodiscus*속이나 *Chaetoceros*속이 대표적이다. 우상목은 대개 담수산으로 *Cymbella*속과 *Navicula*속, *Synedra*속 등이 이에 속한다그림 11-24, 11-25.

규조류 피각 표면의 규칙적인 무늬는 오래전부터 현미경의 성능을 시험하는 천연의 검사판으로 사용되어 왔다. 또한 규조류의 피각이 호소나 해수에 가라앉아 퇴적되어서 화석화된 것을 규조토라고 하며, 설탕의 정제와 각종 정밀 필터, 다이너마이트의 흡착제 등의 원료로 사용되고 있다.

해수와 담수는 물론 토양 등 수분이 있는 곳이면 어디든지 분포하며, 종수도 대단히 많아 약 1만 종 정도가 알려져 있다. 각종 수계에 플랑크톤으로서 널리 생육하기 때문에 수계 생태계의 기초 생산자로서의 중요한 역할을 담당하고 있다. 또 하상의 돌 등에 부착하는 물이끼를 구성하는 대표적 조류로서 수질 정화의 기능을 가지며 어류 등 수생동물의 먹이도 된다.

다양한 수역에서 그 수질 조건에 적응하는 특징적인 종류가 출현하기 때문에 수질 판정이나, 화석화된 종류를 조사하여 과거의 수환경을 추정하는 목적에도 이용되고 있다.

(4) 와편모조강

와편모조류는 운동성을 가진 단세포 생물로서 부유생활을 하며, 세포 외부 형태는 크게 무각류와 유각류로 구분한다. 담수에서 주로 출현하는 *Ceratium*속과 *Peridinium*속은 대표적인 유각류이고 해수에서 주로 출현하는 *Gymnodinium*속은 대표적인 무각류이다그림 11-26, 11-27.

와편모조류는 전 세계적으로 약 1,110종이 분포하는 것으로 알려져 있다.

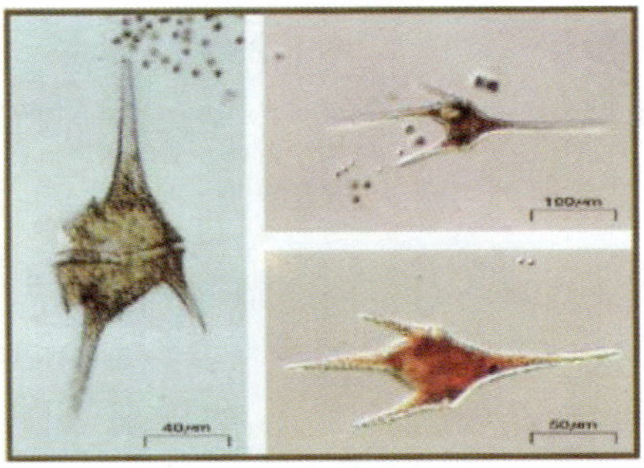

그림 11-26 *Ceratium hirundinella*

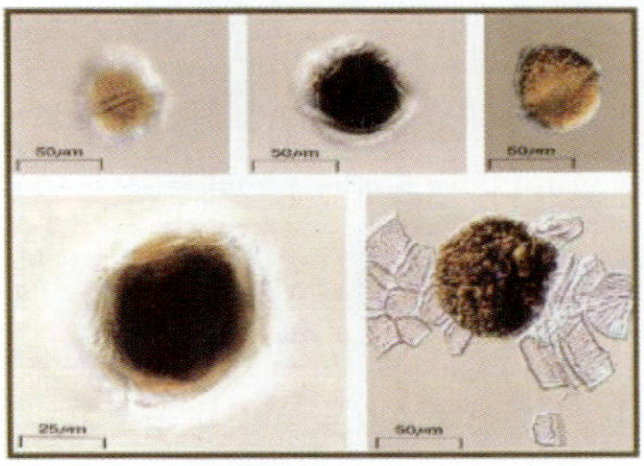

그림 11-27 *Peridinium* sp.

세포의 중앙을 가로지르는 횡구(girdle)에 의해서 나뉘는 상각(epitheca)과 하각(hypotheca)으로 구별된다. 세포의 전면에는 상하로 뻗어 있는 종구(sulcus)가 존재하고 횡구와 종구에는 각각 1개씩 횡편모(transverse flagellum)와 종편모(longitudinal flagellum)가 있어 회전하며 앞으로 나아갈 수 있다.

유각류는 많은 수의 예판(thecal plate)이 결합되어 상각과 하각을 만들고 예판의 수, 배열, 형태, 단차 등에 의하여 속과 종을 분류한다.

와편모조류는 담수 및 해수에서 규조류와 함께 가장 보편적으로 분포하는 조류 중 하나이다.

최근 들어 와편모조류에 대한 연구가 활발히 진행되고 있는데, 이는 인간 활동에 의한 환경오염, 부영양화, 적조 등과 밀접한 관련이 있기 때문이다. 와편모조류는 적조를 형성하여 어패류를 패사시키거나 독소를 생산하여 어패류를 독화시킨다. 이로 인해 생태계 내의 먹이연쇄와 먹이그물이 교란되고 해양 자원 및 환경이 파괴된다. 또한 와편모조류의 절반은 광합성을 할 수 있는 독립영양생물이지만 나머지는 유기물을 섭취하는 섭식자로서 역할을 하는 종속영양생물이다.

또한 와편모조류는 90% 이상이 부유성으로 존재하며, 생육에 불리한 환경에서는 휴면포자(cyst)를 형성하여 바닥에 가라앉아 있다가 환경이 좋아지면 다시 발아하기도 한다. 담수산 와편모조류는 위도와 해발에 따라 지리적 분포의 차이를 보이고 있으며, 인공 호수, 저수지, 산성화 호수, 강, 하천, 연못, 늪지 등의 서식처에 따라 우점하는 종이 달라진다. 종은 형태 변화를 하는데 배양 실험 결과, 온도, 바람, 빛, 산소 농도, 질소와 인산염의 농도 등에 따라 달라진다는 보고가 있다.

(5) 황색편모조강

운동성의 단세포 조류로서 엽록소 외에 다량의 phycoglycin을 함유하기 때문에 황금색을 띤다. 엽록체는 1~2개로 황색 혹은 갈색인데 종에 따라서는 딱딱한 피각을 가지는 것과 가지지 않는 것이 있다. 정확한 종의 동정을 위해서는 고정하지 않은 원시료의 관찰이 필요하며, 특히 피각을 가진 종은 전자 현미경(SEM) 관찰이 필수적으로 요구된다. 이 속이 대량으로 번식할 경우 비린내를 유발하는 종도 많다.

환경이 악화되면 유영 세포는 정지하여, 구형이나 타원형의 규산질 껍질에 싸인 피낭체(被囊體, stotospore)를 만들어 휴면한다. 무성생식은 분열과 유주자 형성에 의하지만, 유성생식에 대해서는 잘 알려져 있지 않다. *Mallomonas* sp.와 *Synura petersenii*가 대표적인 경우이다그림 11-28, 11-29.

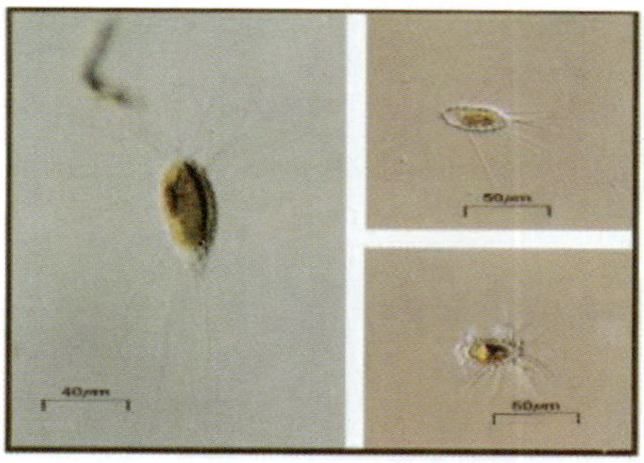

그림 11-28 *Mallomonas* sp.

그림 11-29 *Synura petersenii*

(6) 갈색편모조강

단세포 생물로 현미경적 크기이고, 형태는 달갈형이나 타원형, 팥 모양 등이며 한쪽 끝 또는 측면에 길이가 비슷한 2개의 편모가 있다. 체표면에는 편모의 기부로부터 몸의 후방을 향해 움푹 파인 구가 있으며, 1~2개의 수축포가 있다.

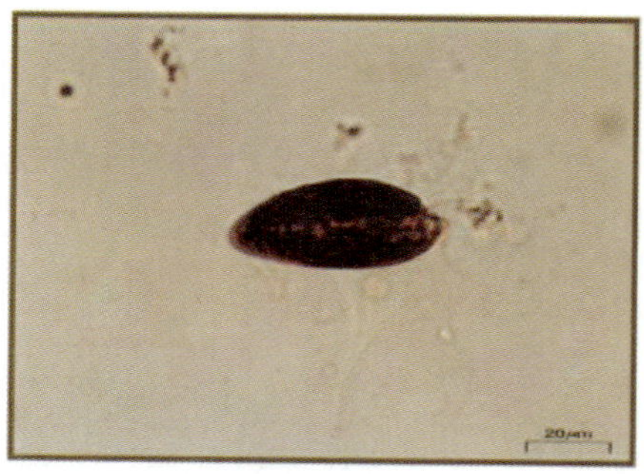

그림 11-30 *Cayptomonas ovatta*

엽록체는 세포의 가장자리에 분포하며 대개 판 모양이지만, 수개의 원반 모양의 엽록체를 가지는 종도 있다. 대부분 갈색인데 종에 따라서는 녹회색이나 적색을 띠는 경우도 있으며, 유기물이나 질소 화합물이 풍부한 수역에서 주로 생육한다. 이른 봄에 증식하여 비린내를 유발하는 경우가 있다.

(7) 유글레나조강

세포는 1개의 커다란 핵이 있고 세포벽은 없다. 세포는 주피에 싸여 있는데, 주피가 단단하여 세포의 모양이 일정하게 된 것과 부드러워서 운동에 따라 끊임없이 변형되는 것 등이 있다. 일부 종은 외측에 두꺼운 막상인 각(殼, lorica)을 갖는다. 세포의 앞 끝에는 항아리 주둥이 모양의 잘록한 가 있으며, 그 근처에 수축포, 안점(eye spot)이 있고 편모는 밑 부분부터 나 있으며 기본적으로 2개이다.

광합성 색소로 엽록소 a, b를 이용하여 광합성을 하는 등 식물적 특징과 붉은 안점, 수축포와 입이 있는 등의 동물적 특징을 모두 지니고 있어서 원생동물에 포함되는 경우도 있다. 대부분 담수성이며, 유기물이 풍부한 수중이나 수저의 퇴적층 표면에서 주로 생육한다. 가끔은 일부 수역에서 크게 발생하여 물의 색을 변화시키는 수화 현상을 일으킨다.

유글레나가 대표적 속으로 약 400종 정도가 알려져 있으며, 예로는 *Euglena* sp.와 *Phacus* sp.가 있다그림 11-31, 11-32. 보통 1개의 편모로 활발하게 운동을 하지만 2~3개 또는 그 이상의 편모를 가지는 종류도 있다. 번식방법은 무성생식과 유성생식을 모두 하는 것으로 알려져 있다.

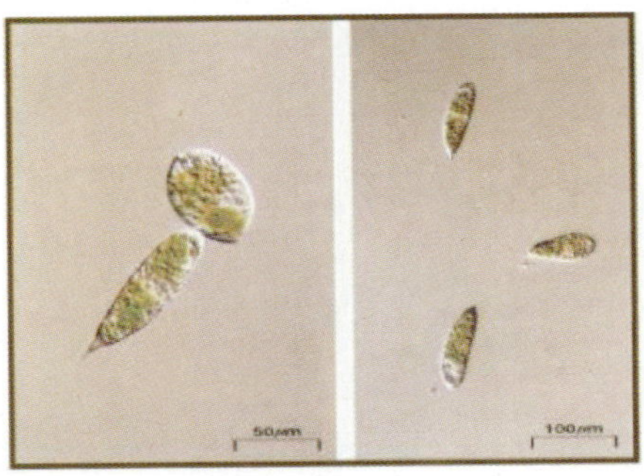

그림 11-31 *Euglena* sp.

그림 11-32 *Phacus* sp.

Chapter 12

발효식품

1. 미생물과 발효
2. 자연 발효와 조절 발효
3. 전통 발효식품

1. 미생물과 발효

우리가 살고 있는 자연 생태계의 거의 모든 영역에는 사람 눈에는 보이지 않으나 매우 작은 미생물이라 부르는 생명체가 살고 있다. 이들은 자연계의 물질순환에서 매우 중요한 역할을 수행하고 있다. 또 많은 미생물들은 식품저장과 제조, 식품발효 및 부패에 직접 영향을 미치고 있다. 사람의 눈으로는 보이지 않는 작은 크기로 인해서 인류가 미생물의 존재를 알게 된 것은 현미경이 발명(Antonie van Leeuwenhoek, 1632~1723)된 17세기 이후로 지금으로부터 불과 300여 년 전이다. 비록 그 존재를 알지는 못했지만 원시시대 이후로 인류는 지속적으로 미생물에 의한 식품의 부패 변질과 그로 인한 식중독 사고가 발생하여 상당한 희생을 겪었다. 지금도 위생조건이 열악한 일부 국가에서는 매년 식중독으로 인한 희생자 수가 적지 않다. 비록 사망률은 낮아졌지만 지금도 식중독균에 의한 식품오염 사고는 종종 일어나고, 구미 선진국들에서도 여전히 심각한 문제로 남아 있다.

냉장고가 널리 보급되기 전에는 먹고 남은 식품을 안전하게 보존하는 것이 중요한 일이었다. 식품을 햇볕에 말려서 건조하거나 혹은 소금에 절여서 보존하는 염장법과 같은 저장법은 사람들이 오랜 경험을 통해 발전시켜온 방법이다. 또 여분의 음식을 저장하는 도중 우연히 발견되었을 것으로 추정되는 식품발효 현상은 상하기 쉬운 식품의 저장성을 크게 개선시켰을 뿐만 아니라 다양한 발효식품의 제조를 통해 인류 식문화가 크게 발전하는 계기가 되었다.

1) 발효미생물과 발효식품

발효식품은 식품이나 식품원료에 자연적으로 존재하는 혹은 인공적으로 첨가된 미생물들이 식품에서 증식하면서 미생물이 분비하는 각종 효소에 의해 식품성분의 변화가 일어나고 그 결과 맛이나 풍미 등이 바람직하게 변화된 식품이다. 식품성분 중 분자량이 큰 단백질(protein), 지질(lipid), 탄수화물(carbohydrate), 핵산(nucleic acid)은 각각 효소에 의해 가수분해되어 소화·흡수에 적합한 저분자 물질로 전환된다. 단백질 가수분해효소(proteases)에 의해서 단백질로부터 펩타이드와 아미노산이 생성되고 전분 가수분해효소(amylases)에 의해서 전분으로부터 단당류(monosaccharides), 소당류(oligosaccharides)가 생성된다. 또 지질 가수분해효소(lipases)에 의해 지방에서 지방산이, 그리고 핵산 가수분해효소(nucleases)에 의해 핵산으로부터 뉴클레오타이드(nucleotides)가 생성된다. 생성된 저분자 물질은 미생물 세포 내에서 여러 대사경로를 거쳐서 최종적으로 젖산(lactic acid)이나 초산(acetic acid)과 같은 각종 유기산과 알코올, 지방산, 알데하이드 등 맛과 풍미에 직접 영향을 미치는 화합물로 전환된다그림 12-1. 그 결과 발효식품마다 고유의 풍미나 조직감을 나타내게 된다. 전통술인 약주를 예로 들면 보리나 쌀에 존재하는 전분(starch)이 곰팡이가 분비하는 전분 가수분해효소(amylases)에 의해 맥아당(maltose)이나 포도당(glucose)과 같은 소당류나 단당류로 가수분해된다. 포도당은 효모(yeasts)에 의해서 알코올 발효의 기질로 사용되어 알코올(ethyl alcohol)과 이산화탄소가 얻어진다. 즉, 술은 곡물의 전분에서 유래한 당이 알코올 발효를 통해 알코올로 전환된 결과 얻어지는 발효식품이다. 곰팡이나 효모에 의해 발효가 일어나지만 실상 발효를 일으키는 직접적인 인자는 미생물 세포 내 존재하는 각종 효소들(enzymes)이다. 효소는 단백질로 이루어진 분자로서 세포 내에서 일어나는 거의 모든 생명 현상을 촉진시켜 주는 생촉매(biocatalyst)이다. 이런 의미에서 발효식품은 미생물 효소와 식품 중 포함된 효소에 의해 식품성분의 물질전환(bioconversion)이 일어난 결과물이라 할 수 있다. 다른 예로 김치가 있다. 김치의 주원료인 배추와 부재료 중에는 여러 당들이 존재하며, 부재료로 첨가되는 젓갈에는 단백질이 포함되어 있다. 김치 유산균은 이런 영양소를 기질로 이용하여 증식하며, 이 과정에서 젖산이나 초산과 같은 유기산과 에틸알코올, 그리고 이산화탄소가 생성된다. 그 결과 상큼하고 시원한 맛을 지닌 김치가 얻어진다. 최초 중성 pH인 배추는 유산발효(lactic fermentation)를 통해서 pH가 낮아지고 생성된 유기산으로 인해 산도가 증가하며 유기산과 생성된 소량의 알코올에 의해서 김치 고유의 맛이 완성된다. 또 이산화탄소는 김치 국물을 마실 때 청량한 느낌을 준다. 유기산과 이로 인한 낮은 pH로 인해서 대장균과 같은 병원성균은 김치에서는 자라지 못하므로 김치는 저장성이나 안전성이 우수하다. 대장균과 살모넬라(*Salmonella*) 같은 유해균은 대부분 중성 pH에서 잘 자라지만 pH가 5.0 이하로 낮아지면 급속히 사멸한다. 이 때문에 산이 생성되는 발효식품은 안전성이 우수하며 실온에서 저장하더라도 유해균으로부터 비교적 안전하다. 즉, 우유는 쉽게 부패 변질되지만 발효유는 상온에 두더라도 매우 안전한 이유가 여기에 있다.

세포공장(cell factory)
유용한 물질 생산 능력을 지닌 미생물 세포들을 마치 생산공장에 비유한 데서 유래한 이름으로, 세포 내 각종 효소들에 의해 물질변환이 일어나서 결과적으로 유용한 물질들이 얻어진다.

전분 $\xrightarrow{\text{amylases}}$ 소당류, 단당류 $\xrightarrow{\text{대사경로}}$ 유기산, 알코올, CO_2

그림 12-1 미생물 효소에 의한 식품성분 중 전분의 변화

고분자인 다당류로부터 분자량이 적은 소당류(oligosaccharides)나 단당류(monosaccharides)들로 전환되고 다음 해당과정이나 알코올 발효 등의 대사에 의해서 유기산들이나 알코올, 이산화탄소 등으로 전환이 최종적으로 일어난다. 미생물에 의한 이런 변화들은 미생물이 생산하는 효소들(enzymes)에 의해서 촉진된다.

김치뿐만 아니라 모든 발효식품(술, 청국장, 젓갈, 요구르트, 치즈 등)은 미생물 증식과 그로 인한 식품원료 성분의 변화를 통해서 얻어진다. 원 식품에 존재하는 화합물들이 미생물 효소에 의해서 다른 화합물로 전환되고, 새로 생성된 화합물에 의해서 식품의 풍미가 향상되고 영양적 가치도 증가하며, 또 발효 전에는 존재하지 않던 새로운 기능성이 나타나는 경우도 있다. 김치나 발효 유제품, 발효 대두식품들이 항암이나 항(抗)비만 효과를 지닌다는 보고들이 있고, 그 원인물질을 추적해보면 식품원료에 원래 존재하는 성분인 경우도 있지만 일부는 발효과정을 통해서 새롭게 생성된 성분들이다.

2) 고품질 발효식품 제조

고품질의 발효식품을 얻기 위해서는 원료 품질이 좋아야 하고, 또한 미생물이 성공적으로 증식해야 한다. 증식과정에서 품질에 바람직한 화합물이 많이 생성되고 반대로 바람직하지 않은 화합물은 가능한 적게 생성되어야 한다. 특정 식품에서 미생물이 잘 생육하려면 생육에 필요한 영양소와 함께 온도나 습도, pH 등도 적당해야 한다. 미생물은 그 종류에 따라 선호하는 생육 조건이 크게 달라진다. 온도만 해도 100℃에 가까운 뜨거운 온천수에서 잘 자라는 종류가 있고, 반대로 남극해의 0℃ 이하 차가운 얼음물에서 자라는 종류도 있다. 이스라엘에 있는 사해(Dead Sea)는 보통 바닷물보다 8배 이상 짠 소금 농도(30%, w/w)여서 물고기는 없지만 호염성 미생물이 자란다. 미생물 중에는 민물에서만 자라는 종류도 있다. 또 생육에 산소를 필요로 하는 호기성균(aerobes)이 있고, 반면에 산소가 전혀 없는 환경에서만 자랄 수 있는 혐기성균(anaerobes)도 있다. 발효식품마다 영양적 조성이 다르고 식품의 특성이나 저장 환경이 다양하기 때문에 주어진 환경에서 잘 자라는 미생물이 주된 균총(dominant organism)으로 해당 식품에서 증식한다. 또 이들의 증식은 발효식품 품질에 큰 영향을 미친다. 당이 풍부한 식품, 단백질이 풍부한 식품 혹은 지질이 풍부한 식품에서는 해당 조건을 선호하는 미생물이 각각 주된 균총을 이루게 된다.

3) 미생물의 상호작용

모든 종류의 식품에는 한 두 종류가 아닌 수십 종 이상의 미생물이 존재한다. 미생물은 지구상 어디에나 존재하며, 또 대부분의 식품에는 많은 종류의 균 생육을 가능하게 하는 영양소(nutrients)가 존재하기 때문이다. 많은 균이 한 식품에서 검출되지만 모든 균이 같은 속도로 증식하는 것은 아니고, 또 동일한 시점에서 자라는 것도 아니다. 보통은 몇 종류들이 주된 균총을 이루고 나머지 균들은 수적으로 소수만 존재하며, 또 시간에 따라 주된 균총을 구성하는 미생물들이 변하면서 균총이 바뀌기도 한다. 식품의 영양소 종류나 저장환경은 특정균 증식에 유리할 수도, 혹은 불리할 수 있고 일부균들은 특수한 조건하에서만 생육 가능하다. 또 식품이 지니는 고유한 특성 외에 미생물 간의 상호작용도 균의 증식에 영향을 미친다. 동일한 자연환경에 여러 미생물이 공존할 경우 이들 간에는 치열한 생존경쟁이 일어난다. 먹을 것을 두고 혹은 증식에 유리한 장소를 놓고 서로 경쟁이 일어나며, 치열한 경쟁에서 이기기 위해 미생물들은 항생물질이나 다양한 항균물질(antimicrobial substances)을 생산해서 주위 다른 균들을 죽이거나 생육을 억제한다. 이런 이유로 한 균이 식품에서 주된 균총을 이루면 보통 다른 균의 생육은 제한된다. 이는 균 증식으로 인해 이용 가능한 영양소가 줄어들고 또 증식 결과 생성된 유기산이나 알코올 같은 대사물(metabolites)에 의해 다른 균들의 증식이 억제되기 때문이다.

특히 유산균이 자랄 경우 이런 현상이 뚜렷하다. 유산 발효식품은 병원성균이나 식중독균의 위협에서 비교적 안전하다. 이를 유산균 저해현상(lactic antagonism)이라 하며 이는 유산균이 생성하는 유산(lactic acid), 초산(acetic acid) 등 유기산과 이로 인한 pH 저하, 그리고 박테리오신(bacteriocins)과 같은 단백질성 저해물질, 과산화수소, 류테린(reuterin) 등의 저분자성 항균물질 등에 의해 타 균의 증식이 억제되기 때문이다. 특정 식품에서 잘 자라는 미생물의 생리와 생육 특성을 잘 이해해야만 유익균 증식에 유리한 조건을 설정할 수 있고 결과적으로 양질의 발효식품을 얻을 수 있다.

박테리오신은 미생물이 생산하는 펩타이드 혹은 단백질 계통 항균물질이다. 그람음성균과 그람양성균, 그리고 효모들도 이런 종류의 항균물질을 생산하는 것이 알려져 있다. 이들 중 유산균이 만드는 박테리오신에 관해서는 세계적으로 많은 연구가 이루어지고 있다. 이는 유산균의 경우 식용에 안전한 균으로 수천 년간 식품발효에 사용되어 왔기에 유산균 박테리오신은 식품에 첨가해도 안전하기 때문이다. 때문에 기존의 화학보존제(chemical preservatives)를 대체할 수 있는 천연보존제로서 개발 가치가 크다. 박테리오신은 몇 가지 종류가 있고 이들 중 *Lactococcus lactis* 균주들이 생산하는 니신(nisin)이 가장 대표적이고 항균력도 우수하다. 니신은 현재 미국에서 여러 식품의 보존제로 사용되고 있다. *Clostridium*, *Bacillus*, *Staphylococcus*속을 포함한 여러 그람양성 식중독균과 이들의 포자에 대한 억제 능력이 우수하고 산성 pH에서 특히 활성이 좋아서 산성식품과 통조림 등에 보존제로 첨가된다.

니신(nisin)
특수하게 변형된 아미노산들을 지녀서 lantibiotic이라 불리는 대표적인 박테리오신이다. 활성형은 34개의 아미노산으로 구성되며 *Clostridium*, *Staphylococcus*, *Bacillus* 등 그람양성균과 이들의 포자(spore)를 효과적으로 죽인다.

최근 연구 결과를 보면 니신은 동일 환경에 있는 다른 균들의 증식 억제를 주목적으로 하지만 그 외 다른 기능도 수행하는 것이 알려졌다. 니신 생산균에서 니신 유전자 발현(gene expression)은 세포 바깥의 배지 중에 존재하는 니신 농도가 어느 수준 이상으로 증가해야만 본격적으로 유도된다. 즉, 니신 생산균 숫자가 어느 수준 이상일 경우에 본격적인 니신 생산이 촉진된다. 배지 중 니신 농도는 세포막 바깥에 위치한 단백질에 의해 감지가 되고 이 신호는 다시 다른 단백질을 통해 전달되어서 그 결과 니신 유전자를 포함한 일군의 유전자 전사가 촉진된다. 니신 분자는 항균 작용뿐만 아니라 배지 중 밀도 측정(quorum sensing)과 연관되어 자신의 생산을 촉진하는 자가유도제(autoinducer)로 작용한다. 균 밀도가 증가함에 따라 세균들은 항균물질을 생산하거나 biofilm을 형성하거나 혹은 다른 반응을 나타내며 이런 변화를 유발하는 요인은 밀도를 반영하는 화합물이다. 그람양성균에서는 니신과 같은 올리고펩타이드(oligopeptide)가 signal로 주로 작용하고 그람음성균에서는 *N*-Acyl Homoserine Lactone이 대표적인 신호전달물질이다.

이처럼 식품에 존재하는 미생물 간의 복잡한 상호작용을 제대로 이해하려면 어떤 균이 어느 시점에 나타나고 사라지는지, 특정균 증식이 다른 균에 의해 어떤 영향을 받는지를 상세히 알아야 한다. 특히 김치 같은 발효식품의 경우 미생물 탐색(screening)과 동정(identification) 기술이 발전하면서 이전에 알지 못했던 새로운 종류들이 계속 보고되고 있어서 이들의 역할에 관해서는 더 많은 연구가 필요하다.

2. 자연 발효와 조절 발효

발효는 그 방식에 따라 크게 자연 발효(natural fermentation)와 조절 발효(controlled fermentation)로 나눠진다. 자연 발효는 식품의 주·부재료에 자연적으로 존재하는 미생물에 의해 발효가 일어나는 방식이다. 주로 가정에서 자가 소비 혹은 소규모 식품공장에서 제조되는 전통 발효식품이 해당된다. 반면에 조절 발효는 특성에 기초하여 신중히 선택된 종균(starter)을 미리 배양한 후 식품원료에 접종함으로써 발효를 일으키는 방식이다. 큰 식품공장이나 규모가 큰 농가에서 상업적 대량 판매를 목적으로 만드는 발효식품(치즈, 요구르트, 맥주, 와인 등)이 해당된다. 그리고 발효과정도 잘 조절된 조건에서 진행된다. 예를 들면 포도주 제조의 경우 가정에서는 종균 접종 없이 포도 그대로 사용하는 자연 발효 방식이지만 공장에서는 포도 착즙액을 살균처리한 다음 선발한 효모를 접종하는 방식이다. 일반적으로 조절 발효 방식이 고품질의 발효식품 제조에 유리하다. 이는 조절 발효에 사용되는 종균은 통상 해당 식품에서 생육 및 발효 특성이 우수하여서 선발된 반면에, 자연 발효의 경우 원료나 공기 중의 다양한 균에 의해 발효가 진행되며, 식품원료의 수확장소와 시기에 따라 균 조성이 일정하지 않기 때문이다. 결과적으로 발효가 동일하게 진행되지 않아서 발효식품 품질이 균일하지 않고 품질도 좋지 않은 경우가 많다. 조절 발효는 종균 생육에 유리한 온도, 습도, 산소공급 등의 유지가 가능한 현대적 생산설비가 갖추어진 공장에서 이루어진다. 가정이나 농가에서는 현실적으로 이런 시설들을 갖추기 어렵다. 결론적으로 우수한 종균 사용과 발효 조건 최적화로 인해서 조절 발효 제품들의 품질이 자연 발효 제품들에 비해서 우수하다. 세계에 자랑할 만한 우수한 전통 발효식품들을 갖고 있는 우리 입장에서는 가능한 전통 발효식품의 장점을 보존하면서 품질을 향상시킬 수 있는 방안을 찾아야 할 것이다.

종균(starter)
식품 발효를 일으킬 목적으로 식품에 의도적으로 첨가하는 미생물을 말한다. 대표적 종균으로는 유산균과 효모가 있다.

1) 식품 안전성 측면

자연 발효와 비교할 때 조절 발효가 갖는 중요한 장점 중 하나는 식품 안전성 확보 측면이다. 자연 발효의 경우 수많은 미생물이 식품에서 생육하며 이 중에는 인체에 유해한 독소(toxins) 생성균도 종종 포함된다. 이는 기본적으로 자연 발효에서는 미생물 균총 조절이 불가능하기 때문이다. 전통방식으로 제조된 메주는 건조 중에 공기의 곰팡이가 메주 표면에 부착하여 균사체를 생성하는데 황국균(*Aspergillus oryzae*) 같은 유익균만 자라는 것이 아니라 곰팡이 독소(mycotoxin)인 아플라톡신(aflatoxin)을 생산하는 *Aspergillus flavus* 같은 유해균도 함께 증식하여서 문제가 될 수 있다. 특히 두 곰팡이는 형태도 비슷하여 구별이 쉽지 않다. 다른 예로, 청국장에서 유익균인 고초균(*Bacillus subtilis*)과 함께 식중독을 유발하는 독소 생성균인 *B. cereus*도 함께 자랄 수 있다. 독소뿐만 아니라 biogenic amine이라 부르는 아민류도 자연 발효식품에서는 문제가 된다. 이처럼 자연 발효식품의 경우 식중독균이나 병원성균 오염 위험성이 상존한다. 조절 발효의 경우 식품원료를 살균처리해서 균들을 대부분 죽여 숫자를 대폭 줄인 후 선발한 종균을 접종한다. 또 발효도 외부와 차단된 별도의 공간에서 진행하여 오염 위험도 작다. 일단 종균이 자란 후에는 잡균에 의한 오염이 일어나더라도 잡균 증식이 억제되어 식중독이나 부패 위험성은 크게 줄어든다. 예로서 포도주 양조에서는 포도즙(must)을 저온살균(pasteurization)하거나 혹은 sulfiting 과정을 통해서 야생효모(wild yeast)나 잡균들을 죽인 후 종균 효모(yeast)를 접종하여 알코올 발효를 일으킨다. 또 발효유나 치즈 제조 시 목장에서 수거한 원유(raw milk)를 저온살균하여 원유 중 일반세균 숫자를 크게 줄인 다음 종균들을 접종한다.

2) 발효 유제품

우유를 발효시켜 얻는 식품들로서 치즈(cheese), 요구르트(yoghurt)가 대표적이다. 우유 성분을 보면 수분이 평균 87.7%, 유당(젖당, lactose)으로 대표되는 탄수화물이 4.9%, 단백질 3.3%, 지질 3.4%, 그리고 회분이 0.7% 들어 있다. 발효유 제조에 사용되는 유산균(lactic acid bacteria)은 이런 조성을 지닌 우유에서 잘 자라는 균이다. 주된 에너지원인 유당을 신속히 가수분해하여 구성당인 포도당과 갈락토스(galactose)를 생성하고, 이들을 기질로 하여 해당과정(glycolysis) 대사경로를 통해서 유산(젖산, lactic acid)과 같은 최종 대사물을 생성하며, 이 과정에서 ATP를 얻는다. 유산균은 단백질 가수분해효소(protease)를 이용하여 우유 단백질인 카세인(casein)으로부터 저분자량의 펩타이드(peptides)와 아미노산을 생성한다. 펩타이드와 아미노산은 필수 영양소인 질소원(nitrogen source)으로 유산균 증식에 이용되나 일부는 유제품에 특유의 맛과 풍미를 부여한다. 일부 펩타이드는 항암이나 항고혈압과 같은 기능성을 지니기도 한다. 유제품 발효에 종균으로 사용되는 *Lactobacillus*나 *Lactococcus*속 균들은 사람이나 가축의 소화관에서 성공적으로 정착할 경우 숙주의 건강을 개선시켜 주는 효과를 지녀서 소위 정장제제(probiotic)로 활용된다. 발효유 섭취가 많은 불가리아 지방 사람들이 장수하는 현상과 육식을 많이 하는 국민들에서 대장암 발생빈도가 높지만 육식과 동시에 요구르트 섭취량이 많은 핀란드 사람들은 대장암 발생빈도가 낮다는 역학조사 결과 등은 유산균 함유 발효 유제품들의 건강기능성을 보여준다. 러시아 태생 면역학자인 메치니코프(Ilya Ilyich Mechnikov, 1845~1916)는 20세기 초에 발표한 논문 「생명의 연장」에서 유산균 발효유를 섭취하게 되면 장내에서 유해균 증식이 억제되고 그 결과 소화관 내 독소생성이 줄어들어서 노화가 억제되어 오래 살 수 있다는 주장을 하였다. 이는 당시로서는 가설에 불과했지만 그 후 여러 임상조사와 실험들을 통하여 사실로 확인되었다. 최근에는 사람의 소화관, 요도관, 구강, 피부 등에 존재하는 미생물에 의해 숙주인 사람의 건강이나 발병이 어떻게 영향을 받는지에 관한 연구들이 진행 중이다. Human microbiome이란 용어는 사람에 존재하는 미생물의 전체 집단을 의미하고 Human microbiome project는 이들 미생물의 종류를 정확히 파악하고 이들이 사람의 건강에 구체적으로 어떤 영향을 미치는지를 조사하는 대규모 연구과제이다.

(1) 프로바이오틱균

여러 종류의 유산균과 *Bifidobacterium* 균주가 현재 probiotic 균들로 이용되고 있다. 프로바이오틱균은 현재 장 건강에 도움을 주는 건강기능식품 기능성 원료로 인정되고 있다(식품의약품안전처 건강기능식품). 프로바이오틱균(probiotic, 정장제제) 혹은 이를 함유한 식품을 꾸준히 섭취할 경우 예상되는 효능은 변비를 예방하며 대장암과 같은 일부 암 억제효과가 있고, 혈중 콜레스테롤 농도를 낮추며 숙주의 면역력을 증진시켜 준다. 또 다른 효능으로 유당불내증 완화가 있다. 유당불내증(lactose intolerance)이란 우유를 섭취할 경우 사람에 따라서는 유당을 소화하지 못해서 배가 아프고 더부룩하며 가스가 차는 증상을 말한다. 인체 소화관 내 존재하는 β-galactosidase(lactase) 효소역가가 결여되어 나타나는 현상으로 서양인보다는 주로 동양인에서 흔하다. 유당불내증 환자는 우유 섭취를 주저하게 되는데, 이는 칼슘이 풍부한 우유를 못 먹게 되어 영양적으로 바람직하지 않다. 우유와 달리 치즈나 요구르트

그림 12-2 슈퍼마켓에서 판매되는 다양한 발효 유제품

같은 발효 유제품은 유산균에 의해 유당이 제거되기에 유당불내증 환자도 문제없이 섭취 가능하다그림 12-2. 시판되는 우유 중에는 유당을 제거한 제품과 유당을 분해한 제품도 있어서 이들을 섭취할 경우에도 유당불내증을 방지할 수 있다.

(2) 치즈

가장 대표적인 발효 유제품들로는 치즈와 발효유(요구르트)가 있다. 우유에 유산균을 접종하여 37℃에서 배양하면 생성되는 유산에 의해 우유의 pH가 낮아진다. 이때 응유효소인 레닌(rennin)을 첨가하여 유단백질인 카세인(casein)을 끊어준다. 그 결과 우유 단백질의 대부분을 차지하는 카세인 마이셀(casein micelle)이 불안정해져서 침전을 일으키고 이렇게 침전된 커드를 압착하여 얻는 것이 치즈이다그림 12-3.

치즈 원료로는 소나 염소 혹은 양의 젖을 사용하며 만든 후 바로 섭취하기도 하나(생치즈) 종류에 따라서는 일정 환경에서 수일~수개월간 저장한 후(숙성치즈) 소비된다. 생치즈는 담백하고 별다른 풍미가 없지만 숙성을 거치면 미생물과 효소의 작용에 의해 우유 단백질과 지질의 분해가 일어나서 아미노산, 지방산, 아민 등이 형성되어 풍미가 진해지고 조직도 부드러워진다. 한편 세계적으로 유명한 치즈들 중에는 곰팡이를 접종하여 2차 발효를 진행시킨 종류도 있다. 카망베르(Camembert) 치즈나 로크포르

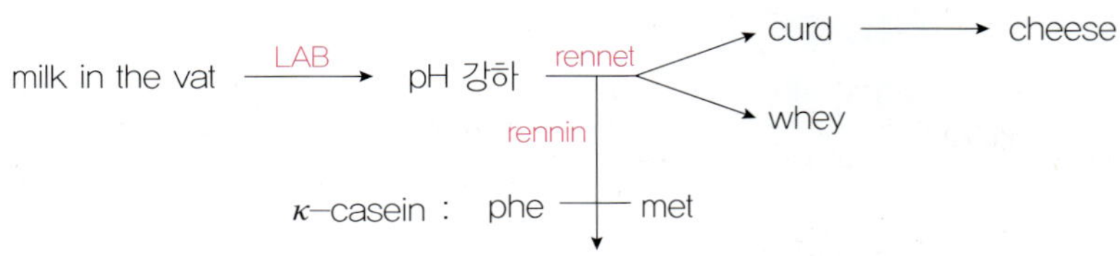

그림 12-3 **치즈 제조과정**

치즈 밸(Vat)에 담긴 우유 온도를 37℃로 조정한 후 유산종균을 접종하여 몇 시간 두면 우유의 pH가 떨어진다. 이때 레닛(rennet)을 첨가해 준다. 레닛은 젖을 먹는 송아지의 제4위에서 얻은 추출물로서 단백질 가수분해효소인 레닌이 포함되어 있다. 레닌은 유단백질인 카세인 마이셀을 구성하는 κ-casein의 105번째와 106번째 아미노산들 사이의 펩타이드 결합을 끊어주며 그 결과로 유단백질들의 침전이 일어난다. 침전된 커드를 모아서 틀에 넣고 압착하여서 성형한 것이 바로 치즈이다.

(Roquefort) 치즈 등이 가장 유명하며 미식가들의 애호를 받고 있다. 카망베르 치즈는 살균처리하지 않은 우유로 제조하며, *Penicillium camemberti*, *Penicillium candida* 등을 표면에 접종하여 3주 이상 숙성시켜 얻는다그림 12-4. 로크포르 치즈는 몇 종의 양에서 얻는 양젖으로 만들며, *Penicillium roqueforti*가 숙성에 관여한다. 이외에도 스위스 치즈처럼 발효과정에서 생성되는 이산화탄소가 배출되면서 치즈에 구멍(cheese eye)이 생성되는 종류들도 있다. 스위스 치즈의 경우에는 이차 종균으로 *Propionibacterium freudenreichii*나 *P. shermani* 등을 접종한다. 이들 균들은 유산균인 *Streptococcus thermophilus*나 *Lactobacilus helveticus*에 의해 생성된 유산을 분해하여 이산화탄소를 생성한다. 이산화탄소는 서서히 기포를 형성하여 치즈 구멍을 형성한다. 스위스 치즈 중 대표로 에멘탈(Emmental) 치즈가 있다그림 12-4.

(a)

(b)

그림 12-4 **카망베르 치즈(a)와 에멘탈 치즈(b)**

자료 : http://en.wikipedia.org/wiki/Camembert_(cheese)
http://en.wikipedia.org/wiki/Emmentaler

치즈는 서구인들에게는 빵과 함께 날마다 먹는 중요한 필수식품이다. 2005년도에 전세계적으로 13,832 M/T이 생산되어서 이 중 13,559 M/T이 소비되었다. 국내에서는 23 M/T이 생산되었으나 소비량은 훨씬 많은 66 M/T으로 많은 양이 수입됨을 알 수 있다. 매출 금액은 약 4089억 원으로 전체 유제품 매출(4조 2228억 원)에서 10% 정도를 차지하였다. 피자나 와인의 소비 증가는 이와 함께 치즈 소비도 증가시키고 있다. 기호식품으로서 다양한 종류의 숙성치즈에 대한 소비자의 관심도 커지고 있어서 치즈 소비량은 계속 증가할 것이다. 치즈 제조에는 *Lactococcus lactis*가 가장 중요한 종균으로 사용된다. *L. lactis*는 구균 형태의 중온균(mesophiles)으로 우유 중의 유당을 기질로 이용해서 거의 유산만을 생산하는 정상 발효균(homolactic fermenter)이다. 발효 결과 1분자의 포도당에서 2분자의 유산을 얻고 이 과정에서 2분자의 ATP를 기질수준 인산화(substrate-level phosphorylation)를 통해서 얻는다.

치즈종균용 *L. lactis* 균주들이 지녀야 할 성질은 첫째, 우유에 접종할 경우 신속히 자라서 많은 유산을 단시간 내 생성해야 한다. 그래야 잡균의 오염을 방지할 수 있고 양질의 제품을 얻을 수 있다. 또 카세인을 분해하여 펩타이드와 아미노산들을 생성하는 능력을 지녀야 한다. 치즈산업은 생산량과 금액을 볼 때 경제적인 측면에서 중요도가 높아서 *Lactococcus lactis*는 산업적으로 가장 중요한 균 중 하나이다. 이 때문에 *L. lactis*에 관해 매우 광범위하면서도 깊이 있는 연구들이 구미에서는 지난 수십 년 동안 이루어져 오고 있다. 생리·생화학적 특성, 자연 서식처들에 관해 상세한 사실들이 밝혀졌고, 유전적 특성 및 중요 유전자에 대해서도 많은 연구들이 수행되었다. 1970년대 초에 *L. lactis*를 포함하여 유제품 종균에 대한 분자생물학적 연구가 시작되었고, 그 결과 유산균의 중요한 특징들, 즉 유당의 가수분해, 유단백질의 가수분해, 구연산 이용 능력, 박테리오파지에 대한 저항성 등을 결정하는 유전자들이 종종 염색체(bacterial chromosome)가 아닌 플라스미드(plasmid)에 존재하는 사실이 밝혀졌다. 유산균을 대상으로 외래 유전자 도입을 위한 형질전환 방법과 클로닝 벡터가 개발되었고 유용한 유전자들이 클로닝되어 그 특성이 자세히 연구되었다. 수년 전부터는 산업적으로 중요한 유산균에 대한 지놈프로젝트(Genome Project)가 시작되어 현재는 32종의 유산균에 대한 지놈 염기서열이 공공 데이터베이스(http://www.ncbi.nlm.nih.gov/genomes/lproks.cgi)에 공개되어 있다. 그리고 더 많은 종류들에 대한 지놈프로젝트 수행과 함께 이미 결정된 염기서열의 기능을 밝히는 연구들이 수행되고 있다.

*L. lactis*의 경우 *L. lactis* ssp. *lactis* IL1403과 *L. lactis* ssp. *cremoris* SK11 및 *L. lactis* ssp. *cremoris* MG1363 3 균주들의 지놈 염기서열이 밝혀졌고, 산업적으로 중요한 lactobacilli, leuconostocs에 대해서도 지놈프로젝트가 수행되었다. 중요 균주들의 지놈 프로젝트 수행을 통해서 치즈를 포함한 유제품 제조에서 중요한 역할을 하는 유전자의 확인과 필요시 이들 유전자를 바로 확보할 수 있어서 유산균 유전연구와 균주 개량을 획기적으로 촉진시킬 것이 예상된다.

(3) 발효유

발효유는 우유에 유산균을 접종하여 발효시켜서 호상 또는 액상 형태로 얻는 제품들로서 국내에서는 주로 액상 타입이, 외국에서는 떠먹는 호상 타입 제품들이 주로 소비된다. 최근에는 국내뿐 아니라 전 세계적으로 기호성이 우수할 뿐 아니라 섭취할 경우 특정 질병의 예방이나 치료효과도 기대할 수 있는 소위 기능성 발효유 제품들이 속속 시장에 등장하고 있다. 이들의 특징은 우수 종균들을 접종할 뿐 아니라 기능성 성분(식물체 추출물이나 항체, 비타민, 그리고 특정 질환 예방에 효과가 있다고 알려진 화합물)들을 첨가한 것이다. 일반 발효유 제품보다 가격도 비싸지만 소비자들이 선호한다. 이전과 달리 식품이 단순히 영양공급(식품의 1차 기능)이나 맛(2차 기능)을 통한 즐거움 제공에 그치는 것이 아니라 건강 증진(3차 기능)까지도 목적으로 하는 최근 추세를 반영한다. 기능성 발효유 외에도 유당불내증 환자를 위해서 유당을 제거한 우유나 혹은 소화를 돕기 위해 인공적으로 lactase(β-galactosidase)를 첨가한 우유 등도 시판되고 있다. 동유럽에서 주로 소비되는 *Acidophilus* 우유는 *Lactobacillus acidophilus*를 우유에 접종한 것으로 특유의 신맛이 특징이다. 이는 동유럽에서는 건강식품으로 오래전부터 각종 질환 치료에 민간요법으로 사용되어 왔다. *L. acidophilus*는 내산성이 강해서 사람의 소화관을 통과하는 과정에서 생존율이 높은 것으로 알려져 있다. 또 소화관 내에서 증식할 경우 유해균 증식을 억제하여서 대표적인 정장제제(probiotic)로 사용되는 균주이다. 정상 유산발효균으로 대부분 유산을 생산하며, 그 외 과산화수소나 다른 균들의 생육을 억제하는 물질을 생산한다. Bacteriocin 같은 단백질성 항균물질들도 있으나 *Lactobacillus reuteri*가 생산하는 reuterin은 저분자량의 비단백 항균물질이다. 이들은 천연항균물질로서 식품보존제로 잠재력이 커서 연구가 활발히 이루어지고 있다.

3) 케피어

유산 발효와 알코올 발효가 동시에 일어나는 발효식품으로 케피어(Kefir)가 있다. 케피어는 코카서스(Caucasus) 지방에서 유래한 것으로 알려져 있으며, 소, 양, 염소의 젖을 원료로 사용하고, 여기에 효모와 유산균이 혼합된 균체(kefir grain)를 접종하여 발효를 일으킨다. Kefir grain은 단백질과 탄수화물로 이루어진 복잡한 구조물(matrix)에 여러 세균과 효모들이 포집되어 있는 것으로 우유에 첨가할 경우 포함된 미생물에 의해 발효가 일어난다. 발효가 종료된 후에는 kefir grain을 회수할 수 있다. Kefir grain은 쌀알 크기부터 큰 과일씨 정도까지 크기가 다양하며 흰색과 노란색을 띤다. 배양을 거쳐서 얻거나 혹은 구입도 가능하다. 발효유와 마찬가지로 케피어를 꾸준히 섭취할 경우 정장작용, 혈압 강하, 콜레스테롤 강하 등의 여러 기능성들이 알려져 있다. 최근 건강에 대한 관심이 증가하면서 가정에서 제조하여 음용하는 경우가 늘고 있다. 요구르트나 청국장도 마찬가지로 가정에서 제조할 경우 개인별 기호에 맞게 재료를 적절히 조정하여 만들 수 있는 장점이 있기 때문이다.

4) 발효 소채류

대표적인 발효 소채류로는 김치, 절임오이(pickle), 사워크라우트(sauerkraut) 등이 있다그림 12-5. 절임오이는 오이를 식초에, 그리고 사워크라우트는 양배추를 잘게 썬 다음 소금물에 담가서 저온에서 2~3주간 두면서 유산 발효를 일으킨 것들이다. 사워크라우트의 경우 *Lactobacillus plantarum*, *L. brevis*, *L. fermentum* 등 lactobacilli들과 *Leuconostoc mesenteroides* 등의 *Leuconostoc*과 *Pediococcus* 등이 발효에 주로 관여하는 균들로 알려져 있다. 오이나 배추에 있는 당질을 기질로 유산균에 의해 유산 발효가 진행되어 유산, 초산과 같은 유기산과 알코올 및 이산화탄소 등이 생성된다그림 12-6. 특히 소금 농도가 발효에 중요한 영향을 미친다.

그림 12-5 절임오이

자료: http://en.wikipedia.org/wiki/Image:Pickle.jpg

통상 배추의 0.6~2.0%(w/w) 정도로 식염을 첨가하여 밀봉한 용기에서 발효시키나 식염 농도가 높으면 미생물 생육이 느려지고 결과적으로 발효가 서서히 진행되며 짠맛이 강하다. 반면 식염 농도가 낮으면 발효는 신속히 일어나지만 부패균에 의한 변질 가능성도 증가한다. 소금 외에 맛을 내기 위해 식초나 설탕 등을 첨가하여 발효시키기도 한다. 흔히 2.0% 식염 농도를 사용하나 이 경우 제조 후 남는 소금물 처리과정에서 환경오염 문제가 제기되어서 최근에는 염 농도를 1.0% 이하로 낮춘 저염 사워크라우트 제조방법이 연구되고 있다. 염 농도가 낮아지면 주된 균총으로 자라는 미생물 종류가 달라져서 제품 품질에도 큰 영향을 미치기에 상세한 연구가 필요하다. 사워크라우트 발효과정 중에도 많은 유산균이 관여하며 이들의 종류와 특성에 대해서는 많은 연구들이 이루어졌다.

미국 중부에 위치한 사워크라우트 공장에서 숙성 중인 시료들로부터 총 686 균주들을 분리한 다음 이들을 동정한 연구 결과가 보고되었다. 주된 균으로 여겨졌던 *Pediococcus pentosaceus*와 *Lactobacillus brevis*의 검출 빈도는 오히려 높지 않았고, 이전에는 보고되지 않았던 *Leuconostoc citreum*, *Leuconostoc argentium*, *Lactobacillus paraplantarum*, *Lactobacillus coryneformis*, *Weissella* 등이 더 높은 빈도로 검출되었다(Plengvidhya 외, 2007, Applied and Environmental Microbiology 73:7967-7702). 균주 동정을 위해서는 분자생물학적 방법이 사용되었다. PCR 방법을 사용하여 분리균주의 16S-23S rRNA 유전자들 사이에 위치한 ITS(intergenic sequence) 부위를 증폭하고 얻어진 DNA를 제한효소 *Rsa*I을 사용하여 절단하여 얻는

정상 유산 발효(homolactic fermentation)

$$C_6H_{12}O_6\text{(포도당, glucose)} \longrightarrow 2CH_3CHOHCOOH\text{(유산, lactic acid)}$$

이상 유산 발효(heteolactic fermentation)

$$C_6H_{12}O_6\text{(포도당, glucose)} \longrightarrow CH_3CHOHCOOH + C_2H_5OH + CO_2$$

그림 12-6 유산 발효의 두 가지 양식

치즈 제조에 사용되는 *Lactococcus lactis*와 요구르트 제조에 사용되는 *Lactobacillus casei, Lb. bulgaruicus*는 정상 유산발효균이고, 김치 발효에 관여하는 *Leuconostoc mesenteroides*나 *Lactobacillus brevis, Lb. fermentum* 등은 이상 유산발효균이다. 이상 발효균들은 포도당에서 유산과 알코올 그리고 이산화탄소를 생성한다. 김치와 같은 소채류 발효에서는 발효 초기에는 이상 발효균들이, 중기 이후에는 정상 발효균들이 많이 생육한다. 정상 발효균들이 많이 자라면 결과적으로 더 많은 산이 생성되어서 식품의 pH는 더 낮아지고 산미가 강해진다.

DNA 조각들을 agarose gel 전기영동으로 분리한 결과의 비교에 의해 균들을 동정하였다. 즉, PCR 증폭산물의 RFLP(restriction fragments length polymorphism) 패턴에 의해 균을 동정하는 방법이다. 이는 균의 종(species)에 따라 증폭되어 얻는 DNA들이 다르고 따라서 이들의 제한효소 절단 패턴도 달라지는 원리를 이용한 것이다. 전통적인 동정방법은 여러 선택배지들(selective media)을 사용하여 분리균들을 배양하면서 얻어지는 균락의 형태, 색, 효소역가 유무와 같은 표현형(phenotypes)을 조사하는 것이다. 이와 비교할 때 분자생물학적 방법은 시간은 더 적게 걸리면서 더 정확하게 종을 구별하는 장점을 갖고 있다. 이런 신기술은 발효제품의 품질개선 연구에 매우 유용하다. 여러 발효조건에서 어떤 균주들이 가장 잘 자라는지 신속히 알 수 있어서 어떤 균주를 종균으로 사용하는 것이 좋을지 판단을 돕기 때문이다.

5) 발효 대두류

콩은 영양이 풍부한 작물로 육류 생산이 부족한 지역에서는 단백질의 중요 급원으로 널리 소비된다. 콩의 일반 조성을 보면 단백질 41%, 지방 18%, 당질 22%, 섬유질 5%, 회분 6%, 수분 9%로 칼슘, 칼륨, 철 등이 풍부하다. 콩과 콩 발효식품에는 다양한 기능성 화합물들도 존재한다. 단백질 저해제(Bowman-Birk inhibitor), 펩타이드, 아미노산, 올리고당, 식이섬유소, 지방산(oleic acid, linoleic acid, linolenic acid), 비타민 E, 레세틴과 각종 무기질들 그리고 피트산(phytic acid), 사포닌(saponin), 아이소플라본(isoflavone), 페놀화합물(phenolic compounds), 리그난(lignan), 카로티노이드(carotenoids) 등이 있다. 기능성 화합물 중 일부는 발효과정 중 생성되며 이들은 bacilli에서 유래하거나 혹은 콩의 성분이 bacilli에 의해 발효 중 기능성이 더 높은 화합물로 전환되어 생긴다. 이들 기능성 성분들로 인해 콩 발효식품 섭취 시 항돌연변이, 항암, 항노화, 항산화, 항동맥경화 등의 효과를 기대할 수 있다. 콩과 콩 발효식품들의 기능성이 최근 과학적으로 규명되면서 콩의 특정 성분만을 추출하여 이용하거나 혹은 콩 전체를 다양한 형태로 발효시킨 제품들이 시장에 출시되어 있다. 예로서 대두의 아이소플라본은 현재 건강기능성 원료로 식품의약품안전처에 등록되어 있다. 이를 함유한 식품은 뼈 건강에 도움을 줄 수 있다는 문구를 표시할 수 있다. 콩에 *Bacillus* 균을 접종하여 발효시켜 얻은 나토균 배양분말도 건강기능성 원료로 인정받아서 이를 섭취

시 혈압 강하 혹은 혈행개선에 도움을 줄 수 있다는 내용의 표기가 가능하다(http://www.foodnara.go.kr/hfoodi).

콩은 아시아권에서는 오래전부터 식품으로 소비되어 왔으나 서구에서는 콩 특유의 비린내로 인해서 식용보다는 주로 기름을 얻는 데 사용되어 왔다. 단백질이 풍부하여서 채식을 주로 하는 사람들이 섭취해 왔지만 콩이 지닌 건강기능성이 알려지면서 일반 서구인들 사이에서도 소비가 증가하는 추세이다. 콩은 대부분 두유 혹은 두부와 같은 단순 가공식품 형태로 주로 소비되고, 발효식품으로는 우리나라의 된장, 청국장, 일본의 낫토(natto)나 미소(miso), 인도네시아의 템페(tempeh) 등의 형태로 소비된다. 발효에는 *Bacillus* 같은 세균과 *Aspergillus*나 *Rhizopus* 같은 곰팡이들이 관여한다. 인도네시아에서 주로 소비되는 템페는 콩을 삶은 후 얇게 펴고 그 위를 *Rhizopus oligosporus*로 접종하여 30℃ 부근에서 2~3일간 발효시킨 것이다. 발효를 통해서 콩 단백질이 소화되기 쉬운 형태로 분해되고 특유의 풍미도 생성된다. 최근에는 두유에 유산균을 접종하여 유산 발효를 일으킨 대두 요구르트제품도 출시되고 있다. 두유에서 여러 유산균들의 생육이 우수하고 산을 잘 생성하지만 콩 비린내와 조직감이 일반 요구르트에 비해 떨어지는 것이 단점이다. 이들 문제만 해결된다면 다양한 형태의 콩 가공제품의 소비가 크게 촉진될 것이다. 특히 서구권에서 콩 발효식품의 소비 증가가 예상된다. 동양권 각국의 전통적인 콩 발효식품은 주로 *Bacillus subtilis*, *B. licheniformis*, *B. amyloliquefaciens* 등 세균과 *Rhizopus*속 곰팡이가 발효에 관련된다. 우리나라의 청국장이나그림 12-7 일본의 낫토, 중국의 다우치(douchi) 등은 삶은 콩에 *Bacillus*를 접종시켜 발효를 일으키는 점에서 유사하지만 선호되는 숙성 정도나 조리방법 및 조미를 위해 첨가되는 부재료에서 차이가 있다.

그림 12-7 청국장
경북에서 수확한 국산콩(태광, 2004년산)을 하룻밤 물에 불린 후 *Bacillus amyloliquefaciens* CH51 균주를 2%(v/w) 접종하여 37℃에서 48시간 발효를 시킨 청국장. 콩 표면에 끈적끈적한 점질물이 대량으로 생성된 것을 보여준다. 점질물은 γ-PGA(감마-polyglutamic acid)로서 글루탐산이 수백 개 이상 연결된 고분자 중합체이다. γ-PGA는 건강기능성 소재로 등록되어 있고 화장품이나 식품에 여러 다양한 용도로 응용될 수 있다.

6) 발효 육제품

소고기, 돼지고기, 양고기 등의 육류는 영양이 풍부한 단백질 급원이지만 수분함량이 높고(수분활성도 0.96~0.97), pH도 중성에 가까워서(5.6~5.8) 각종 부패균의 증식이 용이하여 저장성은 좋지 않다. 발효 육제품은 저장성이 나쁜 육고기를 장기간 보존할 필요성 때문에 경험적으로 발전된 방법이다. 보통 육제품은 저장성을 높이기 위해서 건조(drying), 가염(salting), 훈연(smoking) 등의 과정과 함께 미생물에 의한 발효도 함께 수행한다. 또 질산염(nitrate)이나 아질산염(nitrite)을 첨가한다. 흔히 살라미(Salami)로 잘 알려진 건조된 발효 소시지가 대표적인 예이다. 유산균에 의한 유산발효를 거치는 과정에서 낮은 pH가 얻어져서 유해균 증식이 억제되며 박테리오신과 같은 항균물질들의 생성도 부패균 증식을 억제한다. 육제품 발효에는 *Lactobacillus plantarum*, *L. sakei*, *L. acidophilus*, *Pediococcus acidilactici*, *P. pentosaceus* 등의 유산균과 *Penicillium nalgiovense*, *P. chrysogenum*, *P. camemberti* 등이 종균으로 사용된다. 이들 외에도 *Staphylococcus xylosus*, *S. carnosus* ssp. *carnosus* 그리고 효모인 *Debaryomyces hansenii*, *Candida famata* 등도 사용된다. 곰팡이를 사용하는 경우에는 독소를 생성하는 곰팡이 오염에 주의해야 한다. 고기를 큰 덩어리로 해서 발효하는 것과 잘게 썰어서 발효하는 것은 미생물 생육에서 큰 차이를 나타낼 수 있다. 이외에 조미하는 방법이나 저장법 등에 따라 제품별로 다양한 특성이 나타나게 된다.

7) 식초

식초(vinegar)는 식품에 신맛을 부여하는 조미료로서 식탁에서 빼놓을 수 없는 필수 조미료이다. 최근 들어 식초는 단순히 조미료로서 뿐만 아니라 피로회복, 항암, 항노화, 고혈압 예방, 체지방 감소 등의 건강기능성을 지닌 점이 알려지면서 건강음료(health drink)로서 그 소비가 크게 늘고 있다. 식초는 알코올을 원료로 초산균(acetic acid bacteria)이 지닌 산화효소들에 의해서 산화되어 생성되는 초산(acetic acid)이 주성분이다. 알코올이 알코올 데하이드로제네이스(alcohol dehydrogenase)에 의해 아세트알데하이드(acetaldehyde)로 전환되고 다음 알데하이드 데하이드로제네이스(aldehyde dehydrogenase)에 의해 초산으로 전환된다. 이 반응을 일으키는 미생물이 초산균으로 그람음성 간균(rod type)이며 대표적으로 *Acetobacter*, *Gluconobacter*속이 있다. 초산균은 호기성균으로 산소 존재하에 세포질 막에 위치한 효소들을 이용해 알코올을 초산으로 전환시킨다.

식초는 흔히 공업용 식초와 양조식초로 나누는데 공업용은 빙초산(glacial acetic acid)을 물로 희석한 것으로 저렴하게 얻을 수 있다. 반면에 양조식초는 발효를 통해 초산을 얻는 것으로 사용 원료에 따라 여러 종류들이 있다. 상업적 대량 발효생산에는 흔히 주정(알코올)에 초산균을 접종하여 단시간 내 얻는 방식이 주로 사용된다. 이외에 과즙 30% 이상을 함유하는 과실식초와 곡물함량 4% 이상을 함유하는 곡물식초가 식품공전상 식초 종류에 포함된다. 최근에는 감식초, 포도식초, 사과식초, 현미식초처럼 각종 과실이나 채소류 그리고 현미를 100% 원료로 사용한 천연 발효제품들도 많이 소개되고 있다. 감식초, 포도식초, 사과식초 들은 원료 중에 이미 존재하는 포도당(glucose)을 효모가 기질로 사용해서 알코올 발효를 일으키고 다음 초산균이 생성된 알코올을 기질로 초산 발효를 진행한다. 현미식초의 경우 전분(starch)이 원료인 현미를 기질로 사용하기 때문에 전분의 당화(saccharification)가 먼저 일어나야 한다. 그 후 당을 기질로 효모에 의한 알코올 발효가 일어나고 마지막으로 초산 발효가 일어난다. 따라서 곰팡이, 효모, 초산균들의 순차적인 작용이 성공적인 초산 발효에 필수적이다. 천연 발효식초들의 경우 제조 시간도 오래 소요되고 생산 비용도 증가하지만 단순히 주정을 원료로 한 일반 양조식초와 달리 제품의 유리아미노산, 유기산, 유리당 함량이 높고 이외에 원료에 따른 특징적인 기능성 성분들이 존재하여서 충분히 건강음료로서 작용할 수 있다. 이런 측면에서 다양한 원료들에 기초한 천연 발효식초들에 대한 수요와 소비는 계속 증가할 것이 예상된다. 따라서 다양한 건강기능성 음료들의 생산을 통한 관련 산업들의 발전을 위해서라도 식초 원료별로 최적의 식초 제조방법을 찾는 노력이 필요하다. 여기에는 원, 부재료들의 최적 혼합비율 결정, 발효 용기 및 발효조건 설정에 관한 연구와 함께 식초의 효능에 관한 지속적인 연구들이 포함된다.

3. 전통 발효식품

우리나라는 발효식품의 제조와 소비에 관해서는 매우 오랜 전통을 갖고 있다. 각종 술, 장류, 김치와 같은 소채류들 그리고 젓갈과 같은 발효 수산물 등 실로 다양한 발효식품이 이용되어 왔다. 이들 발효식품은 시대에 따라서 제조 양식이 약간씩 변해 왔으며, 또 여러 전통술처럼 이전에는 제조되었으나 여러 이유로 지금은 더 이상 제조되지 않는 종류도 많다. 한 종류의 발효식품이라 할지라도 지역에 따라서 다양한 형태로 만들어져 왔고, 또 많은 경우 제조법이 구전으로만 전해져 내려와서 그 정확한 제조법이 알려지지 못한 경우도 많다. 이전에는 모든 발효식품들이 가정에서 소규모로 제조되었으나 사회가 발전하고 도시화되면서 김치나 장류처럼 현재는 공장에서 대규모로 생산되는 것도 큰 변화이다. 이전에는 된장이나 간장과 같은 발효식품은 단순히 식품재료로서만이 아니라 복통이나 화상 처리와 같은 의약품으로도 사용되어 왔다. 이는 이들 발효식품이 지닌 건강기능성을 우리 조상들이 인지하고 있었다는 의미이다.

최근 들어 전통식품의 우수한 건강기능성이 과학적 연구를 통해서 새롭게 부각되면서 전통 발효식품(장류, 전통주, 음료 등)의 가치도 새롭게 인식되고 있다. 특히 성인병과 비만과 같은 현대인들의 문제를 해결해 줄 수 있는 좋은 대안으로서 인식되면서 전통식품의 기능성은 강화하면서 동시에 유해균 오염과 같은 안전성 문제를 보완하는 연구들이 산업계와 학계에서 활발히 이루어지고 있다. 여기에서는 우리나라의 대표적인 발효식품인 김치, 청국장과 젓갈의 특성을 살펴보기로 한다.

1) 김치

가장 대표적인 우리의 전통 발효식품이다. 소금에 절인 배추에 파, 마늘, 고춧가루 등 다른 부재료를 섞어 버무린 다음 저온에 두면 배추와 부재료에 존재하는 유산균에 의해 자연히 유산 발효가 일어난다. 배추나 부재료 중에 존재하는 당류를 기질로 유산균이 증식하면서 김치 발효가 시작된다. 유산균(LAB, lactic acid bacteria)이란 분류상의 어느 특정한 그룹을 가리키는 용어가 아니라 비슷한 특성을 공유하는 일군의 그람 양성 세균들을 통칭하는 말이다. 유산균의 공통된 특징을 들자면 우선 그람염색 후 현미경으로 관찰할 경우 균체들은 보라색으로 염색되는, 즉 양성균(+)이며 형태는 구균[coccus, cocci(복수형)] 혹은 간균(rod) 모양을 지닌 그러면서 포자를 형성하지 않는 종류이다. 배양 시 산소를 필요로 하지 않는 통성혐기성(facultative anaerobe) 혹은 미호기성(microaerophilic)균이다. 미호기성균은 대기 중의 산소 분압보다 더 적은 농도의 산소하에서 잘 자라는 균이다. 호흡 대신 발효(fermentation)에 의해 에너지를 얻으며 catalase 음성, oxidase 음성이고 비운동성이다. 산업적 측면에서 유산균의 가장 중요한 장점은 사용 안전성에 있다. 즉, 유산균은 오랫동안 김치나 요구르트 같은 발효식품 제조에 사용되어 왔고 병원성을 지니고 있지 않아서 인체에 들어가더라도 건강에 문제를 주지 않는다는 점이 이미 확인된 균이다. 유산균이나 효모처럼 식용에 무해하다고 알려진 균을 GRAS(Generally Recognized As Safe) 종류의 균이라 하며 대표적인 GRAS균으로 유산균과 효모 그리고 bacilli들이나 propionibacteria가 있다. 식품발효에는 원칙적으로 GRAS균을 사용해야 한다. 유전공학의 재료로 가장 널리 쓰이는 대장균은 비록 유전자 조작방법이 잘 발달되어 있고 다양한 재조합균주를 용이하게 얻을 수 있지만 일부 대장균주는 사람 몸에서 설사나 복통 등을 유발하기에 대장균주를 식품에 접종해서는 안 된다. 대장균을 이용해서 유용 물질을 생산하는 경우에도 생산된 물질은 철저히 대장균으로부터 분리해 낸 다음에만 인체에 투여할 수 있다. 이런 점에서 GRAS균들의 장점이 있다 하겠다.

(1) 김치 발효와 유산균

김치 품질에서 유산균은 매우 중요한 역할을 수행하며 유산균이 잘 증식할 경우 김치 고유의 맛과 풍미가 나타나게 된다. 김치에는 매우 다양한 종류, 적어도 수십 종 이상의 미생물이 증식하는데 이 중 수적으로 다수를 차지하며 김치 숙성 및 품질에서 가장 중요한 역할을 수행하는 것이 유산균이다. 현재 유산균으로 분류되는 균으로는 십여 종 이상 속들이 알려져 있고 이들 대부분은 김치에서 발견된다. 가장 중요한 속으로 ***Leuconostoc, Lactobacillus, Pediococcus, Weissella, Lactococcus*** 등이 있다. 우리나라를 대표하는 음식인 김치에 관해서는 지난 수십 년간 많은 연구들이 이루어져 왔다. 김치 조성, 제조법 개선, 영양적 가치 및 기능성에 관한 연구와 함께 김치 발효에 관여하는 미생물의 분리와 동정, 분리균 특성 조사 연구가 수행되었다.

(2) 김치 유산균 분리

김치에서 각종 유산균을 분리하는 과정은 다음과 같다. 김치를 조금 취한 후 여과천(cheese cloth)을 사용하거나 또는 원심분리하여 여액(filterate 혹은 supernatant)을 얻는다. 여액에 멸균수를 첨가하여 10배씩 단계별로 균을 희석한다. 여러 농도별로 희석한 희석액 0.1 mL씩을 MRS(de Man, Rogosa, and Sharpe)배지 같은 유산균 배양용

한천배지에 도말한다. 30℃ 배양기에서 2~3일간 배양 후 한천배지에서 자라는 균락의 수를 계산하고 균락의 크기, 색 등의 형태도 조사한다. 식품이나 시료에서 분리한 균들이 분류학적으로 어떤 종류인지 밝히는 과정을 동정(identification)이라고 하며, 이는 김치에 존재하는 미생물의 종류를 정확히 밝히는 데 꼭 필요한 실험과정이다. 동정을 위해서는 균 형태(morphology), 운동성, 각종 당 이용성, 생육온도, 소금(NaCl)에 대한 내성 등 여러 생화학적 특징들을 조사하여 확인된 특성들을 Bergey's Manual에 기재된 균들의 특성과 비교한다. 당 이용성이나 효소 역가는 미생물의 종류에 따라 조금씩 차이를 보이는데, 이와 같은 생화학적 특성을 수십 가지 이상 측정하고 그 결과들을 종합하여 동정에 이용할 수 있다. 이 원리를 이용해서 간편히 동정에 사용할 수 있는 kit(API kit, bioMerieux사)가 시판되고 있다. 이들을 사용하면 단시간에 여러 분리균주들의 동정이 가능하여 편리하긴 하지만 동정결과는 아주 정확하지는 않다. 그 이유는 생화학적 특성은 같은 종에 속하는 균들이라도 차이를 보일 수 있기 때문이다. 정확한 동정을 위해서는 보통은 16S rRNA 유전자나 *recA* 유전자 같은 소위 계통발생학적(Phylogenetic) 분류에서 중요한 비교 척도로 사용되는 유전자들의 염기서열을 조사하게 된다. 즉, PCR(polymerase chain reaction)로 이들 유전자 전체 혹은 일부를 증폭한 후 증폭물의 염기서열을 결정한다. 다음 데이터베이스에 등록된 표준균주들의 해당 유전자 염기서열과 비교함으로써 분리균이 어느 종에 속하는지 동정한다. 염기서열 비교 외에도 PCR로 증폭된 DNA를 특정 제한효소를 사용해서 절단하고, 이때 얻어지는 DNA 조각들의 전기영동 패턴을 비교하기도 한다. 이를 PCR-RFLP(restriction fragment length polymorphism)라고 하며, 이는 균에 따라 증폭물의 염기서열이 다르고 따라서 제한효소 절단 시 얻어지는 DNA의 패턴도 다르다는 점을 이용한 것이다. 김치에 존재하는 미생물 중에서는 MRS 배지에서 못 자라는 것도 있고 또 발효 중 늘 존재하는 것이 아니라 짧은 시기에서만 나타나는 것도 있다. 이 때문에 김치 발효 전과정을 통해서 얼마나 다양한 균들이 언제 나타나는지 정확히 파악하기란 쉽지가 않다. 최근 개발된 DGGE(denaturing gradient gel electrophoresis) 방법그림 12-8을 사용하면 김치발효 중 단계별로 어떤 균들이 존재하는지를 신속히 그리고 정확히 알 수 있다.

DGGE 방법은 김치를 일정량 취한 후 원심분리하거나 여과하여 미생물 세포를 회수하고 세포를 파쇄하여 total DNA를 추출한다. 얻은 DNA를 기질(template)로 사용하여 PCR을 실시한다. 16S rRNA 유전자 증폭을 위해 PCR에 사용하는 primer들은 16S

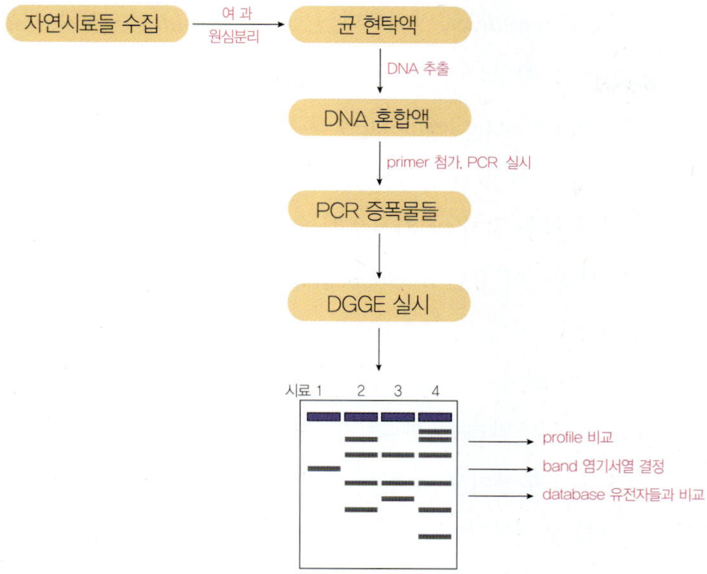

그림 12-8 DGGE 방법

김치와 같은 식품시료에서 균을 회수하고 세포벽을 파괴하여 전체 DNA를 추출해낸다. 이를 기질로 PCR을 수행하고 얻어진 증폭물들을 DGGE로 분리한다. 얻어진 증폭물들을 gel에서 추출하여 염기서열을 조사한다.

rRNA 유전자 염기서열 일부를 사용한다. 증폭되는 16S rRNA 유전자들의 숫자는 김치에 존재하는 미생물의 종류와 같다. 16S rRNA 유전자 염기서열은 다른 미생물 간에도 비슷하기 때문에 일반적인 agarose gel 전기영동방법으로는 전혀 그 차이를 구별할 수 없고, 한 가지 band로만 관찰된다. 하지만 DGGE 방법을 사용하면 비록 크기는 같더라도 서로 다른 균들에서 증폭된, 그래서 염기서열이 다른 DNA 분자들 간의 구별이 가능하다. 결과적으로 서로 다른 종류의 균에서 얻어진 16S rRNA DNA를 gel에서 구별할 수 있다. Gel에서 각 DNA band를 추출하여 염기서열을 조사하면 어떤 종의 균인지 동정이 가능하다. 이 방법을 사용하면 김치 재료에 따라서 혹은 지역이나 시간을 달리하여 제조된 김치에서 어떤 종류의 유산균이 증식하는지 확인 가능하고 또 김치의 발효단계별로 어떤 균이 주된 균총을 형성하는지도 알 수 있어 김치 연구에 큰 도움이 된다.

① 김치종균

현재까지 수행된 여러 연구 결과들을 종합해 볼 때 김치 발효에서 가장 중요한 유산균은 *Leuconostoc mesenteroides*로 생각된다. *L. mesenteroides*는 김치 발효 초기와 중기에 걸쳐서 주된 균총을 형성하며 당으로부터 유기산들과 이산화탄소를 생산하는 이상 유산 발효균이다(heterolactic fermenter)그림 12-6. *L. mesenteroides* 증식은 김치에 특유의 산미와 함께 섭취 시 상큼한 맛을 부여한다. 그러나 *L. mesenteroides*는 내산성이 약해서 발효 중기 이후 김치 pH가 4.0 부근이나 혹은 그 이하로 내려가면 신속히 사멸하며 그 자리를 내산성이 강한 *Lactobacillus plantarum*그림 12-9, *L. fermentum, L. brevis* 등이 차지하여 이들이 주된 균총이 된다. Lactobacilli들에 의해 산이 더 많이 생성되면 pH는 4.0 이하로 낮아지고 김치 산패가 촉진된다. 산패란 산이 너무 많이 생성되어 먹기에 좋지 않은 흔히 말하는 신김치가 된 것을 말한다. 일반적으로 식용에 적합한 김치의 pH는 4.5~4.2 부근이고 이때 산 함량은 0.6~0.7% 부근이다. 이처럼 김치발효 중기 이후에 산패를 촉진하기 때문에 *Lactobacillus*속 균들은 김치 품질 유지에 바람직하지 않은 균으로 여겨지며 김치 가식기간(맛있게 섭취 가능한 기간) 연장을 위해서는 lactobacilli들의 억제가 바람직하다고 여겨지고 있다.

하지만 일부 연구자들은 *Lactobacillus*속 균들이 산을 생성하여 김치의 풍미를 부여하기에 오히려 유익하다는 주장을 한다. 이렇게 의견들이 다른 이유는 사람에 따라 선호하는 김치 숙성 정도나 산도가 다르기 때문이다. 이는 최근 일부러 오래 묵힌 김치인 묵은지가 선호되는 경향에서도 알 수 있다. 발효식품들의 특징 중 하나는 동일한 제품

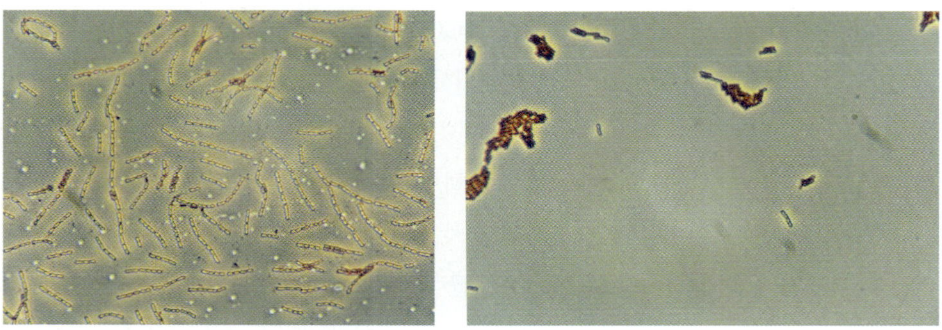

(a) (b)

그림 12-9 김치에서 분리한 *Lactobacillus plantarum* J-9(a)와 *Lactobacillus sakei* P3-1(b) 두 균주의 현미경 사진

두 균주 공히 식중독균인 *Listeria monocytogenes*를 저해하는 박테리오신을 생산한다.

자료: 김한택(2004). *Lactobacillus plantarum* J9와 *Lactobacillus sakei* P3-1이 생산하는 박테리오신의 특성. 경상대학교 석사학위 논문

이라도 사람에 따라서 좋게 혹은 바람직하지 않게 여길 수 있다는 점이다. 곰팡이를 접종하여 얻은 치즈의 냄새를 우리가 싫어하는 것만큼이나 서양인들은 청국장 냄새를 싫어한다는 점을 기억해야겠다. 전통적으로 김치는 늦가을에 배추를 대량으로 소금에 절인 후 양념을 한 후 장독에 넣어 땅에 묻어서 보관해왔다. 겨울철 땅속 온도가 저온으로 비교적 일정하게 유지되어서 봄까지 장기 보존이 가능하기 때문이다. 보존기간이 길어질수록 산패가 일어나며 만약 김치를 상온에 두면 미생물 증식 속도가 증가하고 단기간에 많은 양의 산이 생성되어서 김치 산패를 촉진시킨다.

(3) 김치 가식기간 연장방법

김치 가식기간 연장을 위해서는 산패를 억제해야 한다. 유산 발효가 천천히 일어나도록 해야 하며, 가장 효과적인 방법은 김치를 저온에서 저장하는 것이다. 김치냉장고는 이 원리를 이용한 제품으로 신선한 상태의 김치를 수개월간 저장할 수 있어 많은 가정에 보급되어 있다. 단점은 가격이 비싸고 전기를 사용하는 점이다. 현재 상당량의 국산 김치가 일본으로 수출되고 이들은 가식기간 연장을 위해 냉장 컨테이너에서 수송된다. 만약 냉장 외에 다른 효과적인 산패 억제법이 개발된다면 장거리인 미국이나 유럽까지 대량 수출이 가능해질 것이다. 가식기간 연장을 위해 연구되는 방안으로는 김치 미생물 간의 상호작용을 이용하여 *L. mesenteroides*가 주 균총으로 남아 있는 시간을 연장하는 방안들이 연구되고 있다. *L. mesenteroides*는 이상 발효균으로서 lactobacilli들보다 산 생성량이 적기 때문에 주된 균총으로 오래 남아 있을수록 적은 양의 산이 생성되기 때문이다. 지금까지 수행되었거나 수행 중인 연구로는 아래와 같은 것들이 있다.

- *L. mesenteroides*를 NTG 등 변이원으로 처리하여 변이주를 얻고 이 중 내산성이 증가한 변이주를 확인하여서 김치종균으로 사용하는 방안. 하지만 변이의 결과 내산성 증가 외에 바람직하지 않은 변화들이 함께 일어날 가능성이 크다.
- Lactobacilli 생육을 억제하는 박테리오신을 생산하는 *L. mesenteroides* 균주를 선발하여 이들을 김치종균으로 활용하는 방안이다. 과도한 산을 생산하는 lactobacilli 증식을 억제함으로써 김치 산패를 지연시키는 것이 목표이지만 실제 김치에서 lactobacilli 증식을 억제할 만큼 효과적인 박테리오신 생산균주를 확보할 수 있는지 의문이다.

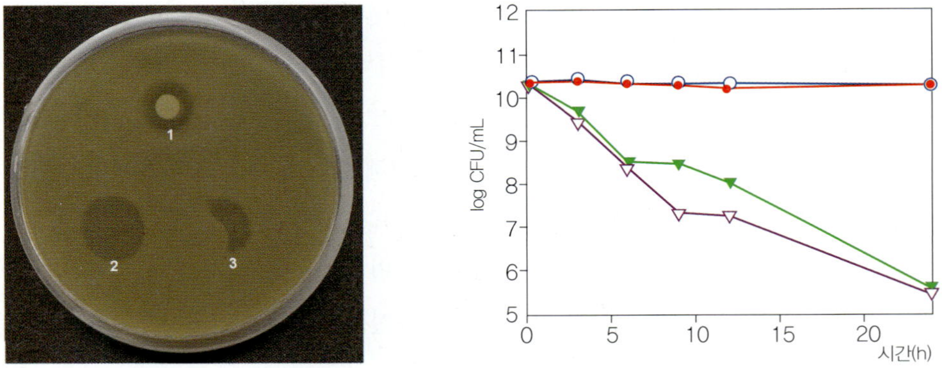

(a) (b)

그림 12-10 김치 유산균에 의한 유해균 억제

(a) 김치에서 분리한 박테리오신 생산균인 *Lactobacillus plantarum* J9 균주에 의한 식중독균인 *Listeria monocytogenes* ATCC 19111 저해. 1, *L. plantarum* J9 세포; 2, *L. plantarum* J9 배양상등액(배양액을 원심분리 혹은 여과하여 세포를 제거한 액체); 3, *L. plantarum* J9 배양상등액 + proteinase K. 배지 전면에 걸쳐서 *L. monocytogenes*가 자라나 박테리오신에 의해 저해되는 부분은 자라지 못해 투명한 저해환(inhibition circle)을 나타낸다. Proteinase K는 단백질 가수분해효소로 단백질인 박테리오신을 분해하기에 proteinase K로 처리한 3번의 왼쪽 아랫부분은 생육저해가 일어나지 않아서 저해환이 초승달 모양이다.

(b) -●-, *L. monocytogenes* ATCC 19111 cells (2×10^{10}); -○-, proteinase K와 박테리오신을 함께 *L. monocytogenes* cells에 넣어준 것으로 생육저해가 일어나지 않음; -▼-, 부분정제된 bacteriocin (12.4 AU/mL)을 *L. monocytogenes*에 첨가. 생균수 감소가 일어남; -▽-, 부분정제된 박테리오신을 고농도로 첨가(37.5 AU/mL). 생균수 감소 정도가 더 커짐을 보여준다.

자료: 김한택 외 3인(2003). *Food Science and Biotechnology* 12: 166-170

- Lactobacilli만을 선택적으로 억제하는 물질을 함유하는 한약재나 식용 식물체들을 찾아서 이들 추출물을 김치에 첨가하는 방안이다. Bacteriocin 생산균주와 마찬가지로 선택적인 lactobacilli 증식 억제가 목표이지만 그런 물질들을 찾기가 쉽지 않고, 또 추출물 첨가로 의해 김치 풍미에 나쁜 영향을 줄 수 있는 점이 단점이다.

김치에는 수십 종 이상의 다른 미생물이 서로 영향을 주고받으면서 존재한다. 발효시점에 따라 존재하는 미생물이 다르고 따라서 영향의 구체적 성격도 다를 수밖에 없다. 이같은 미생물 간 상호작용의 총체적인 결과는 김치의 특성이나 품질에도 영향을 미친다. 얼마나 다양한 미생물이 숙성과정을 통해서 나타나고 또 이들간 상호작용이 구체적으로 김치품질에 어떤 영향을 주는지는 알려져 있지 않다. Lactobacilli 같은 특정 그룹의 증식만을 선택적으로 억제 혹은 촉진하는 방법도 개발되지 않았다. 현재로서는 김치 가식기간 연장에 가장 효과적인 방법은 저온저장이다.

김치는 전통적으로 자연 발효 방식으로 제조되어 왔으나 고품질 김치를 얻기 위해서는 종균 사용이 유리할 것으로 생각된다. 실제 여러 연구자들이 종균으로 사용가능한 균주를 연구하고 있다. 김치 발효의 여러 시점에서 시료를 채취하고 시료 중 존재하는 미생물을 분리한다. 분리균의 동정(identification)을 실시하고 김치에서의 생육특성을 조사함으로써 종균에 적합한 균주를 골라내는 연구를 하고 있다. 또 선발된 균주를 김치에 접종하여 발효를 진행하면서 대조구(종균 접종이 없는 김치)와 품질을 비교한다. 종균으로 사용되려면 김치의 맛이나 풍미도 우수해야 하지만 건강기능성까지 부여해 준다면 가장 바람직할 것이다. 정장제제로 우수하거나 혹은 알려진 기능성 물질을 생산하는 균주라면 종균으로 이상적일 것이다. 최근에는 김치 유산균에 의한 유해균 억제 작용과그림 12-10 건강기능성에 대한 연구가 많이 진행되어 김치의 우수성이 많이 부각되고 있다.

(4) 김치 유산균 지놈프로젝트

지놈(genome)이란 특정 생명체가 지닌 모든 유전정보를 총칭하는 말이다. 사람을 예로 들면 22개 염색체와 X 혹은 Y 성염색체에 존재하는 모든 유전정보들이 사람의 지놈에 해당한다. 휴먼지놈프로젝트란 이들 모두의 염기서열(nucleotide sequence)을 실험을 통해 결정한 연구를 말한다. 인류 역사상 생물학 분야에서 수행된 연구 중에서는 규모가 가장 큰 연구로 미국을 중심으로 하여 영국과 캐나다를 포함한 여러 선진국들이 참여하였고 10년 이상의 시간이 소요되어 2003년 공식적으로 종결이 선언되었다. 하지만 염기서열 결정을 통해 밝혀진 유전자들이 실제로 단백질을 생성하는 유전자인지 그리고 생성하는 단백질이 어떤 기능을 수행하는지에 대해서는 계속적인 연구가 진행되고 있다. 염기서열 결정만으로 끝나는 것이 아니라 실제 유전자인지 확인 과정을 거쳐야 하고 기능을 밝히는 추가 연구에 상당한 시간이 더 소요될 것이 예상된다.

대장균을 포함한 세균들의 세포 내에는 세균염색체(bacterial chromosome)라 부르는 수백~수천 kb(kilobase) 크기의 DNA 분자가 있다. 일부 세균들은 세균염색체보다 크기가 훨씬 작은 플라스미드(plasmid)도 추가로 지니고 있다. 한 세포 내에 존재하는 세균염색체와 플라스미드(존재하는 경우)들의 전체 염기서열을 결정하는 것이 지놈프로젝트이다. 산업적으로 유용한 균주들을 대상으로 한 지놈프로젝트는 선진국에서는 이미 오래전부터 진행해 오고 있다. 어떤 균의 전체 염기서열을 알게 되면 해당 균 특성들에 대한 근본적인 이해가 가능하기 때문이다. 또 지놈 지식은 해당 균의 유전적 개량 연구를 크게 촉진시킬 수 있다. 이런 이유로 산업적으로 중요한 20여 종의 유산균주들에 대해서는 구미의 연구실들이 균주들을 하나씩 분담하여 지놈프로젝트를 수행하였다. 현재는 결정된 염기서열에 대한 기능 분석작업이 진행 중이다. 현재 총 32종의 유산균 지놈 염기서열들이 데이터베이스에 등록되어 있다(http://www.ncbi.nlm.nih.gov/genomes/lproks.cgi).

국내에서도 김치 유산균을 대상으로 한 지놈프로젝트가 수행되었다. 서구에서 수행된 유산균 지놈프로젝터들이 유제품 제조와 관련된 균주들인 점과 차별성을 갖고 장기적으로는 국내 김치 미생물 연구와 종균 개발에 활용하기 위한 목적이다. 정부로부터 연구비 지원을 받은 미생물유전체활용기술개발사업단 주관으로 김치에서 분리한 *Leuconostoc citreum*과 *Pediococcus pentosaceus* 지놈 염기서열이 처음 밝혀졌다. 전체 염기서열이 밝혀지면 유전자들의 기능해석과 유전자 클로닝과 같은 연구들이 크게 촉진된다. 염기서열을 알면 기초연구나 균주 개량에 필요한 유전자들을 손쉽게 PCR로 확보할 수 있기 때문이다. 최근에는 김치에서 분리한 *Leuconostoc argentinum* KCTC 3773, *Leuconostoc carnosum* KCTC 3525, *Leuconostoc kimchii* IMSNU 11154, *Leuconostoc mesenteroides* KFRI-MG 등 여러 균주들의 지놈프로젝트가 보고되었다.

우리나라가 김치종주국이지만 중국으로부터 많은 양의 값싼 김치가 매년 국내로 들어오고 있다. 김치 최대 수출국은 일본으로 매년 1억 달러 이상 수출하지만 동시에 최대 수입국인 중국에서 1억 달러 이상을 수입하여서 결과적으로 2010년부터 2012년 3년간 김치 무역수지는 2419만 달러 적자이다. 이런 현실과 일본에서도 김치연구가 시작된 점들을 고려한다면 고품질 김치제조 기술 개발과 우수 종균 확보는 김치종주국으로서 위상 유지에 매우 중요하다. 이런 관점에서 김치 유산균에 관한 기초연구 활성화가 매우 중요하다. 김치산업의 지속적 발전과 김치종주국으로서 세계에서 확고한 위상 정립을 목적으로 세계김치연구소(World Institute of Kimchi)가 2010년 1월 1일 광주광역시에 설립되었다(http://www.wikim.re.kr/main/index.php). 세계김치연구소 설립을 계기로 국내 김치 연구의 활성화가 기대되고 있다.

2) 된장

된장은 우리 식탁에서 각종 음식들에 첨가되는 조미료로서 또 국이나 찌개에 첨가되는 주재료로서 거의 날마다 섭취하는 중요한 조미 발효식품이다. 제조방식에 따라 재래식과 개량식 된장으로 구별되며 제조방법도 다르다. 재래식(전통식) 된장 제조에서는 미리 만든 메주를 사용한다. 메주는 주로 늦가을에 콩을 물에 담가 불린 다음 삶은 후 으깨어서 육각형 또는 원통형으로 모양을 만들고 적당히 말린 후에 볏짚으로 싸서 겨우내 천장에 매달아서 말린다그림 12-11. 이 과정에서 공기 중의 곰팡이와 볏짚에 있는 *Bacillus* 균들에 의해 메주 표면과 내부에서 콩 단백질의 분해가 일어난다. 봄철이 되면 메주를 독에 넣고 여기에 소금과 물을 적당히 부어 발효 숙성을 시킨다. 숙성 후 맑은 액체를 걸러내면 간장이 되고 아래에 남는 고형분은 된장이 된다. 반면에 개량식 된장을 만들 경우엔 메주 대신에 고지(koji)를 만들어서 사용한다. 코지는 쌀이나 보리와 같은 전분질 원료를 증자한 다음 황국균인 *Aspergillus oryzae*를 접종하여 30℃에서 3일간 배양하여 얻는 것으로 여기에 삶은 콩과 소금을 첨가하여 숙성시킨 후 마쇄하여 제조한다. 개량식에서는 선발된 곰팡이 균주를 살균한 원료들에 접종하여 발효를 진행하는, 즉 조절 발효 방식이고 간장을 따로 떠내지 않아서 콩의 영양소가 된장에 다 남게 된다. 황국균인 *Aspergillus oryzae*나 *A. sojae*가 주로 사용된다. 재래식 된장과 달리 곰팡이에 의해서만 발효가 진행되어 *Bacillus*들이 생성하는 재래식 된장 특유의 풍미가 없는 점은 단점이다. 이 때문에 개량식과 재래식을 절충한 방식으로 된장을 만들거나 종균으로 곰팡이와 함께 *Bacillus* 균주들을 접종하기도 한다.

재래식과 개량식은 사용 원료의 차이와 함께 발효에 곰팡이 효모, bacilli 등 여러 미생물들이 관여하는지(재래식) 또는 선발된 곰팡이 균주가 주된 균인지(개량식) 여부가 주된 차이점이다. 재래식 된장은 공기 중의 곰팡이들이 메주 표면에 부착되어 증식하면서 콩성분의 분해가 일어나는 자연 발효 방식이다. 곰팡이에 의해 전분과 단백질의 분해가 일어나 소당류, 단당류 그리고 올리고 펩타이드와 아미노산이 생성되며 생성된 당은 다시 효모에 의해 알콜 발효의 기질로 사용된다. 또 bacilli 등 세균에 의해서도 각종 유기산이 생성되어 재래식 된장 특유의 풍미를 부여한다. 종종 바람직하지 않은 균들의 증식이 일어나서 그 결과로 풍미나 색이 떨어지는 것도 재래식 된장의 특징 중 하나이다. 된장의 맛, 냄새와 같은 품질은 결국 재료의 성분과 이들 성분이 미생물에 의

그림 12-11 **전통 방식으로 제조한 메주**

전북 순창에서 전통 방식으로 된장을 제조하기 위해 메주를 만들어 말리는 모습. 삶은 콩을 으깨어서 모양을 만든 후 볏짚으로 묶어 바람이 잘 통하는 그늘에서 말리고 있다. 이 과정에서 많은 미생물들의 생육이 일어나며 바람직한 균들이 유해한 균들과 함께 메주에서 자랄 수 있다.

해 어떻게 전환되는지에 의해 크게 달라진다. 바람직한 된장이란 어떤 맛을 지닌 것인지 정의가 가능하다면 어떤 화합물에 의해서 그런 맛이 나는지 연구를 통해 확인할 수 있을 것이다. 더 나아가 어떤 미생물에 의해서 해당 성분들이 만들어지는지 알 수 있을 것이다. 이런 정보들을 종합적으로 활용한다면 바람직한 된장 제조를 위한 종균의 선발기준과 발효조건 설정이 가능할 것이다.

된장은 여러 기능성을 갖고 있는 것이 연구를 통해서 확인되고 있다. 이들 기능성으로는 항산화력, 항암효과와 함께 심장병, 뇌졸중, 고혈압, 및 골다공증 예방 효능과 혈전용해능 등이 잘 알려져 있다. 최근 들어 고급 장류에 대한 수요가 증가하면서 냉장보관하면서 사용하는 냉장제품들이 출시되고 있고 또 소금의 과다섭취가 문제점으로 지적되면서 저염 된장제품들도 출시되고 있다. 소금을 많이 첨가하는 이유는 부패균 증식 억제이기 때문에 소금함량을 낮출 경우 부패균 증식을 억제할 수 있는 다른 방안이 필요하다. 전통 된장의 기능성은 최대한 살리면서 소금함량은 낮추고 여기에 소비자들의 기호에 맞는 다양한 맛을 지닌 제품들의 개발이 앞으로의 과제라 하겠다.

3) 청국장

청국장은 다른 장류들과 달리 짧은 시일 내 발효가 종료되는 점이 가장 큰 차이점이다. 전통 방식의 청국장 제조법을 보면 먼저 콩을 선별한 다음 세척하고 콩 무게의 서너 배 되는 물에 담가서 12~15시간 정도 불린다. 불린 콩을 100℃에서 수십 분 끓인 후 식혀서 적당한 용기에 담고 그 위에 볏짚을 깔아서 따뜻한 방 아랫목에서 3~4일 두어서 발효를 일으킨다. 볏짚에 있는 bacilli 포자가 발아(germination)하여 영양세포(vegetative cells)로 전환되어 콩 표면에서 자라고 균 증식 과정에서 콩성분들의 가수분해가 일어난다. 콩 단백질들의 분해가 일어나며 휘발성 풍미성분들이 생성된다. 종종 끈적끈적한 점질물이 콩 표면에 생성되며 이는 아미노산인 글루탐산(glutamic acid)의 중합체인 γ-PGA(polyglutamic acid)로서 건강기능성식품이나 화장품 소재와 같은 다양한 산업적 용도를 지닌 고분자 중합체이다. Bacilli 균주별로 γ-PGA를 생산하는 능력은 차이가 크다. 콩에는 단백질과 지질이 풍부히 들어 있고 또 아이소플라본(isoflavones), 레시틴, 피트산(phytic acid)과 같은 다양한 기능성 성분도 존재한다. 또 발효를 통해서 콩에 원래 없던 기능성 물질도 생성된다. 청국장은 된장과 마찬가지로 항고혈압, 혈전용해능(fibrinolysis) 등의 기능성을 갖고 있고 또 많은 수의 bacilli들이 존재하여서 생청국장을 열처리하지 않고 섭취할 경우 요구르트 섭취 시와 마찬가지로 정장효과도 기대할 수 있다.

이런 기능성은 콩이 지닌 화합물에서 유래하기도 하고 bacilli들이 지닌 성분이거나 또는 bacilli에 의해 콩의 특정 화합물이 다른 화합물로 전환된 결과 나타나는 것들이다. 청국장이 지닌 대표적인 건강기능성으로 혈전용해능을 들 수 있다. 혈전(fibrin clot)은 사람이나 동물의 혈관 내에 축적되는 단백질 덩어리로 혈전이 쌓이게 되면 정상적인 혈류가 방해를 받아서 심장이나 뇌동맥 경색의 원인이 된다. 이는 전 세계적으로 수많은 사람들의 직접적인 사망원인이 되고 있다. 혈전을 용해함으로써 뇌나 심장의 동맥경화, 뇌출혈 등을 예방하거나 또는 치료하는 성분이 청국장에 존재하며 이는 bacilli들이 분비하는 단백질 가수분해효소(proteases) 중 하나이다. 일본 낫토에서 분리한 ***Bacillus subtilis*** Natto균이 분비하는 nattokinase가 가장 잘 알려져 있고 또 유사한

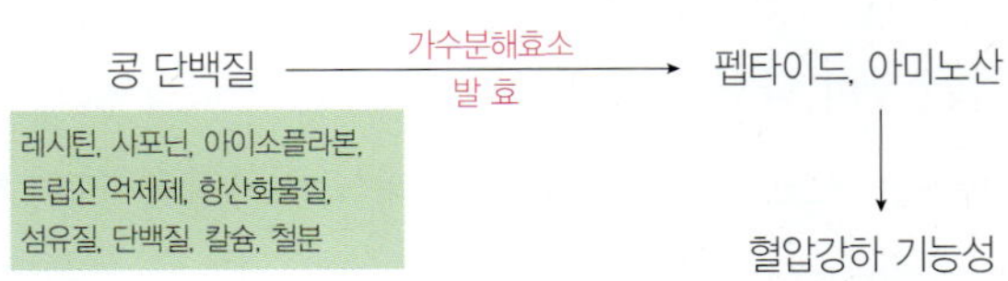

그림 12-12 **발효에 의한 청국장의 기능성 강화**

콩의 성분인 단백질이 *Bacillus* 균주들의 단백분해효소들에 의해 분해되어 생성되는 펩타이드들 중에는 혈압강하를 유발하는 종류들도 있다.

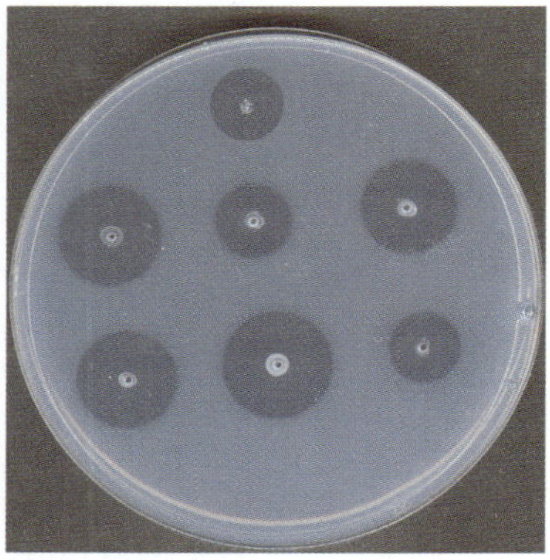

그림 12-13 **혈전용해능을 지닌 *Bacillus* 균주들**

전통 청국장(전북 순창군)에서 분리된 여러 *Bacillus*균들을 LB 배지에서 하룻밤 배양한 후 배양액 2 μL를 혈전(fibrin)이 포함된 한천배지상에 접종하여 37℃에서 12시간 배양한 결과이다. 균락 주위로 혈전의 용해가 일어나 투명한 환이 형성됨을 볼 수 있다. 혈전용해능이 없는 균주들의 경우 분해환이 없거나 있더라도 매우 크기가 작다. 혈전용해능이 우수한 분리균주들을 선발하여 16S rRNA 유전자 염기서열 측정과 같은 분자생물학적 방법들을 사용하여 동정한 결과 이들은 *B. subtilis*, *B. licheniformis* 및 *B. amyloliquefaciens*로 동정되었다. *Bacillus*들은 혈전용해 효소를 세포외로 분비하는데 효소역가가 클수록 그에 비례하여 균락 주위의 분해환 직경이 증가한다.

자료: Jeong SJ, Kwon GH, Chun J, Kim JS, Park CS, Kwon DY, and Kim JH(2007). *Cloning of fibrinolytic enzyme gene from Bacillus subtilis isolated from Cheonggukjang and its expression in protease-deficient Bacillus subtilis strains.*

특성을 지닌 효소들이 청국장에서도 분리되었다. 청국장은 이외에 항고혈압 효과를 지니며 이는 콩 단백질의 가수분해 결과 생성되는 펩타이드(peptides) 중 일부에 기인한다. 이들은 혈관벽을 수축시킴으로써 고혈압의 원인인 ACE(angiotension I converting enzyme)를 저해함으로써 혈압강하 효과를 준다그림 12-12, 12-13.

청국장은 보통 발효가 완료된 후 마늘이나 고추 같은 부재료들을 첨가해서 끓인 다음 밥과 함께 먹는다. 청국장 내 혈전용해 효소나 정장 기능을 지닌 bacilli들은 열처리에 의해 불활성화되고 죽기 때문에 기능성 측면에서는 청국장을 발효 후 생식하는 것이 가장 바람직하다. 청국장 생식을 위해서는 맛이나 냄새의 개선이 먼저 이루어져야 한다. 최근 재래식 청국장의 악취를 크게 줄인 개량식 청국장제품들이 출시되고 있고 이들은 종균을 접종하여 제조한 제품들이다. 재래식 청국장은 자연 발효 방식으로 제조되며 그 과정에서 bacilli 외 다른 잡균들에 노출되어 이들이 증식하여서 암모니아 같은 불쾌취가 생성되지만, 개량식은 우수한 종균을 접종하여서 오염이 최소화된 상태에서 발효를 일으킨다.

아미노산의 탈탄산(decarboxylation)에 의해 생성되는 아민류들(biogenic amines)은 전통장류 섭취 시 문제가 되는 화합물들이다. 이들이 다량 함유된 식품을 섭취할 경우 고혈압, 편두통 등의 증상이 나타난다. 히스타민(histamine)과 티라민(tyramine) 등이 잘 알려져 있고 장류, 젓갈, 유제품 등의 발효식품에서 종종 문제가 되어 식품 종류별로 그리고 국가별로 허용 기준치가 설정되어 있다. 아민류 저감을 위해서는 아민류 생성이 적은 종균을 사용하여 발효식품을 제조하는 것이 효과적이다. 한편 bacilli 중에는 *B. cereus, Listeria monocytogenes, Staphylococcus aureus* 같은 식중독균이나 독소생성 곰팡이를 억제하는 항균물질을 분비하는 균주도 여럿 보고되어 있다. 이들 균주들을 종균으로 접종하여 독소생성 유해균 증식을 억제하는 방안도 연구되고 있다. 따라서 앞으로의 연구를 통해서 기능성(혈전용해능, 효소활성, γ-PGA 생산 등)이 우수하면서 독소생성 유해균 증식은 억제하는 균주를 확보하여 청국장과 같은 장류 제조에 종균으로 사용한다면 식품안전성과 기능성 측면에서 크게 개선된 제품을 얻을 수 있어서 이들 제품의 소비 증대에 기여하리라 생각된다.

시중에는 다양한 형태의 청국장제품이 출시되고 있다. 단순히 청국장을 건조하여 가루로 만들어 통에 담아 판매되는 제품도 있고, 동결건조하여 일회용 용기에 담아서 물이나 우유를 부어 바로 섭취할 수 있게 한 것도 있다. 또 어린아이를 위해 표면에 초콜릿을 입혀서 과자처럼 먹기 쉽게 한 제품도 있다. 청국장의 건강기능성이 알려질수록 생식이나 혹은 다양한 방식으로 소비되는 비율도 증가할 것으로 예상된다.

4) 젓갈류

동물성 소재를 이용한 대표적인 전통 발효식품으로 젓갈류를 들 수 있다. 젓갈은 각종 어패류의 살, 알, 창자 등에 소금을 20% 정도 되게 첨가하여 일정 기간 저장하여서 얻는 발효식품이다. 우리 국민들이 즐기는 중요한 반찬류로서 주로 반찬이나 조미용, 안주용 등으로 사용되고 김치에 첨가되기도 한다. 젓갈은 재료와 지역에 따라 50여 종이 넘는 다양한 종류가 만들어지며 대표적인 것으로 명란젓, 오징어젓, 새우젓, 멸치젓 등이 있다. 어패류에 존재하는 효소에 의한 자가소화와 함께 미생물이 분비하는 단백질 가수분해효소(protease)에 의해 숙성 중 성분 변화가 일어나고 이 과정에서 생성되는 유리아미노산, 핵산 그리고 다른 정미성분에 기인하여 감칠맛과 같은 다양한 풍미와 맛이 생성된다.

젓갈 제조 시 염 농도와 다른 성분들에 의해 주된 미생물 균총이 결정되며 특히 염 농도가 가장 중요한 요인이다. 염 농도가 증가할수록 내염성(halotolerant)을 지닌 미생물만이 자랄 수 있고 내염성이 없거나 약한 균주들은 자라지 못하기 때문이다. 바닷물의 평균 소금 농도는 3.5%로 바닷물 1 kg에는 평균 35 g의 NaCl이 존재함을 의미한다. 만약 소금 농도가 20% 이상으로 증가하면 내염성이 강해서 호염균(halophiles)으로 알려진 미생물만 생존 가능하고 이 경우 젓갈 발효 속도는 느려진다. 반면 식염 농도가 낮을수록 여러 부패균 증식이 가능해서 발효 속도는 증가하나 동시에 부패가 일어날 가능성도 커진다. 최근 우리 국민의 식염 과다섭취가 문제가 되고 있어서 식염 농도를 낮춘 저염 젓갈 제조 연구가 이루어지고 있다. 식염 농도 5%로 제조된 오징어 젓갈의 경우 *Lactobacillus plantarum*, *Lactobacillus brevis*, *Leuconostoc*속, *Pediococcus*속 및 *Streptococcus*속 유산균이 주된 균총을 이룬다는 보고가 있다. 숙성 적기 이전에는 *Leuconostoc*, *Pediococcus* 및 *Streptococcus*속 균이 증가하나 적기 이후에는 *Lactobacillus*가 증가하였다. 효모는 숙성 말기에 급속히 증가하여 부패에 관여하는 것으로 추정되었다. 염 농도가 5%보다 높아지면 내염성이 강한 미생물이 자라며 *Bacillus*, *Micrococcus*, *Staphylococcus*, *Pseudomonas* 등이 내염성 효모 등과 함께 자란다. 젓갈에서 분리된 bacilli 중에서 단백질 가수분해효소 역가가 높은 균주들이 보고되었고 이 중에는 혈전용해능을 지닌 것도 있다. 멸치젓의 식염 농도를 기존제품과 비슷한 20%로, 그리고 8%와 12%로 각각 낮추어서 담군 제품의 숙성 중 질소성분을 조사한 연구 결과를 보면 12%보다 8%인 멸치젓에서 바람직하지 않은 화합물 농도가 적어서 저염 멸치젓의 경우 소금 농도 8%가 적당하다고 보고되었다.

젓갈류는 그 독특한 풍미로 인해 우리 국민들이 선호하는 중요한 식품이지만 품질 향상을 위한 체계적인 연구는 아직 미흡한 점이 많다. 다른 발효식품과 마찬가지로 우수한 품질과 기능성을 지닌 동시에 위생적으로도 안전한 젓갈류를 얻기 위해서는 재료별로 숙성에 가장 적합한 발효조건 설정 노력이 필요하다. 또한 염 농도처럼 미생물의 생육에 영향이 큰 요인들이 품질에 미치는 효과를 보다 체계적으로 조사할 필요가 있다. 나아가 사용가능한 종균의 선발과 이들의 접종을 통해서 염 농도가 낮아도 유해균이나 부패균 증식이 억제되는 발효조건을 찾고 동시에 기호성과 기능성도 우수한 제품들을 얻는 노력이 필요하다(이원동, 2001, 식품산업과 영양 6; 23-27).

Chapter 13

미생물과 식품의 안전성

1. 식품에서의 미생물 증식
2. 미생물 증식과 식품의 부패
3. 식품 부패의 억제
4. 식품매개성 질병
5. 식품매개성 병원체의 검출

식품은 섭취하는 사람에게 영양을 제공할 뿐만 아니라 미생물이 자라는 이상적인 배지이기도 하다. 미생물은 원료식품을 이용하여 생장하면서 치즈, 피클, 소시지, 간장, 포도주, 맥주 등과 같이 원료식품의 가치를 증진시킨 발효식품을 만들 수 있다. 그러나 미생물은 식품의 질을 저하시켜 부패시키기도 하며, 식품을 통하여 다양한 식품매개 질병을 전파하기도 한다. 따라서 병원균과 식품을 부패시키는 미생물을 탐지하고 동정하고 억제하는 것은 식품미생물학의 중요한 분야이다. 생산자에서 최종소비자까지, 식품 생산 공정의 모든 단계에서 미생물은 식품의 질과 인간 건강에 영향을 미칠 수 있다. 본 장에서는 식품의 생산과 저장에 있어서 식품을 부패시키고 식품을 통하여 질병을 유발하는 미생물을 소개하고, 그들을 탐지하고 제어하는 방안을 살펴볼 것이다.

1. 식품에서의 미생물 증식

식품은 영양이 풍부하기 때문에, 미생물에 상당히 좋은 성장환경을 제공한다. 미생물 증식은 식품 자체에 연관된 요인인 내인성 인자(intrinsic factor)에 의해 조절되기도 하고, 외인성 인자(extrinsic factor)인 식품이 저장되는 환경에 의해 조절되기도 한다. 내인성 또는 식품과 연관된 인자로는 pH, 수분함량, 수분의 활성도(또는 수분 사용가능성), 산화-환원능(oxidation-reduction potential), 식품의 물리적 구조, 사용 가능한 영양분, 천연의 항미생물 물질의 존재가능성 등이 있다. 외인성 또는 환경인자로는 온도, 습도, 기체(CO_2, O_2)의 존재 유무, 식품에 존재하는 미생물의 종류와 수 등이 있다.

1) 내인성 인자

식품의 조성은 미생물의 성장에 영향을 주는 중요한 내인성 인자이다. 세균에 비교하여 효모와 곰팡이는 낮은 pH에서도 잘 성장하기 때문에 식품의 pH는 중요하다. 만약 식품의 주 구성분이 탄수화물이라면, 미생물의 성장에 의한 산의 생성으로 pH가 낮아지고, 세균보다는 곰팡이의 성장이 주로 발생할 것이다. 그러나 부패해도 심한 냄새가 나지는 않는다.

반면에 육류와 같은 중성이나 알칼리성 식품에서는 세균이 변질과 부패의 주된 원인이다. 따라서 식품에 단백질이나 지방이 많이 들어 있다면, 세균의 성장에 따라 다양하고 심한 냄새가 난다. 단백질의 가수적(proteolysis) 그리고 혐기적 분해는 고약한 냄새가 나는 아민계 화합물을 생성하며 이를 부패(putrefaction)라 한다.

물의 존재와 사용가능성 여부 또한 미생물의 식품 내 성장에 영향을 미친다. 단순히 건조만 시켜도 부패과정을 억제하거나 제거할 수 있다. 물이 존재하더라도 설탕과 소금과 같은 용질을 첨가해 물의 사용을 어렵게 만들 수 있다. 물의 사용가능성은 수분활성도(water activity, A_w)로 측정하는데, 이것은 식품 위의 공기의 습도를 증류수 위의 공기의 습도와 비교한 상대적 비율로 나타낸다. 대부분의 미생물은 A_w 0.8 이하에서 자라지 못 하나, 호삼투성(osmophilic), 호건성(xerophilic) 미생물은 이런 환경에서도 식품을 부패시킬 수 있다표 13-1.

표 13-1 수분활성도와 식품부패 미생물 생장의 상관관계

미생물	A_w	미생물	A_w
Group			
가장 부패능이 뛰어난 세균	0.9	호염세균	0.75
가장 부패능이 뛰어난 효모	0.88	호건조곰팡이	0.61
가장 부패능이 뛰어난 곰팡이	0.80	호삼투효모	0.61
Specific Microorganism			
Clostridium botulinum, type E	0.97	*Candida scotii*	0.92
Pseudomonas spp.	0.97	*Trichosporon pultulans*	0.91
Acinetobacter spp.	0.96	*Candida zeylanoides*	0.90
Escherichia coli	0.96	*Geotrichum candidum*	-0.90
Enterobacter aerogenes	0.95	*Trichothecium* spp.	-0.90
Bacillus subtilis	0.95	*Byssachamys nivea*	-0.87
Clostridium botulinum, types A and B	0.94	*Staphylococcus aureus*	0.86
Candida utilis	0.94	*Alternaria citri*	0.84
Vibrio parahaemolyticus	0.94	*Penicillium patulum*	0.81
Botrytis cinetea	0.93	*Eurotium repens*	0.72
Rhizopus stolonifer	0.93	*Aspergillus conicus*	0.70
Mucor spinosus	0.93	*Aspergillus echinumatus*	0.64
Zygosaccaromyces rouxii	0.62		
Xeromyces bisporus	0.51		

자료 : Willey JM, Sherwood LM, Woolvweton CJ(2008). *Prescott, Harley and Klein's Microbiology,* 7th ed. McGraw Hill.

식품의 산화-환원능력(oxidation-reduction potential) 또한 미생물의 생장에 영향을 미친다. 육류를 육즙의 형태로 조리하면 가끔 낮은 산화-환원능을 가지며, *Clostridium*과 같은 혐기성 미생물의 성장환경이 된다. 식품의 물리적 구조도 부패과정이나 부패 정도와 상관있다. 채소와 과일은 부패로부터 보호하는 외부 껍질을 가지고 있지만, 부패성 미생물은 껍질을 약하게 하여 침투를 쉽게 하여 주는 특수효소를 사용한다.

많은 식품이 다양하고 복잡한 구조의 화학적 저해제와 효소와 같은 자연적 항미생물 물질을 갖고 있다. 한 예로, 우유와 달걀 또한 항미생물 물질을 가지고 있다. 달걀에는 그람양성균의 세포벽을 녹일 수 있는 라이소자임(lysozyme) 효소가 많다. 향신료와 양념에도 상당한 항미생물 물질이 존재한다. 미생물 성장을 억제하는 알데하이드성(aldehydic), 페놀성(pherolic) 화합물은 계피(cinnamon), 겨자(mustard), 오레가노(oregano) 등에서 발견된다. 발효되지 않은 녹차가 폴리페놀의 함유로 인해 항미생물성 특징을 가지고 있는 것은 잘 알려져 있는 사실이다.

2) 외인성 인자

식품을 부패시키는 미생물의 생장을 결정하는 중요한 외인성 인자는 온도와 습도이다. 높은 상대습도에서는 온도가 낮더라도 미생물 증식이 시작될 수 있다. 식품이 저장되는 대기조성도 중요하다. 포장된 식품에서 특히 중요한데, 대부분의 플라스틱 막은 산소가 투과되므로 표면에 붙은 미생물의 증식이 증가한다. 과량의 CO_2는 용액의 pH를 낮추고 미생물 증식을 억제한다. 식품 저장 시 공기조성이 중요하다는 연구 결과는 변형된 공기 포장법(modified atmosphere packaging, MAP)의 발달을 가져왔다. 최근에는 산소가 투과되지 않는 포장 물질의 사용과 진공 기술을 사용하여 잘 조절된 공기 중에서 식품을 포장하는 것이 가능해졌다. 한 예로, 식품 주변의 공기조성이 60% 이상의 이산화탄소로 이루어졌을 경우 산소 농도가 낮을지라도 부패성 곰팡이가 자라지 않는다. 최근에는 높은 산소 MAP 또한 효과적임을 알았다. 이런 조건에서는 초과산화물(superoxide O_2^-) 음이온이 생성되며, 초과산화물 음이온은 독성이 높은 과산화물과 산소로 전환되며 궁극적으로 이러한 물질이 항미생물 효과를 나타내기 때문이다.

2. 미생물 증식과 식품의 부패

식품은 상당히 좋은 영양원이므로 내인성 및 외인성 조건이 적당하면 미생물은 빨리 자란다. 한때 먹음직스럽던 음식이 쉬거나 냄새가 나며 곰팡이로 덮인 덩어리로 변해 쓰레기통에 버려진다. 육류와 유제품은 높은 영양가와 쉽게 사용가능한 탄수화물, 지방, 단백질의 존재로 인해 미생물에 의한 부패에 이상적인 환경을 제공한다. 단백질의 가수분해(proteolysis)와 부패작용은 미생물에 의한 고단백 물질 변질의 대표적인 결과이다. 또한 적절하게 살균되지 않은 우유는 여러 단계의 변질과정을 거친다. *Lactococcus lactis*의 아속인 *lactis*에 의한 산의 생성에 이어 좀 더 산에 저항성이 있는 *Lactobacillus*와 같은 미생물이 성장하며 더 많은 산을 생성한다. 이 시점에서 효모와 곰팡이가 우점종이 되고, 축적된 유산을 분해하며 산성도는 점차 더욱 떨어진다. 마지막 단계에서 단백질분해 세균이 활성을 띠면서 고약하고 쓴 냄새를 풍긴다.

단백질 함량이 훨씬 적은 대부분의 과일과 채소는 다른 종류의 부패과정을 거친다. 쉽게 분해 가능한 탄수화물의 존재로 특히 가수분해효소를 생성하여 짓무름을 일으키는 *Erwinia carotovora*와 같은 세균이 채소의 부패를 유발한다. 주로 호기성 또는 조건부 혐기성 세균이 부패과정에 관여한다. 많은 경우 온전한 과일의 부패 초기 단계에는 세균이 중요한 기능을 하는 것 같지 않다. 대신에 이러한 부패는 주로 곰팡이에 의해 시작된다. 곰팡이는 방어적인 외부껍질을 약하게 하여 침투하는 데 필요한 효소를 가지고 있기 때문이다. 한 예로, 토마토 껍질에 약간의 멍만 생겨도 내부가 노출되므로 곰팡이가 빠르게 성장한다. 일반적으로 발견되는 곰팡이는 *Alternaria*, *Cladosporium*, *Fusarium*, *Stemphylium* 등이며, 이들의 증식은 토마토주스나 케첩과 같은 토마토제품의 질을 떨어뜨린다.

최소 가공처리된 오렌지 농축액에서도 미생물에 의한 식품의 부패 문제는 발생한다. 이들은 열처리를 최소한으로 하거나 또는 거의 하지 않는데, 농축된 주스는 낮은 수분활성도를 갖기 때문에(A_w=0.8~0.83) 약 -10℃에서 보관하면 장기간 저장할 수 있다. 그러나 주로 *Lactobacillus*, *Leuconostoc* spp., *Saccharomyces*와 *Candida* 등은 농축주스에서 생장할 수 있고 주스를 상하게 할 수 있다. 농축하지 않은 주스의 A_w 값은 미생물이 증식할 수 있을 정도로 높기 때문에 더욱 더 쉽게 미생물이 생장하고 부패할 수 있다. 따라서 저온살균(pasteurization)을 통해 맛이 손실되기도 하지만, 현재 대부분의 주스는 이러한 처리를 한다.

곰팡이는 주로 옥수수 등의 곡물이 습한 환경에 보관될 때 빠르게 생장한다. 곰팡이에서 유래한 발암물질로는 아플라톡신(aflatoxin)과 푸모니신(fumonisin)이 있다.

아플라톡신은 대부분 건조되지 않은 곡물과 땅콩제품에서 일반적으로 생성되기도 하지만, 맥주, 코코아, 건포도, 콩 식품 등에서도 발견된 바 있다. 아플라톡신은 주로 *Aspergillus flavus*에 의하여 생성되고 핵산에 삽입되어 틀이동돌연변이(frameshift mutation)와 발암물질로 작용하는 납작한 고리의 평면구조 화합물들로 구성되어 있다 그림 9-1 참조. 아플라톡신에 의한 발암작용은 이들이 불안정한 유도체로 변환되는 간에서 주로 일어나며, 따라서 아플라톡신은 강력한 간암유발물질(hepatocarcinogen)이다. 만약 젖소가 아플라톡신으로 오염된 사료를 먹으면 우유와 유제품에서 이들이 발견될 수 있다. 현재 총 18종류의 아플라톡신이 알려져 있으며, 그림 9-1에 대표적인 아플라톡신의 구조를 소개하고 있다. 이 중 아플라톡신 B_1은 가장 흔하면서도 강력한 발암물질이다.

푸모니신(fumonisin)은 곰팡이로 오염된 옥수수에서 1988년 처음으로 발견되었으며, 옥수숫가루를 포함하는 사료와 식품이 종종 오염되어 있다. 푸모니신은 *Fusarium moniliforme*에 의해 생성되고 돼지의 폐부종(pulmonary edema)과 사람의 식도암 등 다양한 질병을 일으킨다. 적어도 10개의 구조적으로 다른 종류의 푸모니신이 발견되었으며, 그림 9-6에 기본 구조인 푸모니신 B_1과 푸모니신 B_2가 이미 소개되었다. 푸모니신은 세포에서 지방성 물질의 적절한 사용에 필요한 중요한 효소인 세라미드 합성효소(ceramide synthase)를 저해하고, 생화학적으로 중요한 스핑고지질(sphingolipid)의 합성과 대사를 방해하여 다양한 세포의 기능에 영향을 미친다. 따라서 옥수수와 옥수수제품은 건조한 조건에서 보관해 곰팡이가 발생하지 않도록 하는 것이 매우 중요하다.

곰팡이 이외에도 조류 등의 진핵성 미생물은 아플라톡신이나 푸모니신과는 다른 심각한 독성물질을 합성할 수 있다. 이들은 또한 사람이 소비하는 조개류와 일반 물고기를 감염시킨다. 대부분의 독소는 쌍편모조류(dinoflagellate)와 규조류(diatom)에 의해 생성된다. 해산물에 존재하는 조류독소에 감염된 사람의 주된 질병은 건망증, 설사, 신경성 조개류 중독이다. 온도에 비교적 안정적인 이들 조류독소는 섭취 후 한 시간 이내에 말초신경계에 영향을 미친다.

3. 식품 부패의 억제

식품을 적절하게 저장하는 것은 식품의 일반 소비자에게나 식품을 생산하여 유통하는 전문 생산자에게 모두 중요하다. 식품의 적절한 저장을 위해서는 부패와 질병을 일으키는 미생물을 제거하거나 수를 감소시키고 적절한 저장과 포장으로 식품의 미생물적 측면에서 품질을 유지시키는 것이 중요하다. 미생물에 의한 식품의 부패를 억제하고 식품의 저장을 증진시키기 위해서는 다양한 방법이 사용되고 있다표 13-2.

1) 미생물의 제거

물, 포도주, 맥주, 주스 및 음료수 등은 여과(filtration)로 미생물을 제거할 수 있다. 이것으로 세균 수를 낮게 또는 완전히 제거할 수 있다. 몇몇 주요 맥주회사는 맥주 원래의 향과 맛을 보존하기 위해 저온살균보다 여과를 사용한다.

2) 저온 및 냉동

5℃ 냉장은 미생물의 증식을 막기는 하나 장기간 보관하게 되면 미생물이 점점 증식해 부패가 일어난다. 저온저장에 매우 민감한 일부 미생물은 수가 감소할 것이나 저온저장으로 일반적인 미생물 수를 감소시킬 수는 없다. 일반적으로 냉동은 식품 내 존재하는 미생물의 증식을 중지시킨다. 그러나 증식이 중지된 미생물의 일부는 해동 후 다

표 13-2 다양한 식품 부패미생물 제어방법

제어방법	적용 예
원인미생물 제거	미생물 오염 방지 : 필터막 통과 원심분리
저온처리	냉장, 냉동
고온처리	미생물들의 부분적 또는 완전한 열 불활성화
수분 제거	냉동건조, 스프레이건조 등에 의한 물 제거 또는 소금이나 설탕의 첨가로 가용수분 감소시킴
화합물 첨가	특정 저해물질 첨가(예 : organic acids nitrates, sulfur dioxide)
방사능 조사	천리방사선(감마선), 비천리방사선(UV), 전자빔방사선
미생물 대사산물 이용	박테리오신 등의 첨가

자료 : Willey JM, Sherwood LM, Woolvweton CJ(2008). *Prescott, Harley and Klein's Microbiology*, 7th ed. McGraw Hill.

시 증식을 시작하여 식품의 부패원인이 되기도 한다. 심지어는 -10℃ 이하에서 특히 농축주스나 아이스크림, 일부 과일에서 느리게 미생물 증식이 일어난다는 것이 발표된 적이 있다.

3) 열처리

일반적으로 식품을 고온의 열처리를 하면 많은 미생물이 제거된다. 하지만 열처리에 의하여 식품의 영양적인 가치(nutritional value)나 관능적인 가치(sensory value)가 동시에 감소하기 때문에 오염된 미생물을 효과적으로 제거하면서 식품의 영양적인 그리고 관능적인 가치를 최대한 보존하려는 다양한 열처리 기술이 사용되고 있다. 식품에 존재하는 모든 미생물을 완전 제거하는 방법을 멸균(sterilization)이라고 한다. 보통 멸균은 내열성을 갖는 세균의 내생포자(endospore)를 충분하게 제거할 수 있는 수준으로 고온처리를 한다. 상업적인 멸균(commercial sterilization)은 통조림 등을 멸균할 때 사용되는 기준을 *Clostridium botulinum*의 내생포자 파괴가 10^{12}개 중에서 하나 정도 실패할 확률로 시행되며, 보통 121℃에서 15분 정도 열처리한다.

저온살균(pasteurization)은 식품 내에 모든 식품을 사멸하는 방법인 멸균과 달리 질병을 만드는 미생물을 죽이고 부패미생물의 수를 충분히 감소시키는 온도로 식품을 열처리하는 것이다. 우유, 맥주, 과일주스는 보통 낮은 온도를 유지하는(lowtemperature holding, LTH) 저온처리 방법으로 처리하며 보통 62.8℃에서 30분간 처리한다. 제품을 고온에서 단시간(high-temperature, short-time, HTST), 즉 71℃에서 15초간 처리할 수도 있다. 우유는 141℃에서 2초간 초고온(ultra-hightemperature, UHT)으로 처리하기도 하며 처리시간이 짧을수록 맛이 좋고 오래 저장할 수 있다. 저온살균은 보통 각 식품의 유통공정 등을 고려하여 특정 미생물의 숫자가 각 식품의 위해를 주지 않는 수준으로 유지되도록 열처리한다.

4) 사용가능한 수분 제거

오래전부터 곡식, 육류, 물고기, 과일을 건조함으로써 미생물의 증식을 억제하였다. 식품을 건조하거나 식품에 소금, 설탕 등을 첨가하여 자유수분(free-water)을 제거함으로써 미생물 증식의 억제가 가능하게 되었다. 최근에는 냉동건조식품을 만들기 위한 동결건조와 같은 방법이 식품의 영양적인 그리고 관능적인 가치(sensory value)의 훼손을 최소화 하면서 미생물의 증식을 제거하는 방법이 되었다.

5) 화학물질에 기초한 보존방법

식품의약품안전처에 의하여 사용이 엄격하게 관리되고 있는 다양한 화학물질이 식품의 저장에 사용될 수 있다. 표 13-3에 식품에 사용되는 화학보존제들을 소개하였다. 단순 유기산, 아황산염(sulfite), 기체 살균제 산화에틸렌(ethylene oxide), 아질산나트륨(sodium nitrite), 에틸포름산(ethyl formate) 등이 여기에 속한다. 이러한 많은 화학적 보존제의 효력은 식품의 pH에 영향을 받는다. 예를 들어 프로피온산 나트륨(sodium propionate)은 낮은 pH에서 가장 효과적이다. 낮은 pH에서는 주로 해리되지 않는 형

표 13-3 화학적 식품보존제

보존제	대략적 최대사용 한계	영향받는 생물	식품
Propionic acid/ propionates	0.32%	Molds	빵, 케이크, 몇몇 치즈
Sorbic acid/sorbates	0.2%	Molds	경질치즈, 무화과, 시럽, 샐러드 드레싱, 젤리, 케이크
Benzoic acid/ benzoates	0.1%	Yeasts and molds	토마토케첩, 샐러드 드레싱, 마가린, 피클, 애플소다, 탄산음료,
Parabensa	0.1%	Yeasts and molds	제과류, 탄산음료, 피클류, 샐러드 드레싱
SO_2/sulfites	200~300 ppm	Insects and microorganisms	당밀, 말린 과일, 와인, 레몬주스(티민의 소스로 여겨지는 육류나 다른 음식에 쓰이지 않음)
Ethylene/propylene oxides	700 ppm	Yeasts, molds, vermin	조미료를 위한 훈증약, 견과류
Sodium diacetate	0.32%	Molds	빵
Dehydroacetic acid	65 ppm	Insects	딸기와 호박의 살충제
Sodium nitrute	120 ppm	Clostridia	육류 보존처리 과정
Caprylic acid	—	Molds	치즈 싸개
Ethyl formate	15~200 ppm	Yeasts and molds	말린 과일, 견과류

자료 : Willey JM, Sherwood LM, Woolvweton CJ(2008). *Prescott, Harley and Klein's Microbiology*, 7th ed. McGraw Hill.

태로 존재하여 미생물의 지방에 흡수될 수 있기 때문에 pH가 낮은 빵에는 보존제로서 프로피온산나트륨을 주로 사용한다. 아질산나트륨(sodium nitrite)은 *C. botulinum*의 증식과 포자발아를 억제하기 때문에 햄, 소시지, 베이컨 등 건조된 육류의 보존을 돕기 위해 사용하는 중요한 화학물질이다. 그러나 최근에 아질산염이 아민(amine)과 반응해 발암성인 나이트로사민(nitrosamine)이 될 수 있다는 것이 보고되어 사용에 주의가 필요하다.

6) 자외선 및 방사선 조사

자외선 조사는 실험실의 표면과 식품을 다루는 기구의 표면에 있는 미생물 집단을 억제하기 위해 사용되었다. 그러나 이것은 식품을 투과하지 못한다. 식품을 소독하는 방사선 조사는 주로 코발트-60(cobalt-60)에서 나오는 감마선 조사를 이용한다. 이러한 전자기성(electromagnetic) 조사는 투과력이 좋다. 이러한 방사선 조사는 방사선 완전살균(radappertization)이라고도 하며, 미생물 세포에 존재하는 물에서 과산화물(peroxide)을 생성해 민감한 세포 구조물을 산화시키기 때문에 수분이 많은 식품에 이용한다.

7) 미생물 생성 항미생물 제재

식품보존에 필요한 박테리오신(bacteriocin) 사용이 주목되고 있다. 박테리오신은 유사한 세균에 작용하여 세균을 죽이는(bactericidal) 단백질이다. 많은 박테리오신은 민감한 세균의 원형질막에 소수성 통로를 형성하여 저분자량의 분자를 유출하게 하고 양성자 원동력(proton motive force, PMF)을 무력화시키는 작용을 한다. 현재 사용이 승인된 유일한 제품은 니신(nisin)이다. 니신은 *Streptococcus lactis*의 일부 균주에서 생성되는 작은 소수성(hydrophobic) 단백질이다. 이것은 인체에 해가 없으며 주로 그람 양성균, 특히 *Enterococcus faecalis*에 영향을 미친다. 니신은 통조림 제조과정 중 *C. botulinum*의 활성화를 막기 위해서 또는 살아남은 포자의 발아를 저해하기 위해 저산성 식품에 사용된다.

4. 식품매개성 질병

식품과 관련된 질병에는 두 가지 주요 형태인 식품매개성 감염과 식중독이 있다. 식품에서 유래하는 질병들은 모두 불량한 위생관리와 연관되어 있다. 음식이 숙주들 사이의 중대한 연결고리가 되며, 물이나 식품에 의한 전파는 배설물과 구강(fecal oral)을 통한 전파경로를 이용한다. 싱크대의 수도꼭지나 컵, 도마와 같은 감염매체도 배설물과 구강을 통한 오염 전파경로를 지속하는 데 중요한 역할을 한다. 특히 건강생활 스타일의 일부로 자리 잡고 있는 조리되지 않은 상태로 이동되고 소비되는 신선식품들은 점점 더 중요한 식품유래 감염원이 되고 있다. 또한 식품유래 감염원의 문제는 사람과 제품의 이동이 전 세계로 빠르게 일어나면서 점점 더 심각해졌다.

1) 식품매개성 감염

식품매개성 감염(food-borne infection)은 병원체의 섭취로 시작해 숙주에서 증식하고 조직에 침투하여 독소를 옮긴다. 이러한 형태의 주된 질병은 표 13-4에 나타나 있다. 살모넬라중독(salmonellosis)은 주로 장염을 일으키며 육류, 가금류, 달걀과 같은 식품을 통하여 가장 문제가 되는 질병으로 증세는 빠른 경우 8시간의 잠복기 후부터 나타난다. *Campylobacter jejuni*는 사람의 급성 세균성 장염의 주된 원인으로 종종 조리하지 않거나 불완전하게 조리된 가금류에 의해 전파된다. 리스테리아증(Listeriosis)은 리스테리아 모노시토제네스(*Listeria monocytogenes*)에 의해 발생하며 임산부와 면역이 저하된 어린아이와 노인들이 취약하다. 리스테리아증은 소프트 치즈, 냉장 훈제육, 델리육 등 냉장식품을 충분하게 가열하지 않고 섭취할 때 특히 조심하여야 한다. 최근에 *Escherichia coli*가 중요한 식품매개성 질병미생물로 인식되고 있다. 장관병원성(enteropathogenic), 장관침투성(enteroinvasive), 장관독소성(enterotoxigenic) *E. coli*가 설사를 유발할 수 있다. *E. coli* O157:H7은 시겔라(*Shigella*) 독소와 유사한 독소인 시가형 베로세포독소(shiga-like verocytotoxin)를 포함하는 장출혈성(enterohemorrhagic) 독소를 갖고 있다. 이 장출혈성 *E. coli*는 햄버거와 살라미와 같은 육류제품에서 발견되고, 무살균 과일주스, 채소주스 등에서 발견된다. 다양한 종류

표 13-4 식품유래 감염 미생물

질병	Organism	잠복기와 특징	주요 식품
Salmonellosis	*S. enterica* serovars Typhimurium and Enteritidis	8~48시간 Enterotoxin과 cytotoxins	육류, 가금류, 어류, 달걀, 유제품
Arcobacter diarrhea	*Arcobacter butzleri*	심각한 설사, 재발성 경련	육류, 특히 가금류
Campylo-bacteriosis	*Campylobacter jejuni*	2~10일, 대부분의 독소는 열에 약함	우유, 돼지고기, 가금류
Listeriosis	*L. monocytogenes*	• 잠복기 다양 • 뇌막염과 유산과 연관 : 노인과 신생아	육류, 특히 돼지고기, 우유
E. coli diarrhea and colitis	*E. coil,* including serotype O157:H7	24~72시간	불완전 열처리된 분쇄 쇠고기, 우유
Shigellosis	*Shigella sonnei, S. flexneri*	24~72시간	난제품, 푸딩
Yersiniosis	*Yersinia enterocolitica*	16~48시간 열에 안정한 독성도 있음	우유, 육류, 두부
Plesiomonas diarrhea	*Plesiomonas shigelloides*	1~2시간	어패류
Vibrio parahaemolyticus gastroenteritis	*V. parahaemolyticus*	16~48시간	해산물, 조개류

자료 : Willey JM, Sherwood LM, Woolvweton CJ(2008). *Prescott, Harley and Klein's Microbiology*, 7th ed. McGraw Hill.

의 *Vibrio* spp.도 조개류나 어류식품을 오염시켜 장염, 패혈증 등 질병의 원인이 되고 있다.

바이러스에 의한 식품의 오염은 언제든지 일어날 수 있는 문제이다. 바이러스의 전염은 물에 의하거나 식품 준비과정에서 저지른 잘못된 위생관리, 또는 식품가공 업자와 취급자에 의해 오염된다. 바이러스 오염은 여러 경로를 통해 이루어질 수 있기 때문에 심각한 문제이다. 노로바이러스의 경우 사람들 간의 접촉을 통해 전염이 가능한 질병원으로 다양한 식품도 가능한 감염경로에 포함된다. 바이러스는 어패류 등에서 특히 문제가 될 수 있다. 굴은 하루에 많은 양의 물을 거르는 여과성 섭취자(filter feeder)이므로, 100여 종에 달하는 장내(enteric) 바이러스를 농축하게 된다. 역전사효소를 이용한 중합효소연쇄반응(reverse transcription PCR, RT-PCR)으로 굴에 존재하는 핵산에서 RNA 바이러스의 핵산의 존재유무를 검출할 수 있다.

원생생물들의 식품 오염 또한 심각한 문제가 되고 있다. 최근 *Cyclospora cayetanensis*가 재배와 수확과정에서 오염된 산딸기를 통하여 많은 사람들에게 심각한 설사를 일으켰다. *Cyclospora* 이외에도 배설물을 통해 바로 감염될 수 있는 *Giardia*, *Cryptosporidium*도 식품매개 질병의 원인이 되고 있다. 식품의 안전성과 관련되어 전 세계 관심을 불러일으키고 있는 또 다른 감염체는 프리온(prion)이다. 이것은 아직 잘 밝혀지지 않은 새로운 변종 크로이츠펠트 야곱병(variant Creutzfeldt-Jakob Disease, vCJD)을 일으킨다. 이것은 전파성 해면양 뇌병증(transmissible spongiform encephalopathy, TSE)으로 명명되는 점진적 퇴행성 신경병 그룹에 속하며, 주로 소고기를 통하여 매개되기 때문에 종종 '광우병(madcow disease)'으로 불린다.

2) 식품매개성 중독

식품에서 일어나는 미생물의 증식은 식품매개성 중독(food intoxication)을 일으킬 수 있다. 식품매개성 중독은 질병을 일으키는 미생물의 증식이 필요하지 않으므로 음식을 섭취한 후 바로 증세를 보인다. 음식 속에 있는 독소는 미생물 세포에 붙어 존재할 수도 있고 세포에서 분비될 수도 있다.

Staphylococcus aureus 균주는 대부분 세포외 독소의 합성과 관련된 포도상구균성 장염(staphylococcal enteritis)을 일으킨다. 이들 독소는 열저항성 단백질이므로 가열에 의하여 파괴되지 않는다. *C. botulinum*, *C. perfringens*, *Bacillus cereus* 등 세 종의 그람양성 간균이 식중독을 일으키는 것으로 알려져 있다. *C. botulinum*에 의한 중독은 매우 드물지만 치명적이다. *C. botulinum*이 생산하는 매우 적은 양의 *botulinum* 독소는 말단 신경계를 마비시킨다. *C. perfringens*은 토양, 물, 음식, 향신료와 장내에 서식한다. 섭취된 *C. perfringens* 세포는 장에서 발아하며, 발아과정 중 장독소를 생성한다. 장독소는 설사, 구토, 복통 등을 유발한다. *B. cereus* 또한 전분성 식품에서 문제가 된다. 생성되는 독소의 종류에 따라 두 종류의 독특한 질병을 일으킬 수 있는데, 이에는 1~16시간의 잠복기 후 메스꺼움과 구토가 나는 토제형(emetic) 질병과 4~16시간의 잠복기를 가진 설사형이 있다.

5. 식품매개성 병원체의 검출

식품의 안전성을 유지하는 데 가장 큰 문제는 많은 집단을 감염시킬 수 있는 병의 발발을 막기 위해 미생물을 빠르게 검출해야 한다는 것이다. 현재 사용되고 있는 선택 배지를 이용한 배양 후 생성된 균체의 특성을 생화학적인 방법으로 동정하는 기술은 병원균을 확인하기 위해 수일에서 수주가 걸린다. 기본 미생물상(microflora)에 비해 적은 수의 병원체의 동정은 복잡한 과정을 요구하기도 한다. 더구나 식품의 다양한 화학적 물리적 조성으로 동정은 더욱 어려워질 수 있다.

따라서 식품 내에 존재하는 병원성 미생물의 신속한 검출을 위하여 항체와 항원 특이적 반응의 원리를 이용한 다양한 방법들이 사용되고 있다. 즉, 형광항체, 효소면역측정법(enzyme-linked immuno-assay, ELISA), 방사면역측정법(radioimmunoassay) 등의 기술이 효과가 있다고 밝혀졌다. 이러한 방법은 적은 양의 병원체 특유 항원을 검출하는 데 사용될 수 있다.

미생물의 검출과 동정에 이용되는 다양한 분자생물학적 기술 또한 향상되었다. 이러한 방법은 다음의 세 가지 목적에 유용하게 사용된다. 첫째, 하나의 특수한 병원체의 존재 검출, 둘째, 쉽게 증식하지 못하는 바이러스의 검출, 셋째, 천천히 자라는 또는 배양되지 않는 병원체의 동정 등이다. 그 한 예가 병원체를 올리고뉴클레오타이드 탐침(oligonucleotide probe)을 이용해 특정 DNA와 RNA 염기서열을 검출하는 기술이다. 분자생물학적 기술을 사용하는 또 다른 예는 *E. coli* 병원체이다. *E. coli* O157:H7은 선택배양 배지(selective culture media)에서의 배양, 탐침과 기초한 신속한 동정법, 혈청타입 특유 탐침, 중합효소연쇄반응(polymerase chain reaction, PCR) 기술 등을 사용해 동정한다. 이러한 기술들은 많은 집단의 미생물 속에 존재하는 적은 수의 목표 미생물들을 검출하도록 개발되었다. 예를 들어 중합효소연쇄반응을 사용하면 부드러운 치즈에 들어 있는 10만 마리의 미생물 중에 10마리 정도 존재하는 독소를 생성하는 *E. coli*를 검출할 수 있다. 현재는 다양한 식품매개성 병원체의 빠른 검출을 위해 PCR 기술이 사용되고 있다.

식품매개성 병원체의 검출의 또 다른 발전은 표준화된 병원체의 DNA 지문 패턴(food-borne pathogen fingerprinting) 분석을 통해서 이루어지고 있다. 즉, 세밀하게 조절된 반복실험 조건으로 펄스필드 전기영동(pulsed-field gel electrophoresis,

PFGE)을 수행하여 각 세균 병원체의 특유한 DNA 지문 패턴을 분석하면 식품을 통해 일어나는 질병과 관련된 병원체의 출처인 특정 원인식품을 추적하는 것이 가능하게 되었다. 이 기술은 식품매개성 질병과 원인식품의 역학적인 상관관계를 좀 더 빠르게 확립하고 중요한 식품매개성 질병의 유발을 감소시키는 데 기여하고 있다.

REFERENCE

국내문헌

강인수 · 김명숙 · 김인규 · 손홍수 · 이재학 · 이종갑 · 정낙현(2000). **식품미생물학**. 훈민사.

김상순 · 안철우 · 우인애(2006). **요설 식품미생물학**. 수학사.

김용석 · 신동화(2008). 김치의 위생학적 우수성. **한국식품위생안전성학회지** 23: 91-97.

김정인 · 강민정 · 권태완(2003). 콩과 청국장의 혈당조절 및 지질대사 개선효과. **한국콩연구지** 20: 44-52

김찬조 · 장지현(1992). **식품미생물학**. 수학사.

김한택(2004). ***Lactobacillus*** plantarum J9와 ***Lactobacillus*** sakei P3-1이 생산하는 박테리오신의 특성. 경상대학교 석사학위논문.

노완섭 · 장명호 · 방병호 · 심상국 · 현인환 · 김현구(2000). **식품미생물학**. 진로연구사.

오성천(2002). **식품미생물학**. 정문각.

유태종 · 홍재훈 · 김영배 · 이호 · 김영애 · 황한준 · 소명환 · 이효구(1995). **최신 식품미생물학**. 문운당.

이계준(2004). **발효미생물학**. 라이프사이언스.

이원동(2001). 한국젓갈의 현황과 현대화 과제. **식품산업과 영양** 6: 23-27.

이한창 · 임종필 · 조좌형 · 신중엽(2006). **식품미생물학**. 수학사.

장동석 · 신동화 · 정덕화 · 김창민 · 이인선(2002). **자세히 쓴 식품위생학**. 정문각.

하덕모(2002). **신고 식품미생물학**. 신광출판사.

홍성욱 · 김주영 · 이봉기 · 정건섭(2006). 면역증강물질 강화 청국장 발효. **한국식품과학회지** 38: 548-553.

국외문헌

Angerbauer C, Siebenhofer M, Mittelbach M, Guebitz GM(2008). Epub 2007 Conversion of sewage sludge into lipids by Lipomyces starkeyi for biodiesel production. *Bioresour Technol.* 99(8): 3051-6.

Barnett, JA, Payne, RW, and Yarrow, D(2000). *Yeasts: Characteristics and identification*, 3rd ed. Cambridge University Press. Cambridge, UK.

Doyle MP, Beuchat LR(2007). *Food Microbiology: Fundamentals and Frontiers.* ASM Press.

Doyle MP, Beuchat LR, Montville TJ(1997). *Food Microbiology: Fundamentals and Frontiers*. ASM Press.

Farnworth ER Ed.(2003). *Handbook of Fermented Functional Foods*. CRC Press. Boca Raton London New York Washington D.C.

Garbutt J(1997). *Essentials of Food Microbiology*. Arnold Press.

Holdsworth JE, Ratledge C(1988). Lipid turnover in Oleaginous yeasts. *J. Gen. Microbiol.* 134: 339-346.

Ingold CT, Hudson H J(1993). *The Biology of Fungi*, 6th ed. Chapman & Hall.

Jay JM(2000). *Modern Food Microbiology*, 6th edition. APAC Publisher.

Jay JM(1996). *Modern Food Microbiology*, 5th edition. Chapman & Hall.

Jeong SJ, Kwon GH, Chun J, Kim JS, Park CS, Kwon DY, and Kim JH(2007). *Cloning of fibrinolytic enzyme gene from Bacillus subtilis isolated from Cheonggukjang and its expression in protease-deficient Bacillus subtilis strains*.

Kim, HT, Park JY, Lee GG, and Kim JH(2003). Isolation of a Bacteriocin producing Lactobacillus plantarum strain from kimchi. *Food Sci. Biotechnol.* 12(2): 166-170.

Madigan MT, Martinko JM, Dunlap PV, Clark DP(2009). *Biology of Microorganisms*, 12th edition. Pearson Education, Inc.

Madigan MT, Martinko JM(2006). *Brock Biology of Microorganisms*, 11th ed. Pearson Education, Inc.

Michael L. Shuler, Fikret Kargi(1975). *Bioprocess Engineering basic concepts*. PTR Prentice-Hall, Inc. USA.

Montville TJ, Matthews KR(2008). *Food Microbiology: An Introduction*, 2nd ed. ASM Press.

Perry JG(2002). *Introduction to Food Biotechnology*. CRC Press.

Rij K(1984). *The yeasts: a taxonomic study*, 3rd ed. Elsvier Science Publishers. Amsterdam, Netherlands.

Pirt SJ(2000). *Principles of microbe and cell cultivation*. Wiley Publisher. USA.

Plengvidhya V, Breidt F Jr., Lu Z, and Fleming HP(2007). DNA Fingerprinting of Lactic Acid Bacteria in Sauerkraut Fermentations. *Applied and Environmental Microbiology* 73: 7967-7702.

Samson RA, Hoekstra ES, Frisvad JC, Filtenborg O(1995). *Introduction to Food-Borne Fungi*. Centraalbureau voor Schmmelcultures.

Shuichi Aiba, Arther E. Humphrey, Nancy F. Millis(2000). *Biochemical Engineering*. Academic press, Inc. USA

Wang DIC et al.(1979). *Fermentation & Enzyme technology*. John Willey & Sons.

Willey JM, Sherwood LM, Woolvweton CJ(2008). *Prescott, Harley and Klein's Microbiology*, 7th ed. McGraw Hill.

웹사이트

http://www.gem.re.kr/

http://www.ncbi.nlm.nih.gov/Taxonomy/taxonomyhome.html/index.cgi
(National Center for Biotechnology Information)

INDEX

ㅇ

ㅈ

ㅊ

ㅋ

ㅌ

Profile

유상렬
서울대학교 식품공학과 학사, 석사
University of Massachusetts, Amherst 식품과학 박사
미국 국립보건원 연구원
현재 서울대학교 식품생명공학전공 교수

김정환
서울대학교 식품공학과 학사, 석사
University of Cornell 식품과학 박사
현재 경상대학교 식품공학과 교수

박명수
서울대학교 식품공학과 학사, 석사, 박사
(주)비피도 연구소장
현재 연성대학교 호텔조리학과 교수

양지영
서울대학교 식품공학과 학사, 석사, 박사
두산종합기술원 선임연구원
Iowa State University 연구교수
현재 부경대학교 식품공학과 교수

이인형
서울대학교 식품공학과 학사
서울대학교 식품미생물학 및 발효공학 석사
University of California, Davis 미생물학 박사
현재 국민대학교 바이오발효융합학과 교수

지근억
서울대학교 식품공학과 학사, 석사
Louisiana State University, Boston Rouge 미생물학 박사
Stanford 의과대학 연구원
한림대학교 식품영양학과 교수
현재 서울대학교 식품영양학과 교수

최상호
서울대학교 식품공학과 학사
KAIST 생명과학기술학 석사
University of Iowa 미생물면역학 박사
현재 서울대학교 식품생명공학전공 교수

정희곤
서울대학교 식품공학과 학사, 석사, 박사
Northwestern University, Research Associate
현재 충남대학교 식품공학과 교수

[개정판]
식품미생물학

2022년 2월 10일 개정판 4쇄 발행
2014년 9월 5일 개정판 1쇄 발행
2014년 2월 10일 초 판 3쇄 발행
2009년 8월 30일 초 판 1쇄 발행

지은이 유상렬 · 김정환 · 박명수 · 양지영
이인형 · 지근억 · 최상호 · 정희곤

발행인 이 영 호

발행처 **수 학 사**
10881 경기도 파주시 회동길 56 기한재 1층

출판등록 1953년 7월 23일 제2020-000143호
전화번호 031) 946-4642(代) 팩스 031) 944-1457
http://www.soohaksa.co.kr

디자인 북큐브
© 유상렬 외 2014 Printed in Korea
정가 23,000원

ISBN 978-89-7140-390-7 93570

이 책의 무단 전재와 복제 행위는 저작권법 제136조에 따라 5년 이하의 징역 또는 5천만 원 이하의 벌금에 처하거나 이를 병과할 수 있습니다.